教育部高等学校高职高专计算机类专业教学指导委员会优秀教材

高等职业教育网络工程课程群教材

计算机网络基础创新教程
（模块化+课程思政版）

主　编　唐继勇　李　旭

副主编　刘思伶　孙梦娜　罗　攀　连国强

中国水利水电出版社
www.waterpub.com.cn
·北京·

内 容 提 要

本书由高校与企业合作编写，系统、全面地讲解了计算机网络的基础概念和基本原理。全书包括6个模块，分别是走进网络精彩世界、规划网络宏伟蓝图、构筑网络高速公路、构建网络共享平台、扩展网络立体空间、续写网络美丽传说。每个模块包含了若干实训，便于读者操作并提升技能。本书彰显教学目标与教材内容的高度统一性，配有丰富的优质学习资源。

本书可作为职业本科、高职高专、成人高校计算机相关专业和非计算机专业"计算机网络基础"课程的教材，也可作为各类培训班、计算机从业人员和计算机网络爱好者的参考用书。

图书在版编目（CIP）数据

计算机网络基础创新教程 ：模块化+课程思政版 / 唐继勇，李旭主编. -- 北京 ：中国水利水电出版社，2021.10（2023.10重印）
高等职业教育网络工程课程群教材
ISBN 978-7-5226-0033-8

Ⅰ. ①计… Ⅱ. ①唐… ②李… Ⅲ. ①计算机网络－高等职业教育－教材 Ⅳ. ①TP393

中国版本图书馆CIP数据核字(2021)第200119号

策划编辑：寇文杰　责任编辑：高　辉　加工编辑：刘　瑜　封面设计：李　佳

书　名	高等职业教育网络工程课程群教材 计算机网络基础创新教程（模块化+课程思政版） JISUANJI WANGLUO JICHU CHUANGXIN JIAOCHENG （MOKUAIHUA+KECHENG SIZHENG BAN）
作　者	主　编　唐继勇　李　旭 副主编　刘思伶　孙梦娜　罗　攀　连国强
出版发行	中国水利水电出版社 （北京市海淀区玉渊潭南路1号D座　100038） 网址：www.waterpub.com.cn E-mail：mchannel@263.net（答疑） sales@mwr.gov.cn 电话：（010）68545888（营销中心）、82562819（组稿）
经　售	北京科水图书销售有限公司 电话：（010）68545874、63202643 全国各地新华书店和相关出版物销售网点
排　版	北京万水电子信息有限公司
印　刷	三河市德贤弘印务有限公司
规　格	210mm×285mm　16开本　14.5印张　398千字
版　次	2021年10月第1版　2023年10月第3次印刷
印　数	6001—10000册
定　价	48.00元

前　言

互联网已走过半个多世纪的历程，深刻改变了人们的政治、经济、文化、教育和生活的方方面面。目前，新技术、新产业、新业态、新模式层出不穷，云计算、大数据、人工智能、5G 等新技术与各行各业跨界融合，计算机网络迎来了更加广阔的发展空间。与此同时，社会对计算机网络人才的需求越来越迫切，需要越来越多掌握计算机网络基础知识的人。“计算机网络基础”已成为当代大学生的一门重要课程。建设网络强国已成为中国的重大战略决策之一，而建设网络强国必须培养大批的网络技术精英，需要大力普及网络知识和技能，“计算机网络基础”课程在这一方面应该发挥重要的作用。

为了帮助读者掌握计算机网络基础知识和技术，编者编写了《计算机网络基础》（教育部高等学校高职高专计算机类专业教学指导委员会优秀教材）。然而，技术发展十分迅速，教材建设也需与时俱进，才能适应形势发展。在前书的基础上，本教材的编写特别注重以下几个方面（也是本教材的主要特色）：

（1）模块化设计，教学内容选择灵活。本书设计了六个模块，每个模块规划多个教学主题，以每个主题为授课单元，意在建构一种能够自主选择、灵活组织、具有开放性和独立性的课程结构模式。教师可根据教学时长、专业方向和学生的职业兴趣进行选择性教学，满足不同专业学习“计算机网络基础”课程的不同需求。本书设置“懂网、建网、管网、用网”等不同的教学定位，促使计算机网络人才的培养质量符合“应对变化，创造未来”的要求，帮助学生拓展就业空间，提高就业能力。

（2）融入课程思政，落实立德树人。本书在编写过程中力求简明扼要、重点突出，归纳出每个模块的知识目标、技能目标和素质目标，其间融入了“立德树人、执着育才、锤炼精品、共享教育”的情怀，课程思政相关素材以二维码形式提供，供教师教学参考使用。

（3）配套资源丰富，课前课中课后一体化。本书设计了“学习目标”“课前评估”“动手实践”“课后检测”等教学指导环节。教学团队倾力打造丰富的教学资源，建成线上与线下学习结合、理论学习与实践学习一体、自学与自测兼备的多元化立体资源，力图构建“以学为中心”的课前课中课后一体化的教学模式。同时，与教材同步的课程标准、电子课件、电子教案、实践安排及课后检测等部分也进行了模块化处理及优化，使之能与教材相匹配，进一步体现教材在应用上的整体模块化价值。

本书由重庆电子工程职业学院唐继勇、李旭任主编，刘思伶、孙梦娜、罗攀、连国强（重庆云影众城信息科技有限公司）任副主编。其中，模块 1 由李旭编写，模块 2 由刘思伶编写，模块 3 由孙梦娜编写，模块 4 由唐继勇编写，模块 5 由连国强编写，模块 6 由罗攀编写。本书在编写过程中得到重庆电子工程职业学院人工智能与大数据学院领导、教研室各位老师的大力支持和帮助，同时参考了大量国内外计算机网络文献资料，在此谨向这些著作作者和为本书付出辛勤劳动的同志致以衷心的感谢！

限于编者水平，书中难免存在疏漏和不妥之处，恳请广大读者不吝赐教、以利修正。

编　者

2021 年 6 月

目　录

模块 1　走进网络精彩世界——计算机网络概述

学习情景

有人说："没有联网的计算机只不过是一个无用的信息孤岛"，可见计算机网络在信息社会中具有举足轻重的作用。计算机网络的发展经历了从低级到高级、从简单到复杂、从地区到全球的过程，"网络就是计算机"已经变成现实，地球真正成为了一个传统意义上的村庄，网络彻底颠覆了人们的生活、工作和学习方式。当然，如果读者有志成为网络从业者中的一员，则对网络的了解就不应该仅仅停留在它的应用层面。要想通过网络来满足他人的需求，必须掌握网络背后的技术原理。对于技术背景不深但同时又期待在这个行业施展拳脚的人来说，这难免需要经历一个从无到有的积累过程。

学习提示

本模块是总领全书的一个概述性章节，分为四个主题，即认识计算机网络、计算机网络的表示、计算机网络的组成和分类，以及计算机网络的发展和趋势，帮助读者对当下的热点概念建立认识，把握网络行业技术发展的脉搏。

主题 1　认识计算机网络

学习目标

通过本主题的学习达到以下目标。

知识目标：

- 了解信息网络交互与社会发展之间的关系。
- 理解计算机网络的定义。
- 理解计算机网络的主要功能。

技能目标：

- 能够使用计算机网络学习与工作。

素质目标：

- 通过线上教学发挥的作用认识网络专业展现的社会价值。
- 通过计算机网络在信息时代的作用了解我国网络强国战略思想。
- 认同自己的社会身份以及背负的责任。

课前评估

在百度中搜索“计算机网络”，了解计算机网络的相关定义，判断图 1-1 和图 1-2 中哪一幅图反映了计算机网络的概念。IBM 兼容机是指与 IBM 的 PC（Personal Computer）机兼容的个人计算机。

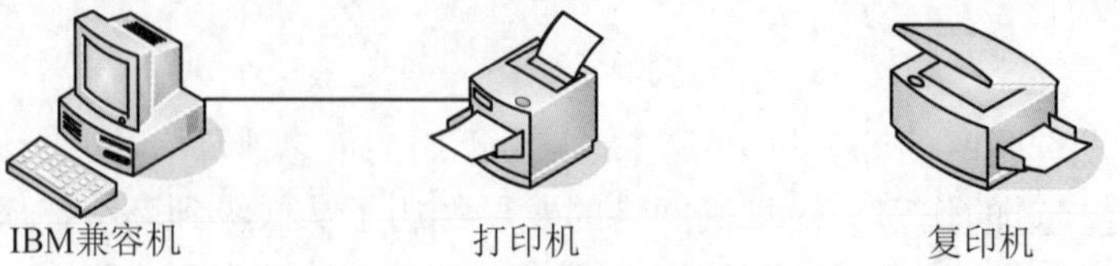

图 1-1　打印机与计算机直接相连

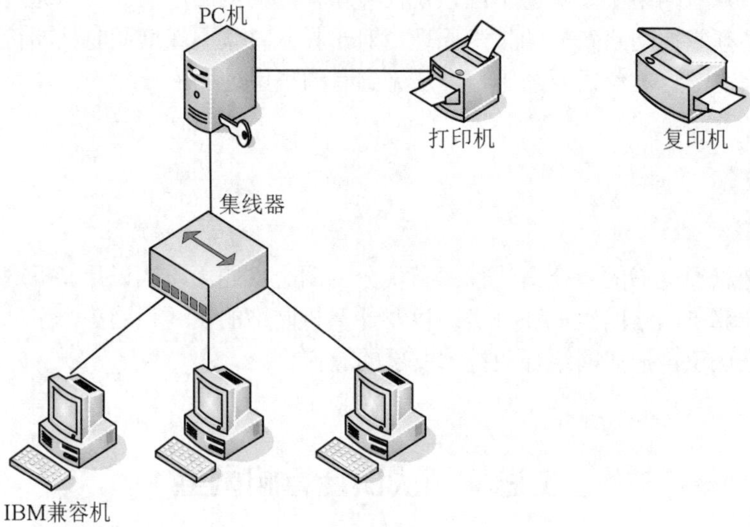

图 1-2　集线器与计算机直接相连

1.1　信息交互方式概述

在社会发展的进程中，语言交互是人类最早、最基本、最直接的信息交互方式，但它较难描述复杂的事情和抽象的问题。而文字和印刷术的出现大大促进了社会进步，传统文字信息交互主要通过书店、图书馆、邮政和报刊网络发行等，它具有信息量大，能够系统记载和传承，易于传递、学习和共享的优点，但实时性差，难于有效地和计算机、工业自动化等结合起来。

现在，我们生活在信息网络中，不但信息交互方式种类多，对社会发展所带来的影响也更加深刻。信息网络已经改变了世界的时空，大家熟知的 Internet 就是信息社会中最重要的信息交互方式。据统计，65%的人通过互联网浏览新闻或者收集信息；50%的人经常通过电子邮件或搜索引擎来交互信息；30%的人在工作和学习中依赖于互联网。很多行业已经被互联网深刻地改变了，如网上支付让现金在一些国家使用的比例逐渐减小；电子商务和网上购物已经对传统购物方式产生了压倒性影响；可以开展世界范围内的网络直播会议等。信息网络不仅改变了现代社会的工作与生活方式，还产生了新的社会组织形态、新商业模式和人际交流模式。

1.2　信息网络交互的特点

网络中能够传输或存储的可识别数字符号统称为数据。全世界数据容量以每两年翻一番的速度递增，不同类型的数据展现形式不同，如可以通过文字、语音、图像、视频等媒体形式来展现。现代社会需要广泛解决生产、服务的协同处理需求，如电子商务的营销、物流、支付、政府服务、交通控制、工业控制等。不难发现，信息交互不但发生在人的身边，而且深入社会的各个角落。同时，信息交互的对象不仅限于人与人之间，还可以发生在人与物之间，甚至物与物之间。信息交互要求有很高的时效性，如果重大事件的新闻要到第二天才看到，那么传播这条新闻就没有太大价值，效益当然就会差很多。另外信息交互不光涉及个人隐私的问题，还会涉及国家安全的问题，所以信息交互对安全性也有很高的要求。从方式上看，信息交互呈现多样性的特点，如有一对一（单播）、一对多（多播）、一对所有（广播）和多对多等。

1.3　计算机网络的概念

从前面的讨论可知，网络是信息社会中信息交互和应用的重要基础。这里的网络通常是指有线电视网、公用电话网和计算机网络，其中发展最快并起核心作用的是计算机网络。

1.3.1　计算机网络的定义

计算机网络的定义

计算机网络不但与信息、通信技术和计算机技术紧密相关，还和数学、物理学、社会学等有关联。到现在为止，计算机网络的精确定义并未统一，目前普遍可以接受的定义是：计算机网络是以资源共享为目的、自治互联的计算机系统的集合，如图 1-3 所示，这个定义从计算机网络实现的互联目的、联网对象和操作方法三个角度描述了计算机网络的基本特征。

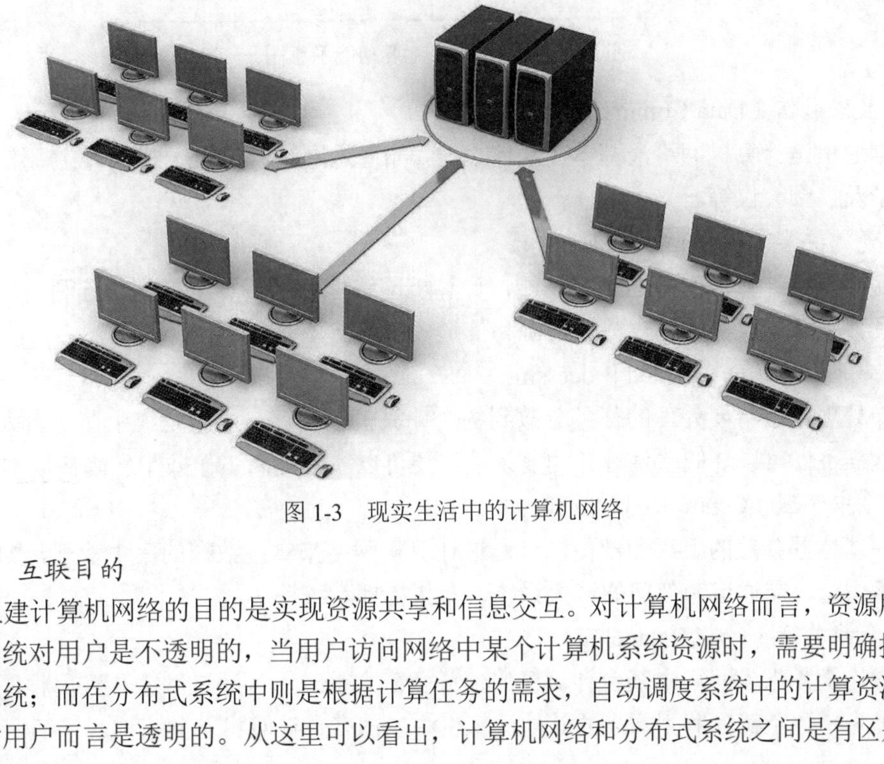

图 1-3　现实生活中的计算机网络

1. 互联目的

组建计算机网络的目的是实现资源共享和信息交互。对计算机网络而言，资源所在的计算机系统对用户是不透明的，当用户访问网络中某个计算机系统资源时，需要明确指定该计算机系统；而在分布式系统中则是根据计算任务的需求，自动调度系统中的计算资源，这一过程对用户而言是透明的。从这里可以看出，计算机网络和分布式系统之间是有区别的。

2. 联网对象

自治系统互联是计算机网络的另一个主要特征。自治系统是指能够独立工作并提供服务的系统。一台计算机和利用该计算机的接口连接多台外设组成的系统不能称为计算机网络，因为外设的工作必须在计算机的控制下才能提供服务。但如果这些外设是网络设备，如网络打印机，则该系统可称为计算机网络。

3. 操作方法

使用合适的传输介质将计算机和传输设备连接起来，并遵循相同的传输规则，才能实现计算机之间的通信。

1.3.2 计算机网络的功能

计算机网络的功能

时至今日，计算机网络的应用领域越来越广泛，计算机网络的功能也不断拓展，不再局限于资源共享和数据通信。计算机网络的功能可概括为以下五方面，如图 1-4 所示。

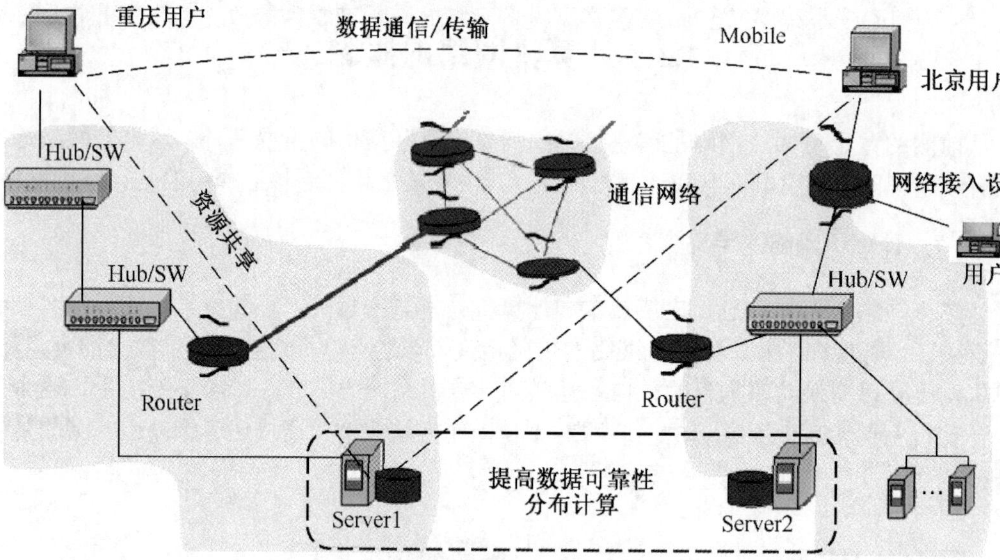

图 1-4 计算机网络主要功能示意图

1. 数据通信（Data Communication）

数据通信是计算机网络最基本的功能之一，如通过网络发送电子邮件、发短信、聊天、远程登录及视频会议等。

2. 资源共享（Resource Sharing）

资源共享是计算机网络的核心功能，计算机网络能使网络资源得到充分利用，这些资源包括硬件资源、软件资源、数据资源和信道资源等。

3. 分布处理（Distributed Processing）

分布处理是指将要处理的任务分散到各个计算机上运行，而不是集中在一台大型计算机上，这样不仅可以降低软件设计的复杂性，还可以大大提高工作效率和降低成本。

4. 集中管理（Centralized Management）

对地理位置分散的组织和部门，可通过计算机网络来实现数据的集中管理，如数据库情报检索系统、交通运输部门的订票系统、军事指挥系统等。

5. 负载均衡（Load Balancing）

负载均衡是指当网络中某台计算机的任务负荷太重时，可通过网络和应用程序的控制和管理，将任务负荷分散到网络的其他计算机中，由多台计算机共同完成。

动手实践

研究网络协作工具

网络协作工具能使人们有机会经济高效地协同工作，而不受地域或时区的限制。

1. 协作工具

协作工具包括文档共享、网络会议和维基等。

（1）列出两种以上目前在使用的协作工具。

（2）列出至少两个使用协作工具的原因。

2. 腾讯文档

腾讯文档是一款可多人同时编辑的在线文档，支持在线 Word/Excel/PPT/PDF 等多种类型的文件收集。可以在电脑端（PC 客户端、腾讯文档网页版）、移动端（腾讯文档 App、腾讯文档微信/QQ 小程序）、iPad 等多类型设备上随时随地查看和修改文档。打开网页就能查看和编辑，云端实时保存，权限安全可控。

（1）新建一个通讯录 Excel 文档，允许班级所有学生同时编辑。

（2）新建一个 Word 文档，只允许你的同桌在线编辑，且有版权保护。

3. 以人为本

以人为本的网络重点关注网络对人们和企业的影响。网络技术进步或许是当今世界最重要的变革，在这些技术进步所创造的世界里，国界、地理距离和物理局限越来越无关紧要，障碍越来越小。网络改变了社会、商业、政治和人际交往的方式，网络通信的即时性促成了全球社区的形成，而全球社区又进一步推动了不同地域或时区人们之间的社会互动。

请谈谈以人为本的网络对您有何影响？

课后检测

一、填空题

1. 信息网络交互的对象是__________、__________和__________。
2. 信息网络交互的方式有__________、__________和__________。
3. 计算机网络的基本功能是__________，核心功能是__________。
4. 常见的三类网络是指__________、__________和__________。

二、选择题

1. 下列属于计算机网络最主要的特点的是（　　）。

A. 精度高　　B. 共享资源　　C. 运算速度快　　D. 存储量大

2. 下列不属于计算机网络主要功能的是（　　）。

A. 资源共享　　B. 信息传递　　C. 分布处理　　D. 电子公告板

3. 在处理神舟飞船升空及飞行这一问题时，网络中的所有计算机都协作完成一部分的数据处理任务，体现了计算机网络的（　　）功能。

A. 数据通信　　B. 资源共享　　C. 分布处理　　D. 负载均衡

4. 教师将资料发布在个人博客上，学生可以阅读和下载，这体现了计算机网络的（　　）功能。

A. 数据通信　　B. 资源共享　　C. 分布处理　　D. 负载均衡

5．某同学经常通过 QQ 和远方的朋友交流，这体现了计算机网络的（　　）功能。

A．数据通信　　B．资源共享　　C．分布处理　　D．负载均衡

6．计算机网络中实现互联的计算机之间的工作关系是（　　）。

A．相互独立　　B．并行　　C．相互制约　　D．串行

三、判断题

1．计算机网络和分布式系统没有区别，等同于一个概念。（　　）

2．由计算机和打印机构成的系统是一个计算机网络。（　　）

四、简答题

请简述计算机网络的定义。

主题 2　计算机网络的表示

学习目标

通过本主题的学习达到以下目标。

知识目标

- 了解计算机网络拓扑结构的概念。
- 掌握计算机网络的表示方式。
- 掌握常见计算机网络拓扑结构的特点。

技能目标

- 能够正确使用网络符号来表示计算机网络拓扑结构图。
- 能够使用常见绘图工具绘制计算机网络拓扑结构图。

素质目标

- 理论和实践相结合，培养严谨细致、精益求精的工匠精神。

课前评估

1．“点”与“线”之间的关系如图 1-5 所示。把研究的实体抽象成与其大小、形状无关的“点”，实体之间的连接抽象成“线”，从几何结构上看，图 1-5 反映了哪几种几何形状？从连接关系上看，图 1-5 还能反映其他几何形状吗？为什么？

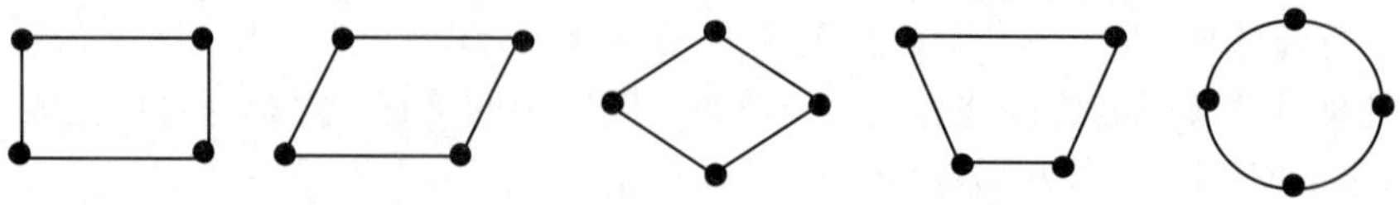

图 1-5　“点”与“线”之间的关系

2．N 个“点”的连接关系如图 1-6 所示。如果把网络中的研究实体，如计算机，视为一个“点”，把连接实体的传输介质视为“线”，则在图 1-6 由 N 个“点”构成的结构图中，分别有多少条“线”连接？

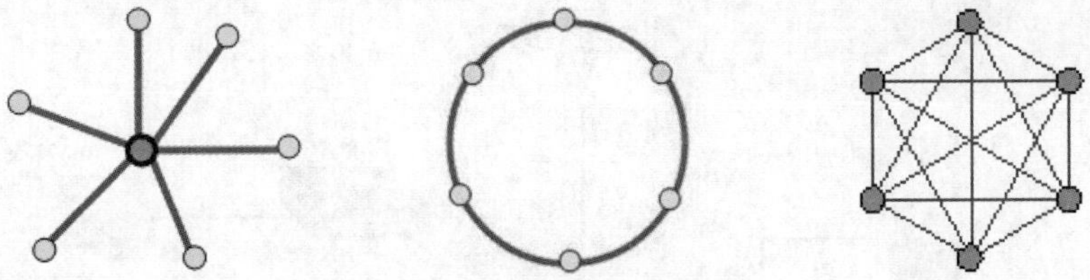

图 1-6　*N* 个“点”的连接关系

1.4　计算机网络拓扑结构的概念

把计算机网络中的终端设备和中间设备抽象为“点”，把传输介质抽象为“线”，由“点”和“线”组成的能反映设备之间连接关系的几何图形称为计算机网络拓扑结构。

网络的拓扑结构影响着整个网络的设计、功能、可靠性和通信费用等方面，是研究计算机网络的主要环节之一。在网络构建时，网络拓扑结构往往是首先要考虑的因素之一。

1.5　计算机网络拓扑结构的表示

计算机网络拓扑结构

网络图通常使用符号来表示构成网络的不同设备和连接，可以让人们轻松了解大型网络中设备的连接方式，这种网络“图”被称为“计算机网络拓扑图”，如图 1-7 所示。图 1-7 中，DSLAM 为数字用户线路接入复用器（Digital Subscriber Line Access Multiplexer），CSU/DSU 为通道服务单元/数据服务单元（Channel Service Unit/Data Service Unit）。

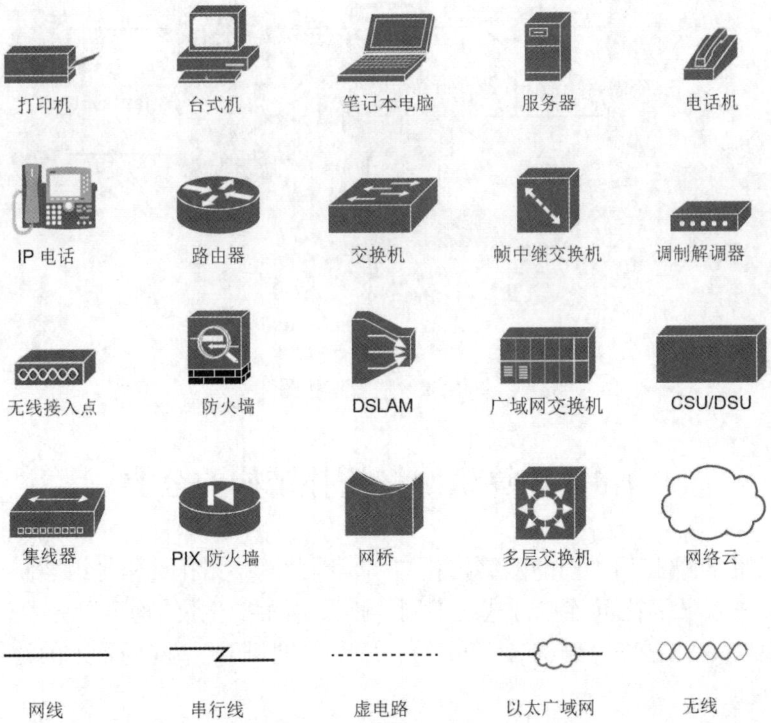

图 1-7　计算机网络图示

计算机网络拓扑图有两种类型，即物理拓扑图和逻辑拓扑图。物理拓扑图用于识别网络设备和传输介质安装的物理位置，如图 1-8 所示；逻辑拓扑图用于识别设备、端口和编址方案，如图 1-9 所示。要形象直观地表现网络的组织和工作方式，必须具备识别物理网络组件的逻辑表示方式的能力。

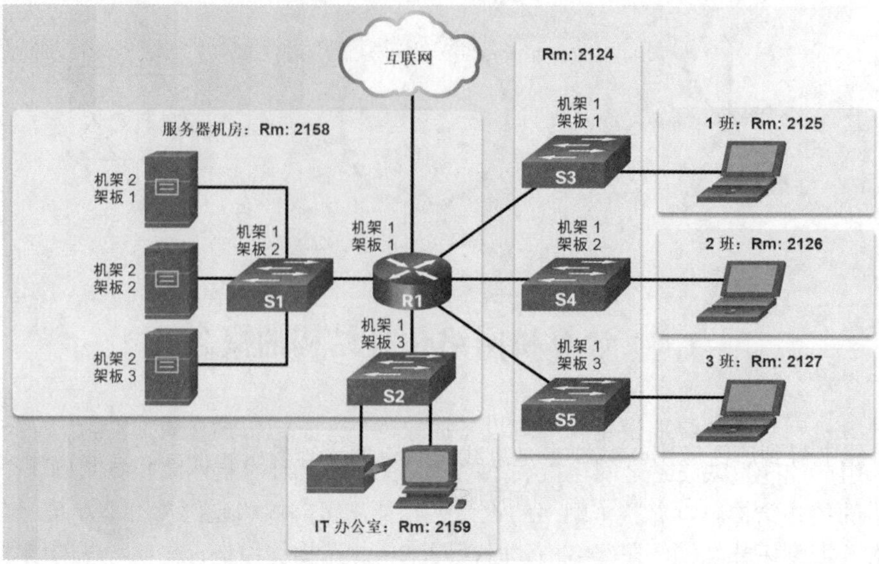

图 1-8 物理拓扑图

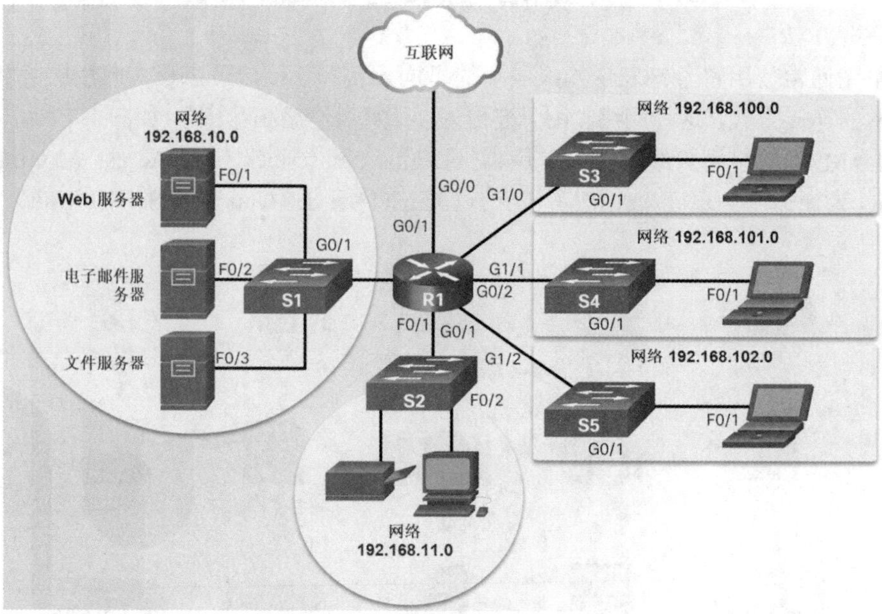

图 1-9 逻辑拓扑图

1.6 计算机网络拓扑结构的分类

计算机网络拓扑结构的分类

不同类型的网络使用不同的网络拓扑结构，因此网络拓扑结构是组建网络首先要考虑的因素之一。根据设备之间连接方式的不同，计算机网络拓扑结构可以分为总线型、星型、环型和网状型等。这些拓扑结构各有利弊，在不同的时期、不同场景下的计算机网络组建都有各自的用途。

1.6.1 总线型拓扑结构

总线型拓扑结构将所有计算机都接入同一条通信线路（即传输总线），如图 1-10 所示。计算机之间按广播方式进行通信，每台计算机都能接收总线上传播的信息，但同一时刻只允许一台计算机发送信息。

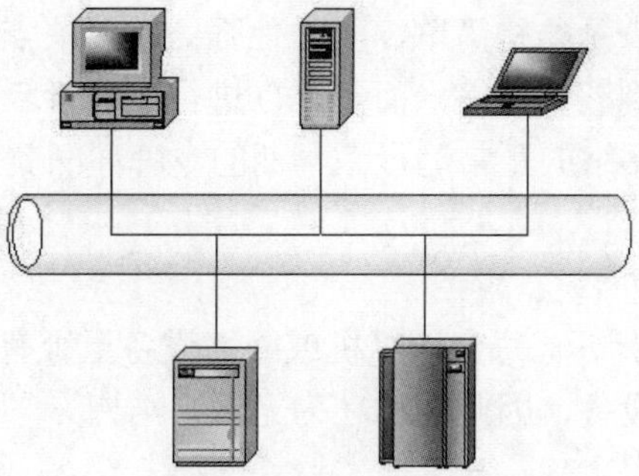

图 1-10　总线型拓扑结构

总线型拓扑结构的优点是成本较低、布线简单、增删计算机节点容易，因此在早期的以太网组建中得到广泛应用。其缺点是总线是共享的，容易引起冲突，造成传输失败；如果计算机数量过多，还会降低网络传输的速度。

1.6.2　星型拓扑结构

星型拓扑结构需要一台中心设备，各台计算机通过单独的通信线路直接连接中心设备，如图 1-11 所示。计算机之间不能直接进行通信，必须由中心设备转发。

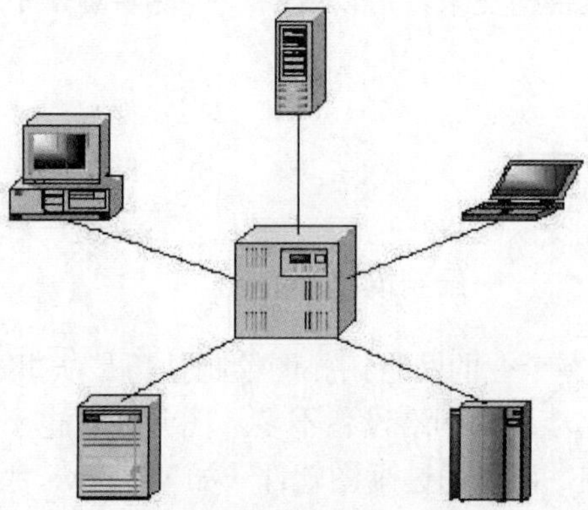

图 1-11　星型拓扑结构

星型拓扑结构的主要优点是结构简单、组网容易、控制方便，计算机故障影响范围小且容易检测和排除。其主要缺点是通信线路数量多、利用率低；中心设备是全网可靠性的瓶颈，如果中心设备出现故障，则整个网络的通信都会瘫痪。

1.6.3　环型拓扑结构

环型拓扑结构中每台计算机都与相邻的计算机直接相连，网络中所有的计算机构成一个闭合的环，环中数据传输方向是单向的，如图 1-12 所示。

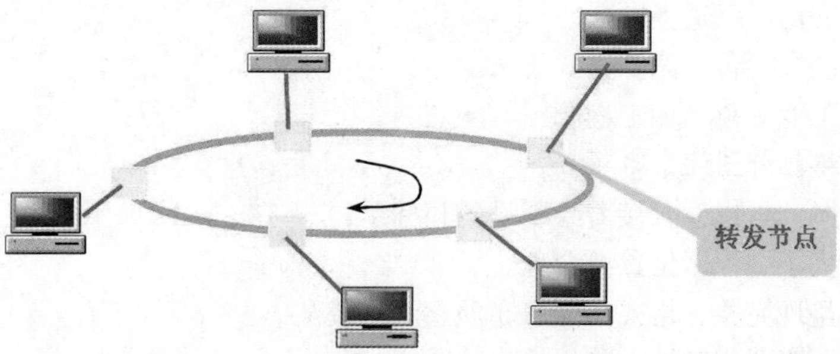

图 1-12　环型拓扑结构

环型拓扑结构的主要优点是结构简单、实时性强；主要缺点是可靠性较差，环上任何一个节点发生故障都会影响到整个网络，而且难以进行故障诊断。当增加或删除节点时，操作步骤复杂且会干扰整个网络的正常运行。早期的令牌环网就采用了环状结构。

1.6.4 网状拓扑结构

网状拓扑结构如图 1-13 所示，每台计算机或网络设备至少有两条通信线路与其他设备相连，该网络中无拓扑中心设备，因此也称之为无规则结构。

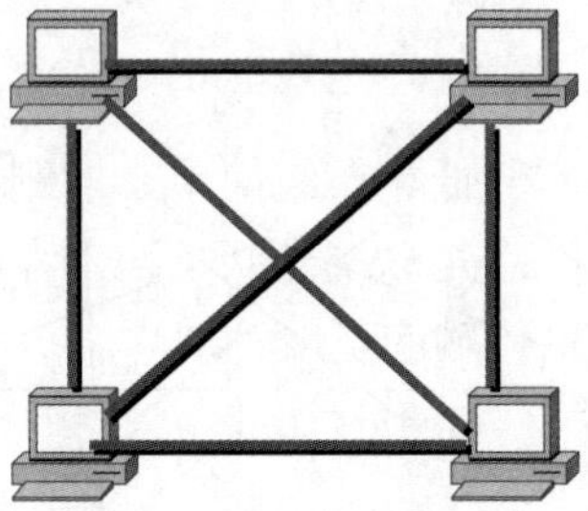

图 1-13 网状拓扑结构

网状拓扑结构的优点是可靠性高，设备之间存在多条连接路径，局部的故障不会影响整个网络的正常工作；缺点是结构复杂、协议复杂、实现困难、不易扩充。

动手实践

绘制网络拓扑图

在计算机网络领域中，掌握专业的网络拓扑图绘制技巧是从事本行业的一个基本要求。小型、简单的网络拓扑结构因涉及的网络设备不多，图元外观也不会要求完全符合相应的产品型号，所以比较容易绘制，可以通过画图软件（如 Windows 系统中的“画图”等）或者设备生产商开发的图标工具（PPT 图标）轻松实现，而一些大型、复杂网络拓扑结构图的绘制则通常需要采用一些专业的绘图软件，如 Microsoft Visio、LAN Map Shot 等。

1. PPT 绘图简介

PPT 是微软 Office 的套件之一，是一款应用范围广、功能强大的软件，适合演讲、报告及方案演示等。PPT 自带的绘图工具创建不同的形状。

2. 绘制网络拓扑图规范

（1）准确呈现网络逻辑结构。

（2）网络层次分明易读，设备使用情况及互联情况清晰。

（3）网络关键节点信息完善、准确。

（4）重点突出，可适当取舍。

（5）图例注释完善，拓扑格式统一。

（6）符合工业规范（如工程制图）。

3. 绘制网络拓扑图注意事项

（1）先构图、再框架、接着绘制设备和标示。

（2）图标大小、标示位置要合理。

（3）拓扑呈现完整、格式统一、布局整洁不凌乱。

（4）拓扑元素要规范（如使用统一的图标）。

4. 使用 PPT 及图标绘制网络拓扑图

本例使用思科的网络设备图标工具（下载地址：https://wenku.baidu.com/view/f3fa6cd926284b73f242336c1eb91a37f0113226.html）来绘制网络拓扑图，绘制完成后的效果图如图 1-14 所示，主要操作步骤如下。

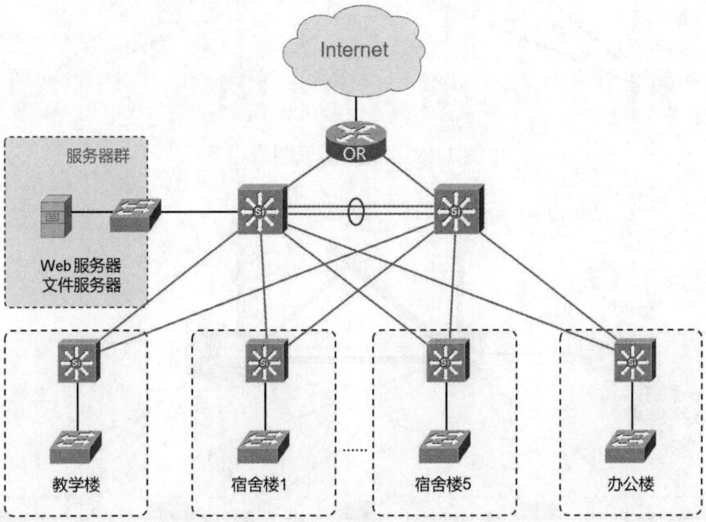

图 1-14　网络拓扑效果图

（1）用辅助线构建图形框架，如图 1-15 所示。

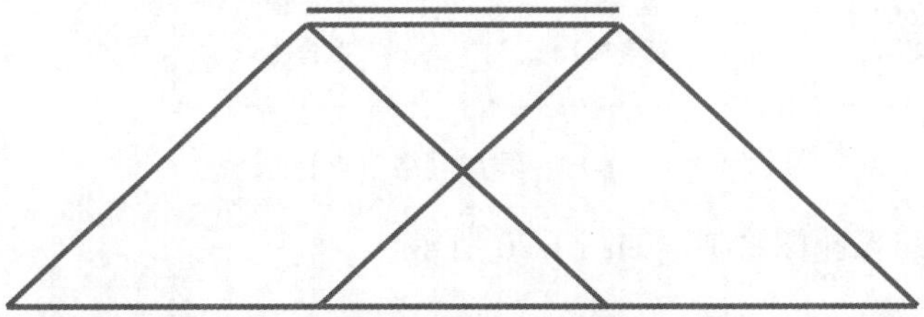

图 1-15　构建图形框架

（2）填充主干线路，如图 1-16 所示。

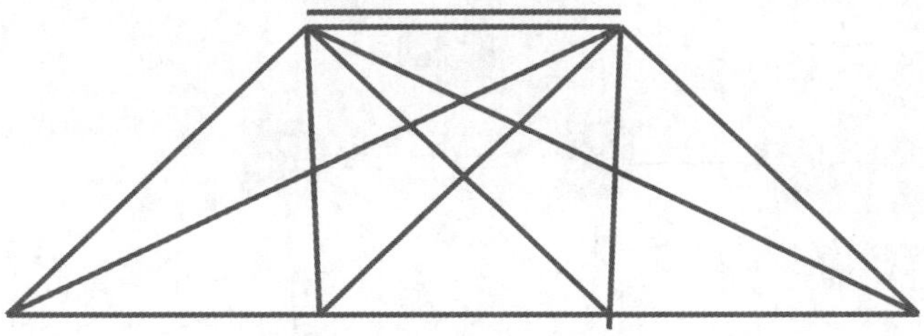

图 1-16　填充主干线路

（3）去掉辅助线，如图 1-17 所示。

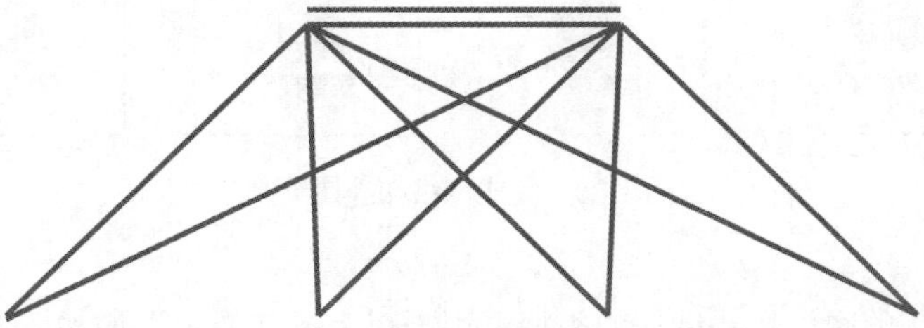

图 1-17　去掉辅助线

（4）放置主干网络设备，如图 1-18 所示。

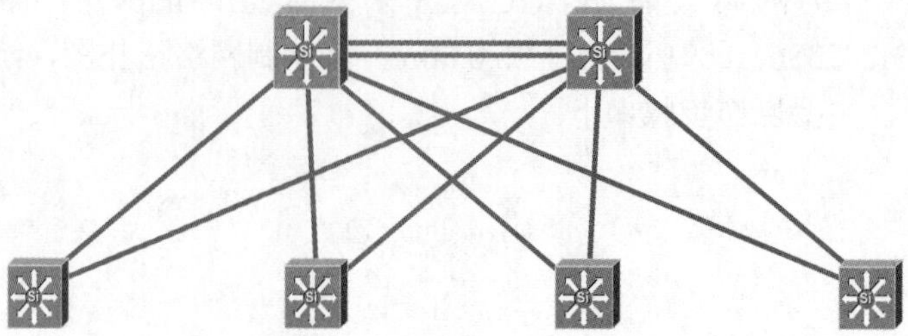

图 1-18 放置主干网络设备

（5）添加网络节点标示，如图 1-19 所示。

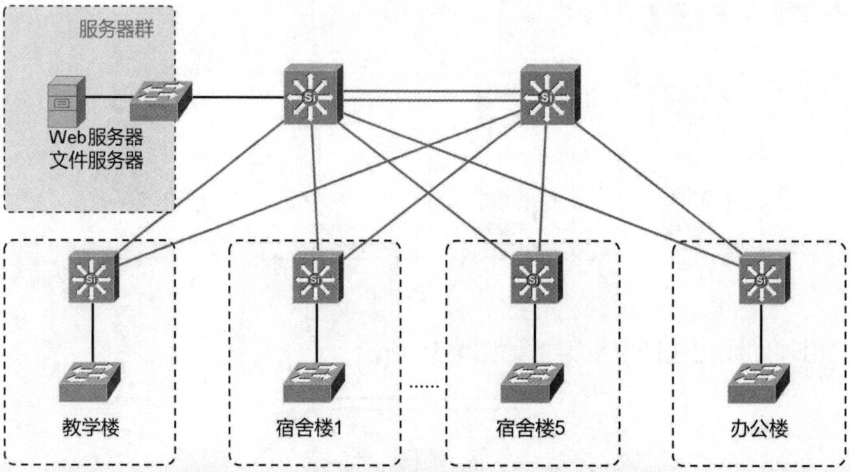

图 1-19 添加网络节点标示

（6）完成网络拓扑图绘制，如图 1-20 所示。

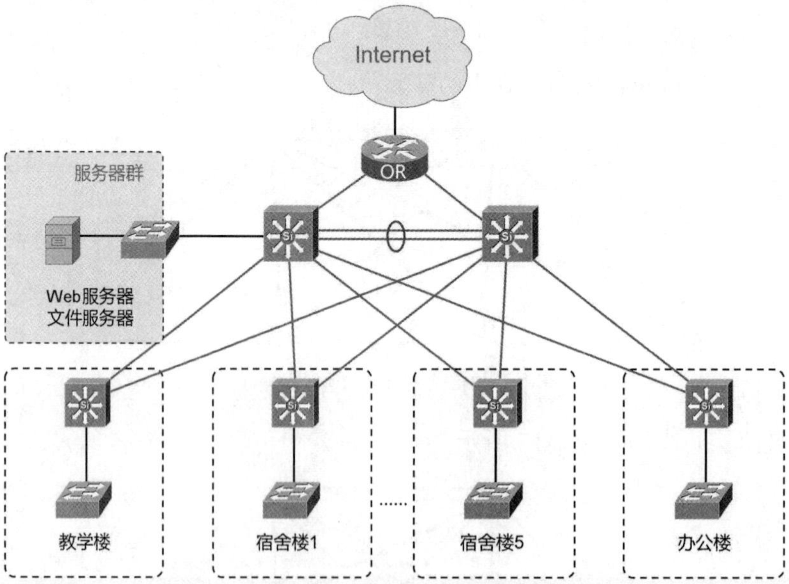

图 1-20 完成网络拓扑图绘制

5. 练一练

请简述所绘制的网络拓扑结构的类型。根据以上操作提示，增加图例注释，使其符合工业规范，完成网络拓扑图的绘制。

课后检测

一、填空题

1. 计算机网络拓扑结构反映的是节点和线的__________关系。
2. 常见的网络拓扑结构有__________、__________、__________和__________。
3. 计算机网络拓扑图分为__________和__________两种类型。
4. 具有集中控制功能的计算机网络拓扑结构是__________。
5. 星型拓扑结构中的节点通过点-点通信线路与__________节点连接。

二、选择题

1. 星型拓扑结构的缺点是（　　）。
   A. 对根节点的依赖性大
   B. 中心节点的故障会导致整个网络的瘫痪
   C. 任意节点的故障或一条传输介质的故障能导致整个网络的故障
   D. 结构复杂
2. 下面不属于网络拓扑结构的是（　　）。
   A. 环型结构　　B. 总线结构　　C. 层次结构　　D. 网状结构
3. 下列不属于网状拓扑结构特点的是（　　）。
   A. 价格低廉　　B. 可靠性高　　C. 实现复杂　　D. 线路利用率低

三、判断题

1. 网络拓扑结构是节点相连形成的几何形状。（　　）
2. 总线型拓扑结构在物理上是星型的，但逻辑上是总线型的。（　　）
3. 网络拓扑结构与网络管理无关，但与网络可靠性相关。（　　）
4. 环型拓扑结构比其他拓扑结构价格昂贵。（　　）
5. 每个网络只能包含一种网络结构。（　　）
6. 星型、总线型和环型三种网络上只要有一个节点发生故障就可能使整个网络瘫痪。（　　）

四、简答题

请画出自己家里网络的拓扑结构图，并分析采用何种类型的网络拓扑结构。

主题3　计算机网络的组成和分类

学习目标

通过本主题的学习达到以下目标。

知识目标

- 了解计算机网络的物理构成。

- 掌握计算机网络的逻辑组成。
- 掌握各类常见网络特征。
- 理解分组交换的基本概念。

技能目标

- 能够识别身边的计算机网络的类型。
- 能够分析计算机网络结构。

素质目标

- 树立正确的辩证思维观，透过现象认清事物的本质。

课前评估

不同的人对网络的看法是不同的，部分用户可能根本没有网络的概念，而部分用户的看法可能来自家中使用的高速 Internet 连接，如数字用户线（DSL）或有线电视，如图 1-21 所示。

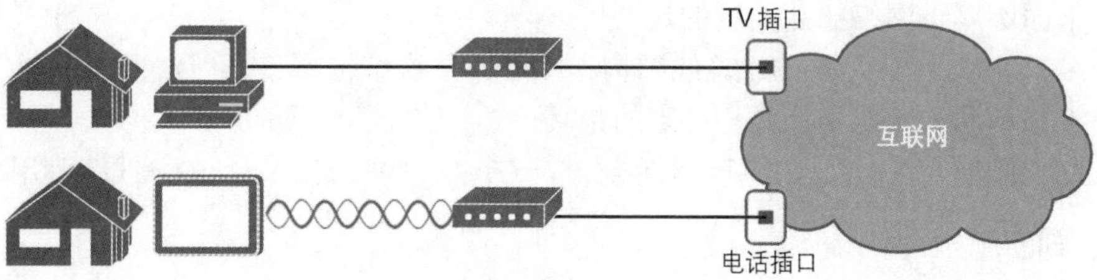

图 1-21 家庭网络接入互联网

企业网络的用户可能对他们公司的企业网络有一些了解，意识到使用网络可以完成许多任务，如图 1-22 所示。

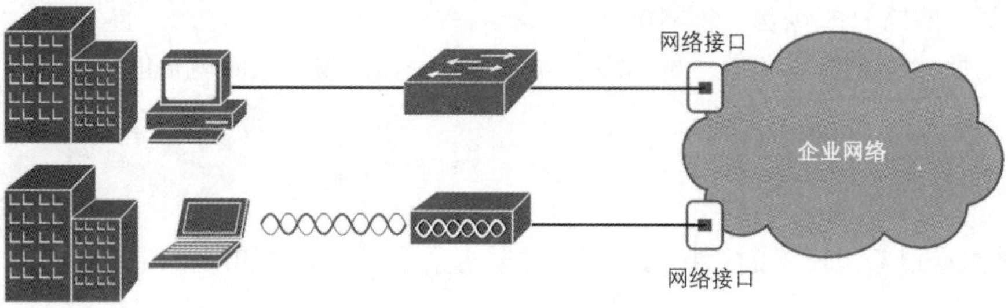

图 1-22 企业网络结构示意

请结合图 1-7 中的网络图示，说出图 1-21、图 1-22 中网络的组件构成，以及它们所采用的网络拓扑的类型，尽可能说出现实生活中存在的网络名称。

1.7 计算机网络的物理构成

网络没有大小限制，它可以小到由两台计算机组成的简单网络，也可以大到连接数百万台设备的超级网络。网络基础设施由终端设备、网络设备和传输介质等网络组件构成，如图 1-23 所示，它们构成了支持网络的平台，为通信提供了稳定可靠的通道。

图 1-23 计算机网络的物理构成

1.7.1 终端设备

终端设备是发出或接收信息的设备，是人们最熟悉的设备。信息从一个终端设备发出，流经网络，然后到达另一个终端设备。为了区分不同的终端设备，在网络中对每一台终端设备都用一个地址加以标识，当一台终端设备发起通信时，会使用目的终端设备的地址来指定应该将消息发送到哪里。常见的终端设备有台式计算机、笔记本电脑、工作站、服务器、智能手机、智能电视和 iPad 等。

1.7.2 网络设备

网络设备将每台终端设备连接起来，并确保数据在网络中传输，还可以将多个独立的网络连接成更大的网络。网络设备使用目的终端设备地址和有关网络互联的信息来决定信息在网络中应该采用的路径，一些较为常用的网络设备有路由器、交换机、防火墙和无线路由器等。在数据流经网络时，对其进行管理也是网络设备的一项职责，包括重新生成和重新传输数据信号、维护有关网络、网络中存在的通道信息以及将错误和通信故障通知到其他设备等。

1.7.3 传输介质

网络中的通信都通过介质进行，介质为信息从源设备传送到目的设备提供了通道，常见的传输介质有双绞线、光纤、无线电波、通信卫星等。现代网络主要使用双绞线、光纤和无线电波三种介质来连接设备并提供传输数据的途径。不同类型的传输介质有不同的特性和优点，也有不同的用途，这些都是选择传输介质时需要考虑的因素。

1.8 计算机网络的逻辑组成

按照计算机网络所具有的数据通信和数据处理功能，可以划分为资源子网和通信子网两部分。一个典型的计算机网络逻辑组成示例如图 1-24 所示。

1.8.1 资源子网

资源子网负责信息的处理，向用户提供各种网络资源和网络服务，它包括提供资源的主机和请求资源的终端。

1.8.2 通信子网

通信子网负责信息的传递，用于数据的传输、交换连接和通信控制，主要由网络设备和传输介质组成。

计算机网络中的通信子网和资源子网可以分别组建，通信子网可以是私有的或公有的。从图 1-24 所示的网络拓扑图中可以看出，通信子网构成了网络的核心，而资源子网处于网络的边缘，是建立在通信子网提供的数据通信服务基础之上的。两级子网的划分为认识计算机网络结构提供了很好的切入点。

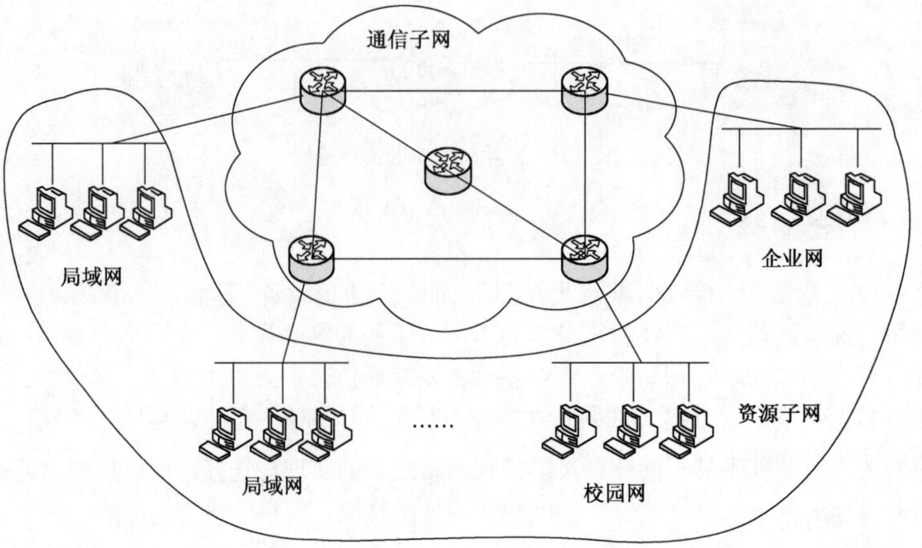

图 1-24　计算机网络逻辑组成示意图

1.9　计算机网络的分类

计算机网络的类型多种多样，常见的分类方法有以下 3 种。

数据传输方式

1.9.1　按数据传输方式

1. 广播式网络（Broadcast Network）

广播式网络是指网络中的计算机或设备共享一条通信信道（Channel），如图 1-25 所示。广播（Broadcasting）的特点是任何节点发出的信息报文都可以被其他节点接收，因此要在广播式网络中实现正确有效的通信，需要解决寻址（Addressing）和访问冲突（Collision）的问题。

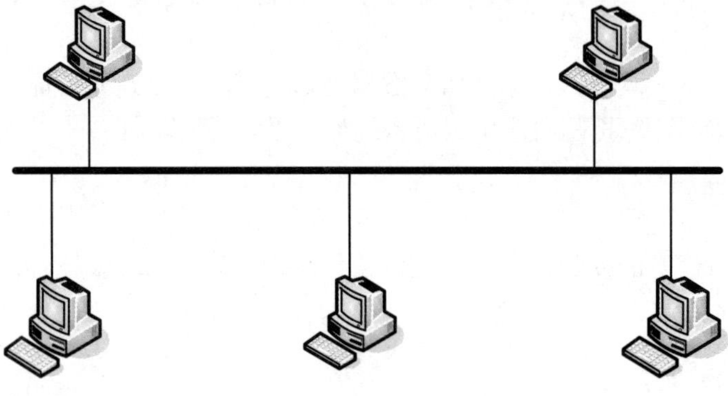

图 1-25　广播式网络结构示意图

2. 点到点网络（Point-to-Point Network）

点到点通信的特点是一条线路连接一对节点，信息传输采用存储转发（Store and Forward）方式。点到点网络中的计算机或网络设备以点对点的方式进行数据传输。由于连接两个节点的网络结构可能很复杂，任何两个节点间都可能有多条单独的链路，即从源节点到目的节点可能存在多条可达的路径，因此需要提供关于最佳路径的选择机制，如图 1-26 所示。是否采用存储转发与路由选择是点对点网络与广播式网络的重要区别之一。

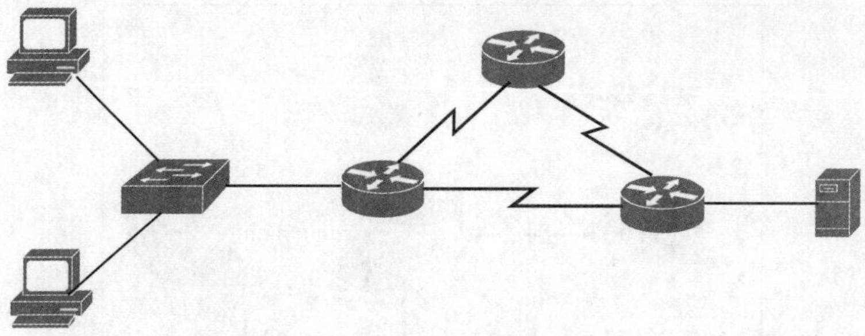

图 1-26　点到点网络结构示意图

1.9.2　按覆盖的地理范围

因为地理覆盖范围的不同会直接影响到网络技术的实现与选择，所以按覆盖的地理范围对网络进行划分可以很好地反映不同网络的技术特征，是目前最为常用的一种计算机网络分类方法，如图 1-27 所示。

图 1-27　按网络覆盖范围进行分类示意图

1. 个域网

个域网（Personal Area Network，PAN）是指围绕某个人搭建的计算机网络，覆盖范围一般小于 10m，如图 1-28 所示，通常包含笔记本电脑（Notebook）、智能手机（Smart Phones）、个人数字助理（Personal Digital Assistant，PDA）与平板电脑 iPad 等。个域网可以用线缆（如 USB）来构建，也可以使用无线（如蓝牙）来构建，人们可以利用个域网来传输电子邮件、数码照片或音乐等文件。

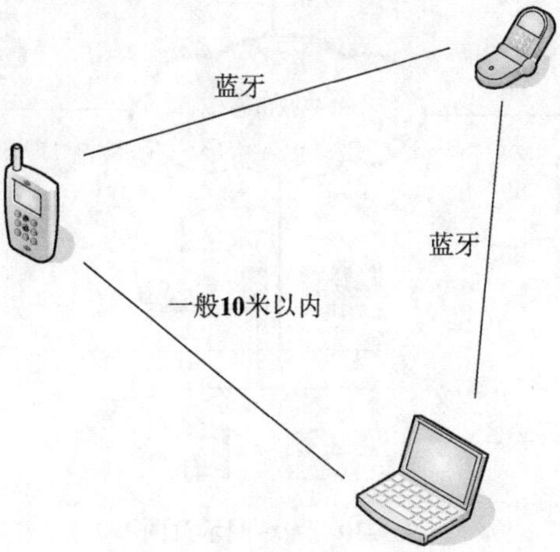

图 1-28　个域网示意图

2. 局域网

局域网（Local Area Network，LAN）是指局限在一个地点、一幢建筑或一组建筑范围内的计算机网络，如图 1-29 所示，如学校、中小型企业的网络通常都属于局域网。局域网具有三个明显的特点：一是覆盖范围非常有限；二是数据传输具有高速率、低延迟和低误码率等特点；三是由个人或组织所有和管理。

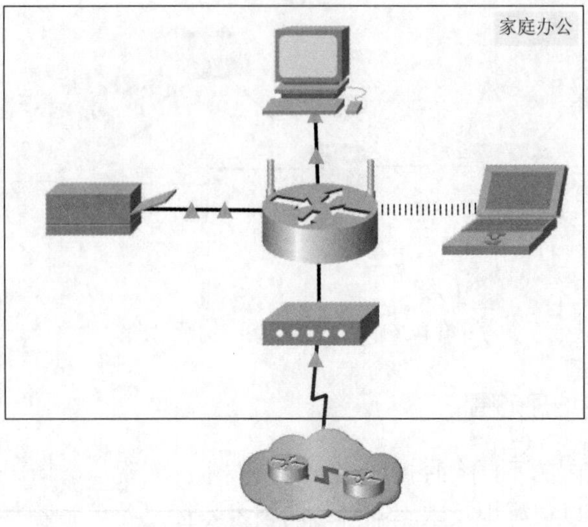

图 1-29　局域网示意图

3. 城域网

城域网（Metropolitan Area Network，MAN）也称为都市网，如图 1-30 所示，通常是跨越一个城市或大型校园的计算机网络，由公司或企业拥有和运作。城域网通常使用高容量的骨干网络技术（光纤）来连接多个局域网，能够在较大区域范围内实现大量用户之间的数据、语音、图形与视频等多种信息的传输，如城市的有线电视网络、宽带网络等。

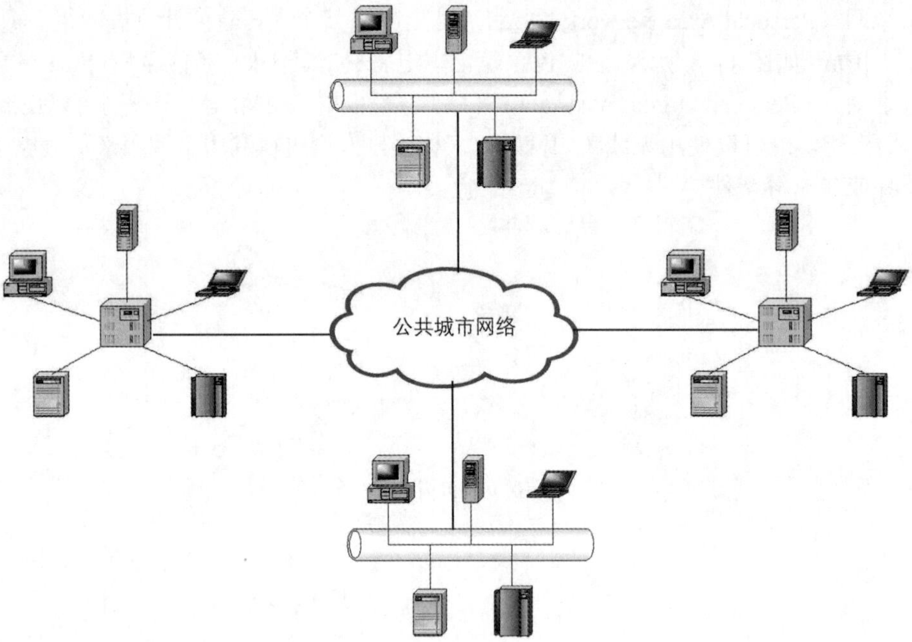

图 1-30　城域网示意图

4. 广域网

广域网（Wide Area Network，WAN）也称为远程网，是指覆盖一个国家甚至全世界的广大区域的计算机网络，如第二代中国教育和科研计算机网络（图 1-31）。广域网是因特网的核心，其任务是长距离传送数据。广域网一般跨越了边界，需要利用公共的和私有的网络基础设施，因此使用广域网时要向因特网服务提供商（Internet Service Provider，ISP）申请并付费。由于广大的地理覆盖范围以及高昂的维护费用，广域网的维护变得十分困难。与局域网相比，广域网的数据传输速率较低。

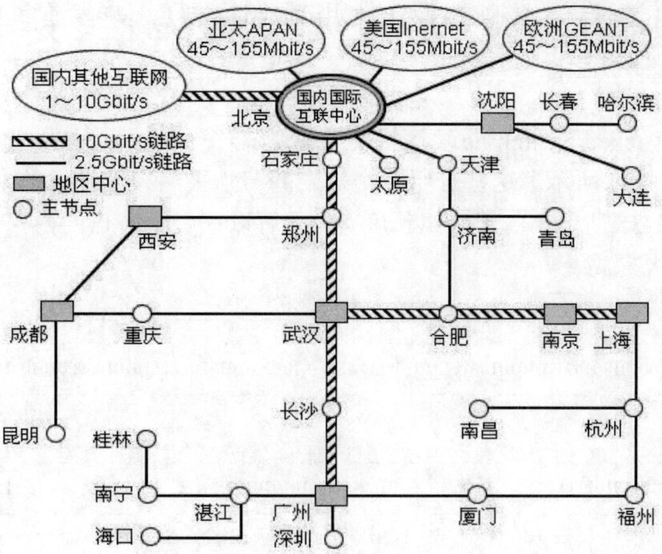

图 1-31　第二代中国教育和科研计算机网络

1.9.3　按数据交换方式

交换又称转接，是现代网络的基本特征，按数据交换方式的不同，可分成电路交换、报文交换和分组交换三种类型。

1. 电路交换

电路交换（Circuit Switching）也称为线路交换，在源节点和目的节点之间建立一条专用的通路用于数据传输，如图 1-32 所示，是根据电话交换原理发展起来的一种直接交换方式。

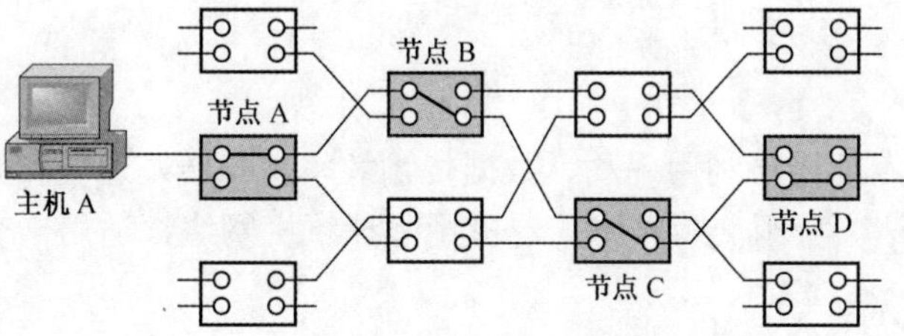

图 1-32　电路交换

电路交换的过程类似于打电话，可分为电路建立、数据传输、电路拆除三个步骤。电路交换方式的主要优点是数据传输可靠和迅速，主要缺点是线路利用率低。因此，电路交换适用于传输大量数据的场合，并不适用于计算机网络。

2. 报文交换

报文交换（Message Switching）又称为消息交换，采用存储转发交换原理，发送给下一个节点的是一个完整的报文，其长度并无限制。报文中包含目的地址，每个中间节点要为途经的报文选择适当路径，使其能最终到达目的地，如图 1-33 所示。

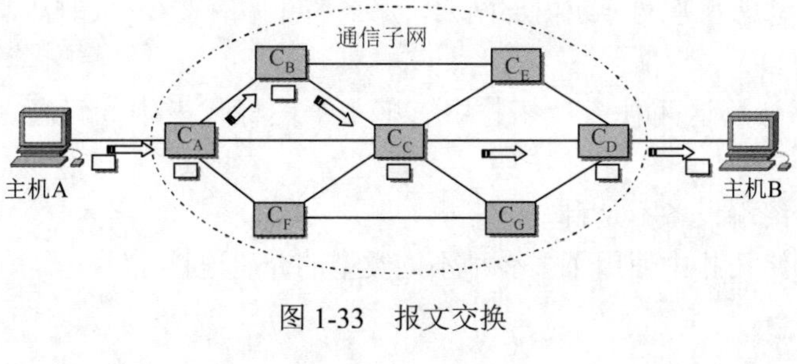

图 1-33　报文交换

报文交换的主要优点是提高了线路的利用率，主要缺点是转发速率不高，报文经过网络的延迟时间不确定。

3. 分组交换

分组交换（Packet Switching）将报文分解为若干个小的、按一定格式组成的分组（Packet），如图 1-34 所示。这些分组逐个被中间节点采用存储转发的方式传输，最终到达目的端，如图 1-35 所示。由于分组长度有限，可以在中间节点的内存中进行存储处理，使其转发速度大大提高。

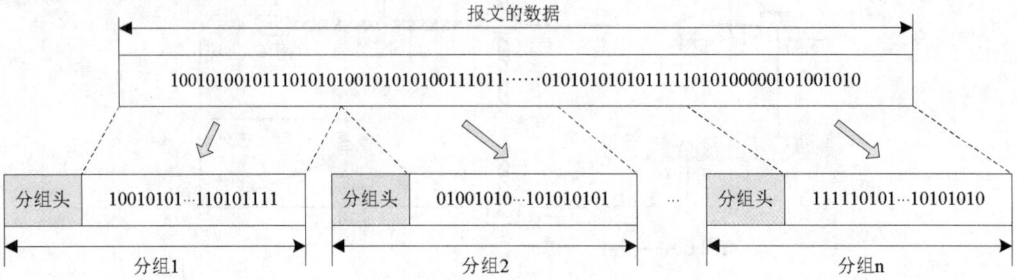

图 1-34　分组交换中的报文分组

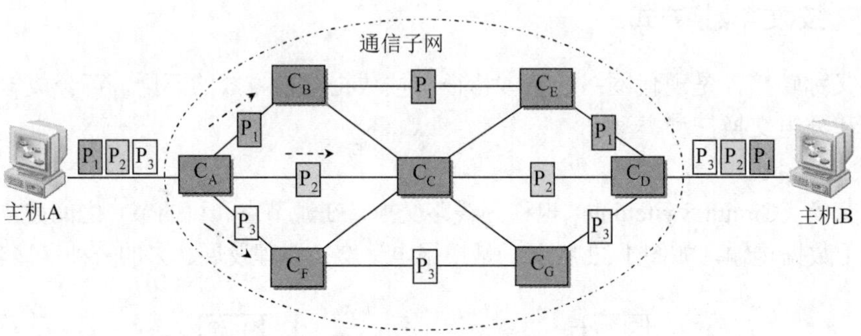

图 1-35　分组交换的工作方式

分组交换的主要优点是线路利用率高、数据传输效率高和转发速率较高，主要缺点是无法确保分组的有序到达。分组交换技术广泛应用于计算机网络，适用于交换中等或大量数据的情况。

动手实践

分析网络结构

图 1-36 为一个简化版的中小型企业网络拓扑图，请利用计算机网络拓扑结构、组成及分类等知识探索网络，完成以下步骤并回答问题。

1. 识别常见网络组件

（1）列出中间设备的类别。

（2）如果不考虑互联网云或内部网云，那么拓扑中有多少个图标代表终端设备（只有一个连接连向它们）？

（3）如果不计算这两种云，拓扑中有多少个图标代表中间设备（有多个连接连向它们）？

（4）有多少终端设备不是台式计算机？

（5）在该网络拓扑中使用了多少种不同类型的介质连接？

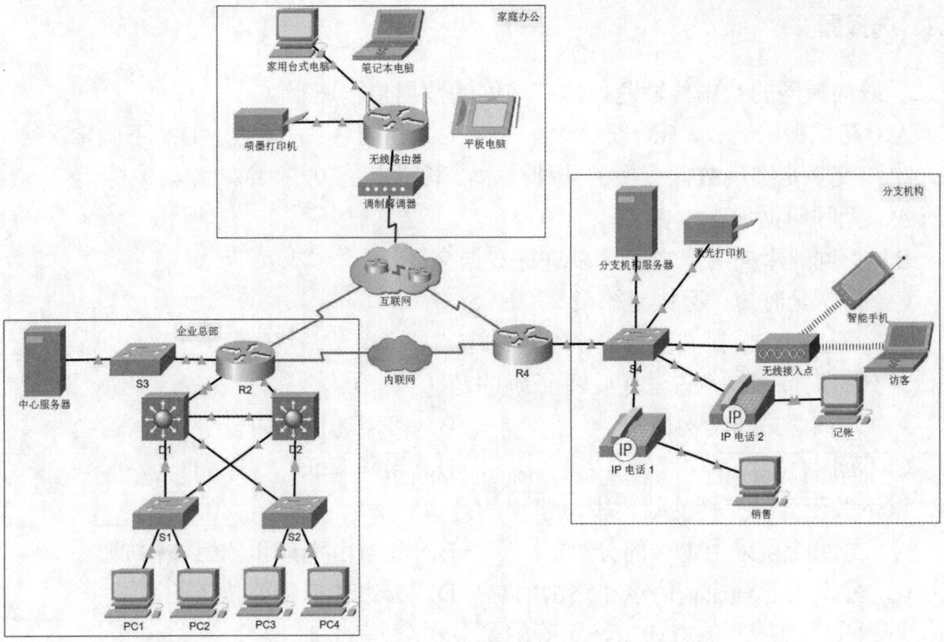

图 1-36　简化版的中小型企业网络拓扑图

2. 解释网络设备的用途

（1）列出至少两种网络设备的功能。

（2）列出至少两个选择网络介质类型的标准。

3. 比较局域网和广域网

（1）描述局域网和广域网之间的区别，给出局域网和广域网的示例。

（2）网络中有多少个广域网？

（3）网络中有多少个局域网？

（4）网络中的互联网过于简化，并不代表真实互联网的结构和形式。请简要介绍互联网。

（5）家庭用户连接互联网的常用方法是什么？

（6）您所在的区域企业用于连接互联网的常用方法是什么？

4. 分析网络拓扑结构

（1）局域网采用何种网络拓扑结构？

（2）广域网采用何种网络拓扑结构？

课后检测

一、填空题

1. 计算机网络从逻辑功能上可分为__________子网和__________子网。

2. 计算机网络从物理构成上包括__________、__________和__________三部分。

3. 计算机网络的分类方式有多种，如按__________分类，按数据交换方式分类，按覆盖的地理范围分类等。

4. 计算机网络按网络的覆盖范围可分为__________、__________、城域网和__________。

5. 广播型网络要实现正确有效的通信，需要解决__________和__________的问题。

6. 点到点网络的信息传输方式采用__________。

二、选择题

1．一般局域网的数据传输速率比广域网的数据传输速率（　　）。

A．高　　B．低　　C．相同　　D．不确定

2．电路交换是实现数据交换的一种技术，其特点是（　　）。

A．无呼叫损失

B．不同速率的用户之间可以进行数据交换

C．信息延时短，且固定不变

D．可以把一个报文发送到多个目的节点

3．下列对局域网特点说法中，不正确的是（　　）。

A．局域网拓扑结构规则　　B．可用通信介质较少

C．范围有限　　D．误码率低

4．以下关于分组交换的叙述中，错误的是（　　）。

A．分组交换采用定长的分组　　B．分组由头部和分组体构成

C．分组头含有控制信息和路由信息　　D．分组体携带要传送的数据

5．下列有关广域网的叙述中，正确的是（　　）。

A．广域网必须使用拨号接入　　B．广域网必须使用专用的物理通信线路

C．广域网必须进行路由选择　　D．广域网都按广播方式进行数据通信

三、判断题

1．采用分组交换技术在发送数据之前不必建立连接，发送方发数据更为迅速，因此不会出现网络拥塞。（　　）

2．电路交换方式属于存储转发交换方式。（　　）

3．人们无需向 ISP 申请就可以使用广域网。（　　）

4．在所有的网络中，局域网的传输距离最小。（　　）

四、简答题

简述分组交换技术的特点。

主题 4　计算机网络的发展和趋势

学习目标

通过本主题的学习达到以下目标。

知识目标

- 了解计算机网络的发展过程。
- 了解计算机网络的发展趋势。
- 了解网络领域的就业方向。

技能目标

- 具备在计算机网络领域获得工作机会的能力。

素质目标

- 树立科学精神。
- 了解计算机网络发展史上发生的里程碑事件和科学家做出的杰出贡献，树立正确的人生观和价值观，建立端正的学习态度。
- 了解中国从网络大国向网络强国迈进的过程，激发爱国情怀，增强民族自豪感。

课前评估

电话通信距今已有 300 多年的历史，电话通信系统的拓扑结构如图 1-37 所示。因特网发展至今只有 50 多年的时间，因特网的拓扑结构如图 1-38 所示。

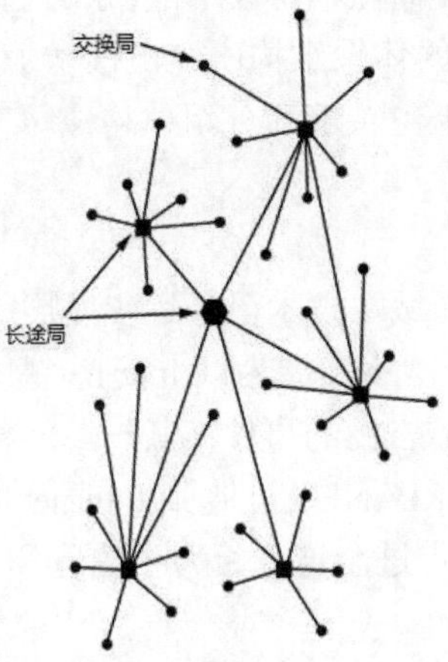

图 1-37 电话通信系统的拓扑结构

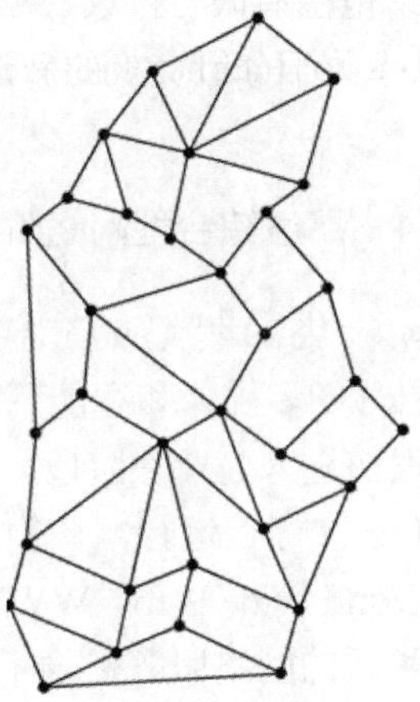

图 1-38 因特网的拓扑结构

请描述图 1-37 和图 1-38 采用何种类型的拓扑结构？这两种拓扑结构中，哪一种可靠性高？请分析因特网在改变世界的过程中所带来的社会影响远比电话网络要大得多的原因是什么？

1.10 计算机网络的发展过程

任何一种新技术的出现都必须具备两个条件，即强烈的社会需求和成熟的先期技术，计算机网络技术的形成与发展也证实了这条规律。计算机网络的发展过程正是计算机技术与通信技术（Computer and Communication，C&C）的融合过程。两者的融合主要表现在两个方面：一是通信技术为计算机之间的数据传递和交换提供了必要手段；二是数字计算机技术的发展渗透到通信技术中，提高了通信网络的性能。纵观计算机网络形成与发展的历史，可以清晰地看出计算机网络技术发展的 4 个阶段。

1.10.1 数据通信型网络阶段

第一阶段可以追溯到 20 世纪 50 年代。在这一阶段，数据通信技术的研究（提出分组交换——Packet Switching 的概念）和应用为计算机网络的产生做好了技术准备。

1.10.2 资源共享型网络阶段

第二阶段从 20 世纪 60 年代开始。在这一阶段，美国国防部高级研究计划局（Advanced Research Projects Agency，ARPA）推出了分组交换技术。基于分组交换的 ARPANET（ARPA

Network）成功运行，从此计算机网络进入了一个新纪元，它的研究成果对促进计算机网络技术的发展和理论体系的形成产生了重要作用，并为Internet的形成奠定了基础。它对计算机网络技术的突出贡献是：证明了分组交换的理论正确性；提出了资源子网（Resource Subnet）和通信子网（Communication Subnet）两级网络结构的概念；采用了层次结构的网络体系结构模型与协议体系。

1.10.3 标准系统型网络阶段

第三阶段大致从 20 世纪 70 年代中期开始。在这一阶段，各种广域网（Wide Area Network，WAN）、局域网（Local Area Network，LAN）和公用数据网（Public Data Network，PDN）发展迅速，各计算机厂商相继推出自己的计算机网络系统。这一阶段的主要成果是：开放系统互联参考模型（Open System Interconnection/Reference Model，OSI/RM）的研究对网络体系结构的形成与协议标准化起到了重要作用；传输控制协议/网际协议（Transmission Control Protocol/Internet Protocol，TCP/IP）完善了它的体系结构研究，推动了互联网产业的发展。

1.10.4 高速综合型网络阶段

第四阶段从20世纪90年代开始。在这一阶段，局域网技术已经逐步发展成熟，光纤、高速网络技术、多媒体和智能网络技术相继出现，整个网络发展为以Internet为代表的互联网，并且很快进入商业化阶段。这一时期发生了两件标志性的事件：其一，Internet的始祖ARPANET正式停止运行，计算机网络逐渐从最初的ARPANET过渡到Internet时代；其二，万维网（World Wide Web，WWW）的出现把Internet带进全球千百万个家庭和企业，还为成百上千种新的网络服务提供了平台。

1.11 计算机网络的发展趋势

计算机网络的作用是通过数据传输来实现人、设备和信息之间的互联。随着新的技术和最终用户设备进入市场，企业和消费者必须不断做出调整才能适应日新月异的环境。一些新的网络趋势将影响着企业和消费者，这些重大趋势包括：自带设备（Bring Your Own Device，BYOD）、在线协作、视频通信和云计算等。

1.11.1 自带设备

“任何设备以任何方式连接任何内容”的概念是一种全球趋势，需要彻底改变设备的使用方式，这一趋势被称为自带设备，即BYOD。BYOD是指最终用户可以使用个人工具通过企业或园区网络访问信息和相互通信。随着消费类设备的增加以及相关成本的下降，员工和学生有望使用一些最先进的计算和网络工具满足个人需要，这些个人工具包括笔记本电脑、平板电脑、智能手机和电子阅读器等。

BYOD意味着设备可以由任何使用者在任意地点使用。例如，以前学生在需要访问园区网络时，必须使用学校指定的计算机，这些设备通常有局限性，并且只能用来完成教室或图书馆的任务。移动和远程访问园区网络连接范围扩大后，为学生提供了巨大的灵活性和更多的学习机会。

1.11.2 在线协作

人们连接网络的目的并不只是访问应用程序，还有与他人在线协作。协作的定义是与合办项目中的其他人合作的行为。协作工具，如思科的WebEx，为员工、学生、教师、客户和合作伙伴即时连接、交互和实现目标提供了一种方法。对于企业，协作是组织用于保持竞争力的一项至关重要的战略重点。协作也是教育行业的重点，学生需要通过协作来互相帮助，培养工作所需的团队协作能力，并完成团队项目。

1.11.3 视频通信

通信和协作活动中的另一个重要网络趋势是视频通信。视频可用于通信、协作和娱乐。使用 Internet 连接可以向任何地方和从任何地方发出视频通话。不论是当地还是全球，视频会议在与他人远距离通信时非常便利。随着越来越多的企业跨越地理和文化界限，视频已逐步成为高效协作的关键需求。

1.11.4 云计算

云计算是改变我们访问和存储数据方法的另一个全球趋势，主要有公共云、私有云、混合云和定制云四种类型。云计算使我们可以在 Internet 上存储个人文件，访问文字处理和图片编辑等应用程序，甚至可以在服务器上备份整个硬盘驱动器。对企业而言，云计算扩大了 IT 部门的功能，无需投资新基础设施、培训新员工或获取新软件许可。云服务以经济的方式按需提供给世界任何地方的所有设备，并且不会影响安全性或功能。

1.11.5 智能家庭技术

网络趋势不仅影响我们在工作中和学校里的通信方式，还改变着家庭生活的方方面面。最新的家庭趋势包括“智能家庭技术”，如图 1-39 所示。智能家庭技术是集成到日常设备中的一项技术，以便日常设备互连从而更加“智能”或自动化。例如，在离开家之前，准备一盘食物并把它放在微波炉里烹饪。想象一下，如果微波炉“知道”正在烹饪的这盘食物，并连接到您的“活动日程表”，它就可以确定您何时可以用餐，并相应地调整开始时间和烹饪时长，它甚至可以根据日程表的变化调整烹饪时间和温度。此外，连接智能手机或平板电脑可以让用户直接连接到微波炉，以便随时调整。当这盘食物烹饪完成时，微波炉会向指定的最终用户设备发送通知消息，告知用户食物已做好并已加热。

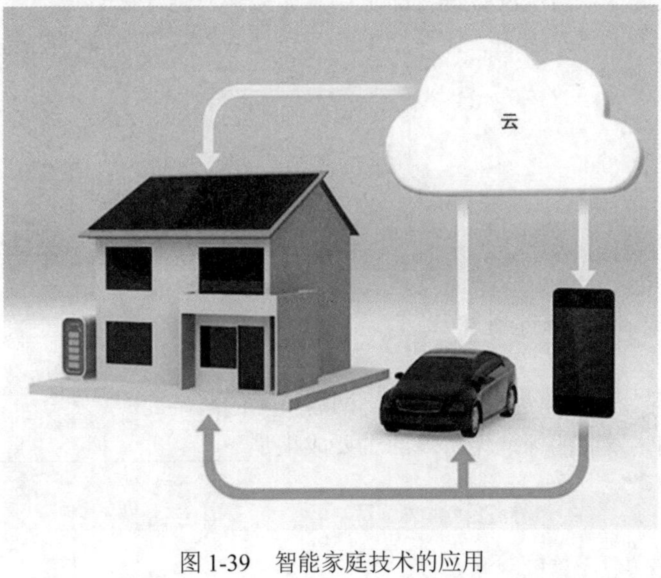

图 1-39 智能家庭技术的应用

这种情景不会遥远，事实上，人们正在开发可用于家里所有房间的智能家庭技术。随着家庭网络和高速 Internet 技术的普及，智能家庭技术将逐步变为现实，家庭网络技术也在日渐更新，以便满足不断增长的技术需求。

动手实践

获得IT和网络领域就业机会

随着各行各业的发展，信息技术（IT）和计算机网络领域的工作机会持续增长。大多数雇主要求潜在雇员（特别是工作经验比较少的雇员）提供某种形式的行业标准认证、学位或其他资格认证。在本次实训中，利用互联网完成一些有针对性的工作调查，弄清楚有哪些类型的计算机网络工作、需要哪些技能和认证，以及各个不同职位的薪酬范围。主要操作步骤如下。

1. 打开Web浏览器并转到招聘网站

在地址栏输入http://www.monster.com/geo/siteselection/并按Enter键。

2. 搜索网络相关工作

（1）在“关键字或职位”框中输入“网络管理员”，单击查找工作以继续。

（2）现在添加不同地理位置来尝试缩小搜索范围。您是否在这个区域中找到了工作？

（3）尝试搜索其他网站。转到http://www.payscale.com/rccountries.aspx，然后单击“工作搜索”按钮。

（4）将“信息技术”之类的关键词添加到“工作职位或关键字”字段框，然后单击“获取我的薪酬评估”按钮。

（5）大量的匹配搜索结果会出现，选择您感兴趣的职位，单击显示我的薪酬评估结果。请花费一些时间来搜索工作，并仔细查看搜索结果。观察不同职位所需的技能和起始薪资范围。

3. 思考题

根据以上研究结果回答这些问题。

（1）您搜索了什么职位？

（2）需要哪些技能或认证？

（3）是否发现了以前从没听说过的工作？如果是，是什么？

（4）是否发现了感兴趣的工作？如果是，是什么？它们需要哪些技能或认证？

课后检测

一、填空题

1. 计算机网络的发展可划分为__________、__________、__________、__________四个阶段。

2. __________和__________是计算机网络技术的基础。

3. 计算机网络发展的标准化阶段的主要成果是__________和__________。

二、选择题

1. 世界上第一个计算机网络是（　　）。

A. ARPANET　　B. ChinaNet　　C. Internet　　D. CERNET

2. 因特网采用的数据交换技术是（　　）。

A. 电路交换　　B. 报文交换　　C. 虚电路交换　　D. 分组交换

三、判断题

1．BYOD 意味着设备由任何使用者在任意地点使用。（　　）

2．因特网是最大的互联网。（　　）

四、简答题

简述计算机网络每个发展阶段的主要特点。

模块 2　规划网络宏伟蓝图——网络体系结构

学习情景

在建筑行业中，开工前需要做大量的准备工作，如准备一套规划方案、明确建造该房屋的施工图以及掌握房屋的建造过程。同样地，构建任何计算机网络并不是单纯安装网络设备和通信电缆，而是考虑构建现代网络的蓝图，即网络体系结构。因此，计算机网络体系结构参考模型是研究、设计和组建计算机网络时遵循的框架。在计算机网络的发展过程中，有两种著名的网络体系结构。一是 1984 年发布的开放系统互连参考模型（Open System Interconnection/Reference Mode，OSI/RM），它为各个厂商提供了一套标准，确保全世界各公司提出的不同类型网络之间具有良好的兼容性和互操作性。二是传输控制协议/网际协议（Transmission Control Protocol/Internet Protocol，TCP/IP）模型，起源于 20 世纪 60 年代美国国防部（U.S. Department of Defense，DOD）资助的一个网络分组交换研究项目，是迄今为止发展最成功的通信协议，它被用于最大的开放式网络系统 Internet 之上。

学习提示

本模块分为计算机网络协议分层结构、计算机网络模型和计算机网络 IP 地址 3 个主题，从层次、协议和网络体系结构的基本概念出发，对 OSI 参考模型、TCP/IP 参考模型进行讨论和比较，使读者明白网络体系结构和网络协议这两个概念的重要性，以便读者对计算机网络的工作过程和实现（Implementation）技术建立一个整体概念，为后续学习打下基础。这些内容是极其抽象的，需要结合实际的网络应用，联系人们日常的信息获取和传递的例子去体会、比较与理解。

主题 1　计算机网络协议分层结构

学习目标

通过本主题的学习达到以下目标。

知识目标：

- 了解层次结构的好处。
- 理解协议对网络通信的作用和遵守协议栈的意义。
- 掌握计算机网络体系结构的概念。

技能目标：

- 能够安装和使用协议分析工具。

素质目标：

- 具备和谐、包容、尊重规则的个人品质。
- 养成遵守法律或约定俗成的社会规则的意识。

课前评估

1. 如图 2-1 所示为三国时期“曹冲称象”的场景，从这个故事中我们得到什么启示？在现实生活中，人们在面对复杂问题时也采用了与此类似的方法来处理，你能举例说明吗？

图 2-1　曹冲称象

2. 假如你在重庆，需要通过书信与美国芝加哥的朋友进行沟通交流。考虑到通信距离较远，信件无法直接由你自己交到你的朋友手中，信件的分拣和投递需要交给邮政局来处理，信件的转送和运输需要交给运输部门来处理，如图 2-2 所示。请根据邮政通信系统的业务运行过程，回答下列问题。

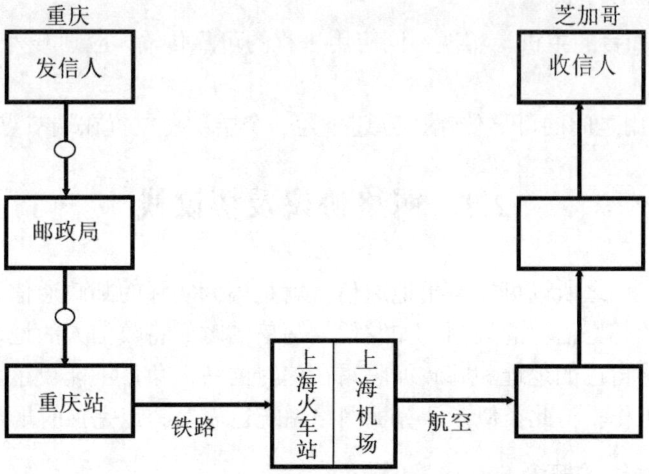

图 2-2　邮政通信系统业务的运行过程

（1）根据图中提示，将空白处补充完整。

（2）通信双方需要知道去对方的具体路径吗？邮政局或运输部门需要了解通信双方的信件内容吗？

（3）邮政通信系统从逻辑上划分为几个步骤或几个层次的优点是什么？

（4）将邮政通信系统业务运行过程进一步抽象，画出模型图。

层次结构

2.1 层次结构

邮政系统涉及世界各地亿万民众信件传送的复杂问题。从图 2-2 可知，不同地区的邮政系统都具有相同的层次，不同层次上明确了不同的功能。邮政系统的这种设计方法体现了人们处理复杂问题的一种基本思路，大大降低了复杂问题处理的难度。我们可以从中吸取有益的经验，计算机网络是一个复杂的系统，我们将层次结构作为处理计算机网络问题的基本方法。

根据计算机网络两级子网的逻辑结构，可以看出计算机网络层次划分的轮廓，把计算机网络的功能划分为 5 个层次，如图 2-3 所示。

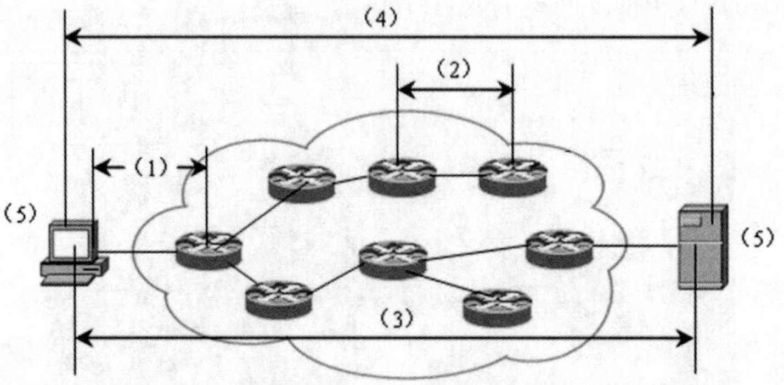

图 2-3　计算机网络的层次划分

（1）主机、端系统、通信子网和网络中节点间的物理连接处，应划分为一个层次，用于实现物理连接，位置在网络中的各个节点上。

（2）网络中相邻节点之间实现可靠的数据传输，应划分为一个层次，位置在相邻节点上。

（3）源主机和目的主机节点之间实现跨网络的数据传输，应划分为一个层次，位置在传输路径上的各个节点上。

（4）源主机和目的主机上实现不同应用进程的可靠传输，应划分为一个层次，位置在端节点上。

（5）网络应用之间的可靠传输，应划分为一个层次，位置在端节点上。

2.2 网络协议及协议栈

世界各地的人们之所以可以自由地通信，就是因为实际的邮政通信系统已覆盖全球，并且有一套固定的邮寄信件的规则，如发信人写信的时候将收信人的地址、邮政编码写在信封的左上角，将自己的地址和邮政编码写在信封的右下角，不能反了，以确保邮政通信系统有条不紊地工作。与此类似，计算机网络系统也需要制定完善的规则。

2.2.1 网络协议的概念

计算机网络由互连的多个节点构成，网络中的节点需要交换数据和控制信息。要做到有条不紊地进行各种信息的交换和传输，每个节点必须遵循网络通信规则。在计算机网络中，网络协议（Protocol）是指通信双方为了实现通信而设计的约定或会话规则。

需要说明的是，网络协议是需要不断发展和完善的，随着网络应用和服务内容的增加，必须研究和制订新的网络协议或修改原有的网络协议。

2.2.2　网络协议的要素

网络协议通常由语义、语法和时序三部分组成。

（1）语法：数据与控制信息的结构或格式，定义怎么做。

（2）语义：标识通信双方可以理解的、确定的意义，定义做什么。

（3）时序：通信双方能分辨出通信的开始与结束，以及执行动作的先后顺序，定义何时做。

以信封书写规范为例来介绍协议三要素，如图 2-4 所示。邮件信封的书写格式：写信人邮政编码、地址和姓名，寄信人地址、姓名和邮政编码，整个封面的格式类似网络协议中的“语法”，封面格式中所填写的内容类似网络协议中的“语义”，人们遵守这种格式的填写规则就是网络协议中的“同步”或“时序”关系。

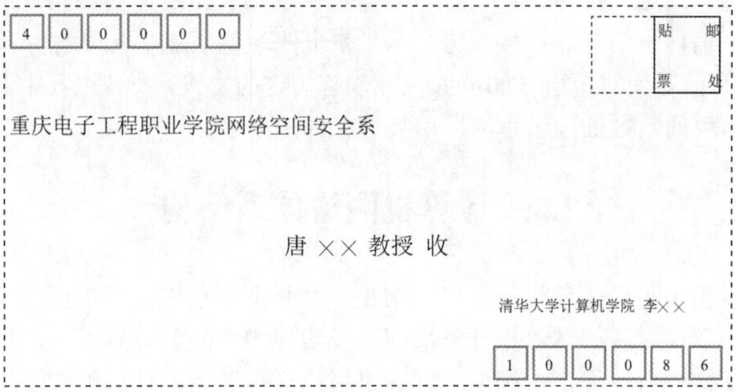

图 2-4　信封书写规范

2.2.3　网络协议栈

网络协议是网络中计算机设备之间使用的通信语言，是按对等层协议，即通信双方能理解的格式设计的，类似于信封书写规范。例如，要保证覆盖全世界的邮政通信系统运行畅通无阻，就必须制定发行人与收信人、邮政局与邮政局、运输部门与运输部门之间的一系列规则，如图 2-5 所示。

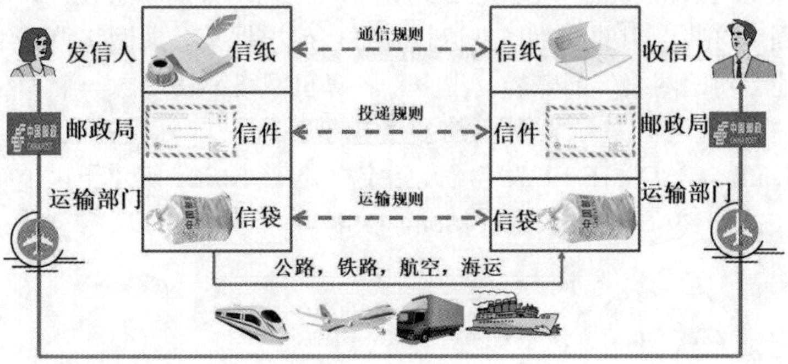

图 2-5　协议分层模型

为特定系统制定的一组协议称为协议栈。例如，人们熟知的 TCP/IP 协议栈就是一系列以 TCP 和 IP 协议为核心的协议，它是 Internet 的通信语言。如今计算机连接 Internet 都要进行 TCP/IP 协议设置，TCP/IP 协议成了 Internet 中人与人之间通信的“牵手协议”。

2.2.4　网络协议的格式

计算机网络中使用协议数据单元（Protocol Data Unit，PDU）来描述网络协议，它是由二进制数据表示的、可以彼此理解的、有结构的数据块。PDU 由控制部分和数据部分组成，控制部分由若干字段组成，表示通信中用到的双方可以理解和遵循的协议和规则，数据部分一般为上一层的 PDU，如图 2-6 所示。

边界	地址	控制	数据	校验	边界
协议头部分			数据部分	协议尾部分	

图 2-6　协议数据单元格式

由于网络协议是分层来描述的，因此计算机网络中的每一层都有对应的 PDU。人们经常说的协议打包（封装），指的是在发送方，高层的 PDU 到低层时，成为该层 PDU 的数据部分的内容。图 2-5 的左边部分很好地反映了这一过程，发信人在信纸上写好内容后封装为信件，交由邮政局进行投递处理，然后分拣打包成邮袋交给运输部门处理，该过程可简单描述为信纸→信件→信袋。在接收方，从低层向高层逐层剥离出数据字段内容，即为拆包（解封装），目的是使对等层之间能够彼此理解规定的协议，如图 2-5 中右边部分，执行了与左边完全相反的数据处理过程，即信袋→信件→信纸。

2.3　计算机网络体系结构

从前面的讨论中我们知道，计算机网络是一个复杂的系统，它按照人们化整为零、分而治之的方法去解决复杂问题，把计算机网络要实现的功能划分到不同的层次上，不同系统中的同一层次构成对等层，对等层之间通过协议进行通信，理解彼此定义好的规则和约定，层次实现的功能则由 PDU 来描述。为了确保这些协议之间不存在逻辑上的矛盾、规范上的冲突、或者用途上的重合，需要一个框架来规范协议与协议之间的关系、协议处理数据的顺序和协议的用途等，即计算机网络体系结构，这是一个关于计算机网络层次和协议的框架，并不涉及具体的功能实现。

图 2-7 所示为计算机网络体系结构从专用模型发展到开放的 TCP/IP 模型。1974 年 IBM 公司研制出世界上第一个网络体系结构，称为系统网络体系结构（Systems Network Architecture，SNA）。1975 年，美国数字设备公司（DEC）发布了自己的数字网络体系结构（Digital Network Architecture，DNA）。这些体系结构均采用分层设计，但是层次和功能的划分有所不同。这些专用的网络模型运行良好，但根据某公司网络体系结构生产的网络产品不能与其他公司的网络产品兼容。现今，计算机网络都使用同一个 TCP/IP 网络模型，但人们在讨论技术问题时最频繁引用的参考模型，却是国际标准化组织（International Standard Organization，ISO）在 1977 年就开始定义、直到 1984 年才予以公布的开放式系统互联参考模型（Open System Interconnection，OSI）。

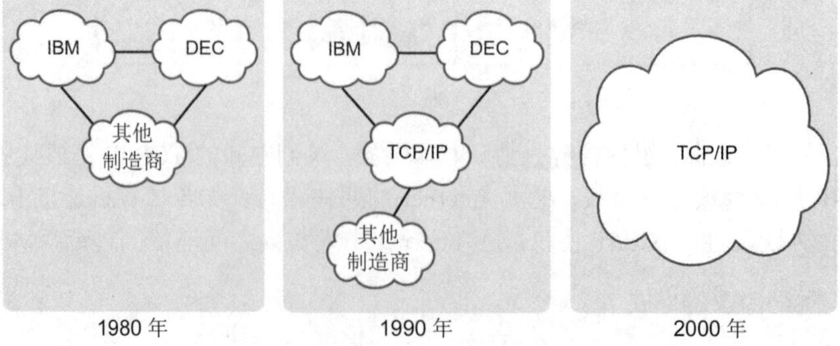

图 2-7　从专用模型发展到开放的 TCP/IP 模型

动手实践

安装并使用 Wireshark

Wireshark 是一种协议分析软件，即“数据包嗅探器”应用程序，适用于网络故障排除和协议分析等。当数据流通过网络来回传输时，嗅探器可以“捕获”每个 PDU，并根据规范对其内容进行解码和分析。

1. Wireshark 的安装

Wireshark 可从 www.wireshark.org 下载，可以根据计算机架构和操作系统选择所需的软件版本。例如，如果使用的是 Windows 64 位的计算机，则选择“Windows Installer（64 位）”。下载的文件命名为 Wireshark-win64-x.x.x.exe，其中 x 代表版本号，双击文件开始安装过程。Wireshark 的安装过程非常简单，执行默认操作即可。

2. Wireshark 的启动

单击“开始”菜单，然后再单击“Wireshark”启动软件。

3. 选择网络接口

启动 Wireshark 后，在主菜单上单击“Capture”项目下的“Interfaces”，选择要捕获数据包的网络接口。

4. 捕获数据包

（1）在相应的网络接口上单击“Start”按钮，指定要捕获数据包的接口（网卡），如图 2-8 所示。

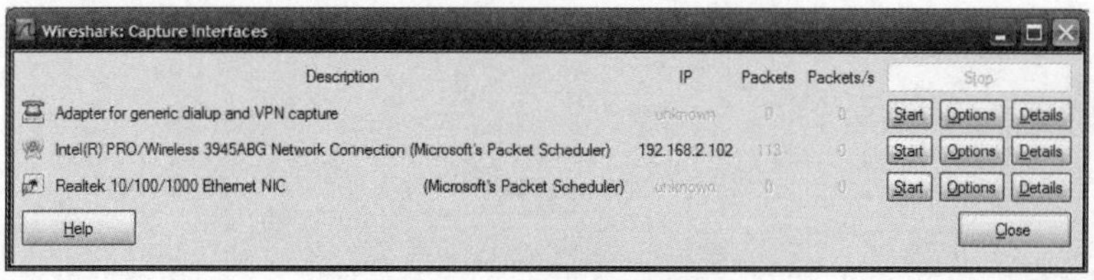

图 2-8　开始捕获数据包

（2）在计算机的命令窗口界面下执行 ping IP 地址（向团队成员询问），捕获 IP 数据包界面如图 2-9 所示。

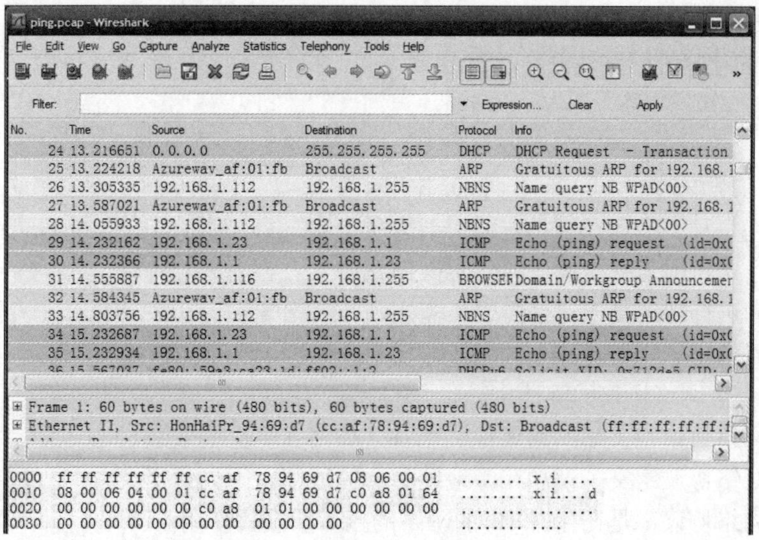

图 2-9　捕获 IP 数据包界面

（3）结果出现一段时间后，单击“停止捕获”图标停止捕获数据。

（4）捕获到了很多与执行 ping 命令无关的数据包，执行过滤，选择需要的数据包进行针对性分析。因为 ping 命令是基于 ICMP 实现的，在 Wireshark 的 Filter 栏中输入 ICMP，按 Enter 键后出现如图 2-10 所示的界面。

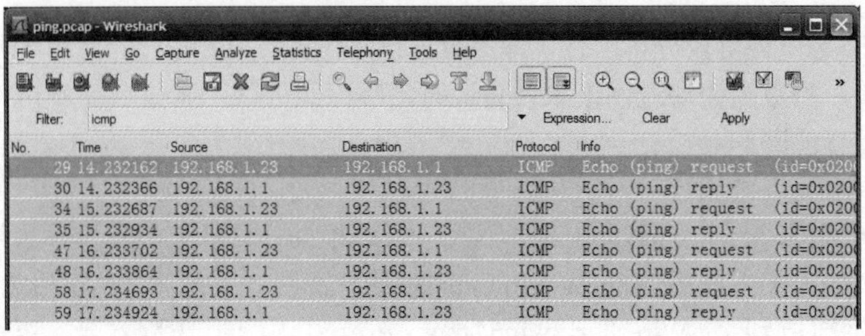

图 2-10 协议过滤

5. 分析捕获的数据

（1）Wireshark 数据分 3 个部分显示。

1）顶部部分显示捕获的 PDU 帧列表，其中列出 IP 数据包信息总结。

2）中间部分列出屏幕顶部部分中所选帧的 PDU 信息，并根据协议层分隔捕获的 PDU 帧。

3）底部部分显示每层的原始数据。原始数据同时以十六进制和十进制形式显示。

（2）单击 Wireshark 顶部部分的第一个 ICMP 请求 PDU 帧。注意“源”列中有你自己 PC 的 IP 地址，而“目的地”列包含你对其进行了 ping 操作的团队成员计算机的 IP 地址。

（3）导航至中间部分。单击“Internet Protocol version 4”行左侧的加号，指出该协议的三要素。

课后检测

一、填空题

1. 网络协议通常由语义、语法和__________三部分组成。

2. 计算机网络中使用 PDU 来描述__________。

3. 计算机网络体系结构是一个关于计算机网络__________和__________的框架，并不涉及具体的功能实现。

4. 开放的计算机网络体系结构有__________和__________。

二、选择题

1. 协议在数据通信中起到（　　）作用。

A. 为每种类型的通信指定通道或介质带宽

B. 指定将用于支持通信的设备操作系统

C. 为进行特定类型通信提供所需规则

D. 确定电子规范以实现通信

2. 下列有关网络协议的陈述中，（　　）是正确的。

A. 网络协议定义了所用硬件类型及其如何在机架中安装

B. 网络协议定义了消息在源地址和目的地址之间如何交换

C. 网络协议都是在 TCP/IP 的网络的接入层发挥作用

D. 只有在远程网络中的设备之间交换消息时才需要使用网络协议

三、判断题

1．同一节点内相邻层之间通过协议通信。 ( )
2．不同系统上的同等功能层之间按相同的协议进行通信。 ( )
3．TCP/IP 就是指 TCP 和 IP。 ( )
4．计算机网络中每一层都有对应的 PDU。 ( )
5．Internet 使用的是 TCP/IP 体系结构。 ( )

四、简答题

简述协议的打包和拆包过程。

主题 2 计算机网络模型

学习目标

通过本主题的学习达到以下目标。

知识目标：

- 了解 OSI 参考模型的概念。
- 掌握 OSI 参考模型的分层、服务和功能。
- 掌握 TCP/IP 协议模型的层次结构及各层功能。

技能目标：

- 能够安装并验证 TCP/IP 协议栈。

素质目标：

- 能够灵活运用求同存异的智慧。
- 充分理解命运共同体意识，发扬团结协作精神。

课前评估

1．网络模型也称为网络架构或网络蓝图，指的是一组综合性文档。这些文档分别描述了实现网络所需的一小部分功能，它们共同定义了计算机网络运行过程。请结合所学知识，回答下列问题。

（1）是否有必要为每一个计算机网络系统分别设计一个分层结构模型？

（2）在构建计算机网络时，目前有没有可供借鉴的网络分层结构模型？

2．图 2-11 是邮政通信系统业务运行过程的分层结构描述，反映了服务、接口和协议之间的关系，请仔细观察并回答下列问题。

（1）通信的两端，是否要求具有相同的层次？不同系统的相同层次是否具有相同的功能？

（2）服务反映了相邻层之间__________功能的调用关系，本层向相邻上层提供服务，利用相邻下层的服务。例如，图中的邮政局利用了相邻下层南京站提供的运输服务，同时向相邻的上层发信人提供信件投递服务。

（3）接口是完成相邻层之间完成服务请求和服务提供的信息交换点，如图中画圈的位置，请说出发信人与邮政局相邻层之间的接口名称是__________。

（4）不同系统的相同层次之间的信息交互是通过__________协议来实现的。

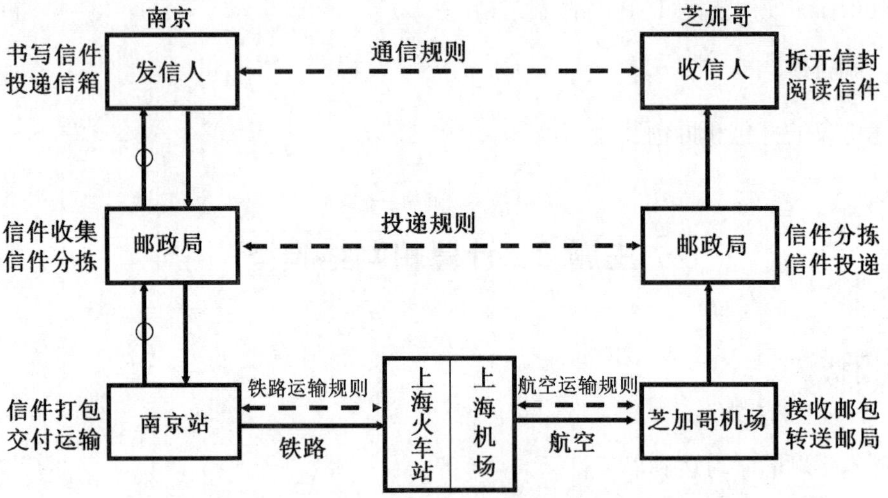

图 2-11 邮政通信系统业务运行过程的分层结构描述

OSI 参考模型

2.4 OSI 参考模型

在实际工作过程中，如果新构建一个网络体系结构，其过程是极其烦琐的。在网络领域中，最常用的方法是选取一个模板或范例。常见的网络模型有两种基本类型：协议模型和参考模型。协议模型提供了与特定协议栈结构精确匹配的模型，如美国国防部开发的TCP/IP 模型，成为了 Internet 赖以发展的工业标准。参考模型为各类网络协议和服务之间保持一致性提供了通用参考，如 ISO 制订开发的 OSI 参考模型。

2.4.1 OSI 参考模型的基本概念

在术语“开放系统互联参考模型”中，“开放”表示能使任何两个遵守参考模型和相关标准的系统进行通信，“互连”是指将不同的系统互相连接起来，以达到相互交换信息、共享资源的目的。OSI 参考模型主要解决不同网络系统之间互连的兼容性问题，它不是一个标准，而是一种在制订标准的过程中所使用的概念性框架。

2.4.2 OSI 参考模型的层次结构

OSI 参考模型包括 7 个独立但又相关的层次：从下向上分别是物理层、数据链路层、网络层、传输层、会话层、表示层和应用层。

从图 2-12 可知，在 OSI 参考模型中，应用层没有上层，向用户提供网络服务；物理层没有下层，与介质相连实现真正的数据通信；其余各层次中都有紧邻的上层和下层，对等层之间通过对等层协议实现虚通信。

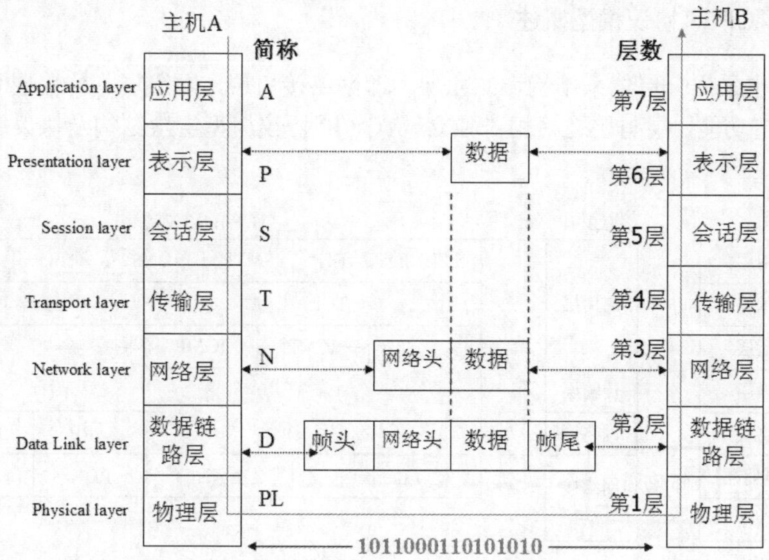

图 2-12 OSI 参考模型的层次结构

2.4.3 OSI 参考模型的各层功能

OSI 参考模型从下向上定义了 7 个层级，并且分别定义了这些层级可以提供的服务，能够实现的功能，如表 2-1 所示。

表 2-1 OSI 参考模型各层提供的服务和功能

层次名称	提供服务	主要功能	功能说明（以对话为例）
应用层	为用户的应用进程提供网络服务（启动应用程序）	提供用户与网络应用之间的接口	谈话何时开始与结束
表示层	为应用进程之间传输信息提供传输服务	数据格式变换、加密与解密、压缩与解压缩	有些话要悄悄说、有些话要简单明了
会话层	提供一个面向用户的连接服务	通信身份确认、通信连接与断开	说话要有开始、过程和结束
传输层	实现通信系统之间端到端的数据传输服务	流控、差控、数据复用与分用	保证别人能听见说的话，不能想当然
网络层	实现源节点和目标节点之间的数据传输服务	寻址、路由、流控、拥塞控制、异构网络互联	说话目标、内容、语速
数据链路层	实现相邻节点之间的可靠数据传输	寻址、成帧、流控、差控、链路管理	会说字与词，并能纠正
物理层	在传输介质上提供原始比特流的透明传输服务	定义网络设备与传输介质之间该如何沟通	能够相互听懂的发音

2.5 TCP/IP 协议模型

OSI 参考模型除了能提供网络故障诊断和描述网络的通用语言外，几乎没有其他实用价值。而 TCP/IP 协议模型则不同，它已被广泛应用到 Internet 中。TCP/IP 协议模型就像是一栋没有设计图纸的实际建筑，人们往往会根据自己的需要对这栋楼进行测绘，以还原它的图纸。

2.5.1 TCP/IP 协议模型概述

TCP/IP 也采用分层体系结构，共 4 层，即网络接口层、网络层、传输层和应用层。每一层提供特定功能，层与层之间相对独立。TCP/IP 协议模型层次结构及协议簇，如图 2-13 所示。

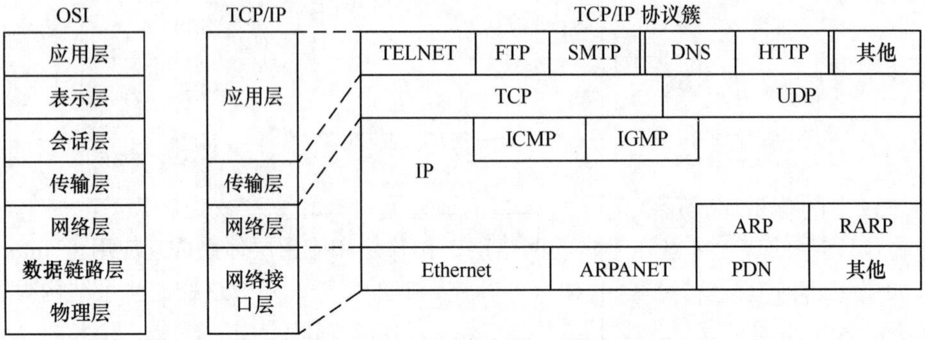

图 2-13 TCP/IP 模型及协议簇

2.5.2 TCP/IP 模型各层功能

1. 网络接口层

（1）网络接口层没有定义任何实际协议，仅定义了网络接口。开发 TCP/IP 的主要目的是实现底层异构网络的互联。不同类型网络存在不同功能的物理层与数据链路层，因此无法定义统一的物理层和链路层的协议与功能，任何类型的网络通过定义该类型网络对应的接口层，就可实现连接在该网络上两个节点之间的数据传输。因此，任何已有的数据链路层协议和物理层协议都可以用来支持 TCP/IP 协议模型，充分体现出 TCP/IP 协议的兼容性与适应性，它也为 TCP/IP 协议的成功奠定了基础。

（2）典型例子。例如，以太网（Ethernet）、令牌环网（Token Ring）、异步传输模式（Asynchronous Transfer Mode，ATM）、点到点协议（Point-to-Point Protocol，PPP）、串行线路网际协议（Serial Line Internet Protocol，SLIP）、地址解析协议（Address Resolution Protocol，ARP）、代理 ARP（Proxy ARP）、反向地址解析协议（Reverse Address Resolution Protocol，RARP）等。

2. 网络（网际）层

（1）网络层的主要功能是把数据报通过最佳路径送到目的端（寻址、路由选择、封包/拆包）。它是网络转发节点（如路由器）上的最高层（网络节点设备不需要传输层和应用层）。

（2）典型例子。例如，网际控制报文协议（Internet Control Message Protocol，ICMP）、地址解析协议（Address Resolution Protocol，ARP）、反向地址解析协议（Reverse Address Resolution Protocol，RARP）和网际组管理协议（Internet Group Management Protocol，IGMP）等。

3. 传输层

传输层的主要功能是提供进程间（端到端）的传输服务。例如，传输控制协议（Transmission Control Protocol，TCP）和用户数据报协议（User Datagram Protocol，UDP）。

（1）TCP 是面向连接的传输协议。在数据传输之前建立连接；把数据分解为多个段进行传输，在目的站重新装配这些段；必要时重新传输没有收到或接收错误的段，因此它是“可靠”的。

（2）UDP 是无连接的传输协议。在数据传输之前不建立连接；对发送的段不进行校验和确认，它是“不可靠”的，主要用于请求/应答式的应用和语音、视频应用。

4. *应用层*

（1）应用层的主要功能是该层协议为文件传输、电子邮件、远程登录、网络管理、Web 浏览等应用提供了支持；有些协议的名称与以其为基础的应用程序同名。

（2）典型例子。例如，文件传输协议（File Transfer Protocol，FTP）、简单邮件传输协议（Simple Mail Transfer Protocol，SMTP）、邮局协议版本 3（Post Office Protocol-Version 3，POP3）、远程登录（Telnet）、超文本传送协议（Hypertext Transfer Protocol，HTTP）、简单网络管理协议（Simple Network Management Protocol，SNMP）、域名系统（Domain Name System，DNS）等。

2.5.3　一种通用的 TCP/IP 模型

通过以上的分析比较，OSI 参考模型的成功之处在于它层次结构模型的研究思路，TCP/IP 协议体系的成功之处在于它的网络层、传输层和应用层体系成功应用于 Internet 环境中。如果将两种模型的共同点找出来并补充该有的部分，那么这样的体系结构很容易被大家接受。计算机领域著名专家、荷兰皇家艺术和科学院院士安德鲁·坦尼鲍姆（Andrew S.Tanenbaum）提出的一个 5 层网络参考模型，如图 2-14 所示。

<table>
<tr><th>OSI/RM</th><th>TCP/IP</th><th>5 层体系结构</th></tr>
<tr><td>高层（5～7）</td><td>应用层</td><td>应用层</td></tr>
<tr><td>传输层（4）</td><td>传输层</td><td>传输层</td></tr>
<tr><td>网络层（3）</td><td>网际层</td><td>网络层</td></tr>
<tr><td>数据链路层（2）</td><td rowspan="2">网络接口层</td><td>数据链路层</td></tr>
<tr><td>物理层（1）</td><td>物理层</td></tr>
</table>

图 2-14　5 层网络参考模型

2.5.4　TCP/IP 各层协议数据单元

在 TCP/IP 模型各层传递的协议数据单元的名称，如表 2-2 所示。

表 2-2　在 TCP/IP 模型各层传递的协议数据单元的名称

TCP/IP 模型的层次名称	协议数据单元名称
应用层	应用数据
传输层	报文段
网络层	数据包
数据链路层	数据帧
物理层	比特流

动手实践

捆绑网络协议

在组建计算机网络时，TCP/IP 协议在哪里呢？TCP/IP 协议与底层网络协议之间是怎样联系的？说明这些问题需要确定协议的层次位置，这里以底层网络是以太网（局域网的一种）为例进行说明。

网络协议层次的绑定如图 2-15 所示，底层网络一般涉及 TCP/IP 模型的下面两层，其协议主要由网络适配器（网卡）来实现。应用层、传输层和网络层协议包含在操作系统中，目前主流的操作系统 Windows、Linux 等均支持 TCP/IP 协议。

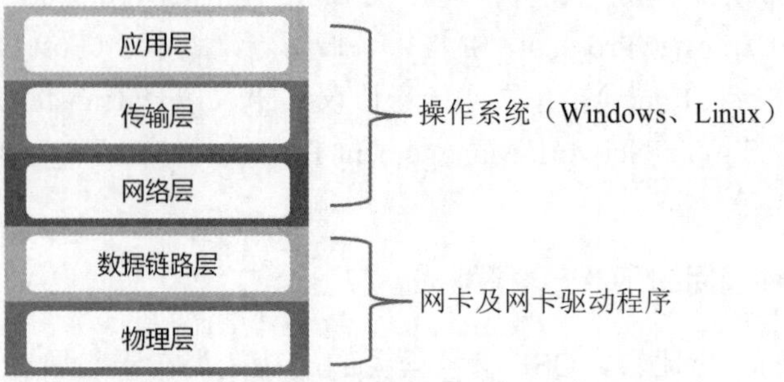

图 2-15　网络协议层次的绑定

在配置网络协议时先配置底层网络协议，安装网卡和网卡驱动程序即安装了底层网络的网络协议。之后，若与 Internet 连接，则需要选择 TCP/IP 协议，再绑定网络层协议、传输层协议和应用层协议。这些操作可以在相应的操作系统中指定所采用的网络协议，具体操作步骤如下。

1. 安装 TCP/IP 协议

在操作系统的安装过程中若已自动安装了 TCP/IP 协议栈，可以省略如下步骤。若计算机上的 TCP/IP 协议栈丢失或不可用的时候，可以执行以下步骤，完成 TCP/IP 协议栈的安装。

（1）选择“开始”→“设置”→“网络和拨号连接”，弹出“网络连接”窗口，如图 2-16 所示。

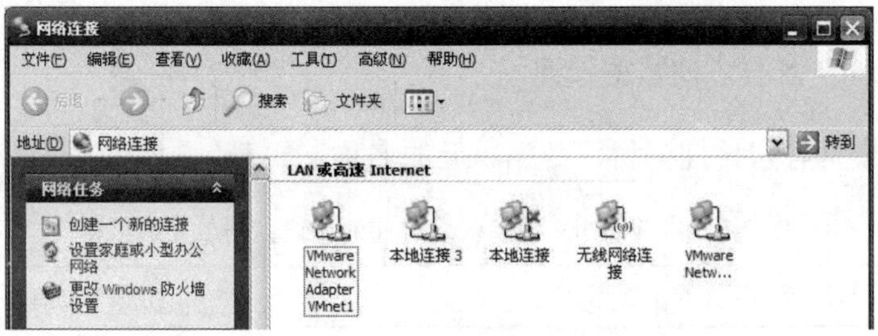

图 2-16　“网络连接”窗口

（2）在需要进行配置的连接上右击并选择“属性”，弹出“本地连接属性”对话框，如图 2-17 所示。

（3）在“此连接使用下列项目”列表框里寻找你要使用的 TCP/IP 协议，TCP/IP 协议没有勾选，说明没有安装，如图 2-18 所示。

图 2-17　“本地连接属性”对话框

图 2-18　查找需要安装的组件

（4）单击“安装”按钮，弹出“选择网络组件类型”对话框，确保已经安装了网络客户端和服务，选择“协议”组件，如图 2-19 所示，然后单击“添加”按钮。

（5）在弹出的“选择网络协议”的对话框中，选择厂商“Microsoft”，选择网络协议“Microsoft TCP/IP 版本 6”，如图 2-20 所示，单击“确定”按钮。

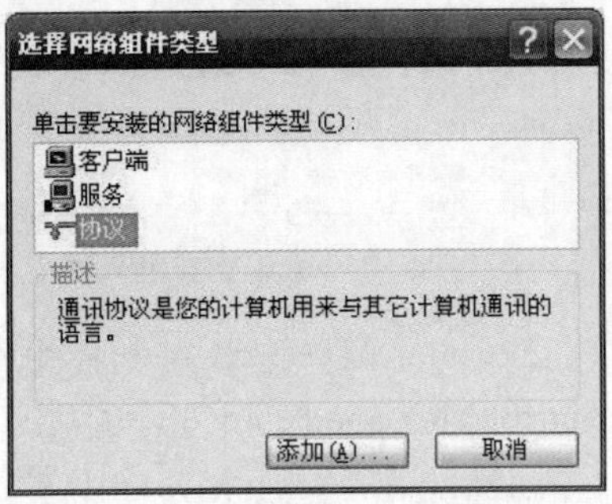

图 2-19　选择要安装的网络组件

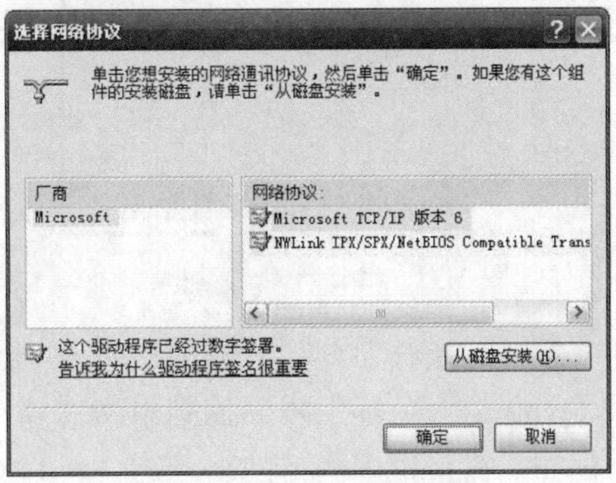

图 2-20　选择网络协议

（6）此时，“选择网络协议”界面中若没有我们要安装的协议选项，则单击“从磁盘安装…”按钮，安装向导会要求你给出协议包软件所在的位置，不管它是否在同一个硬盘、一个共享的网络磁盘、一个软盘或者可移动的驱动器、一个 CD-ROM 或者 DVD 上，如图 2-21 所示。

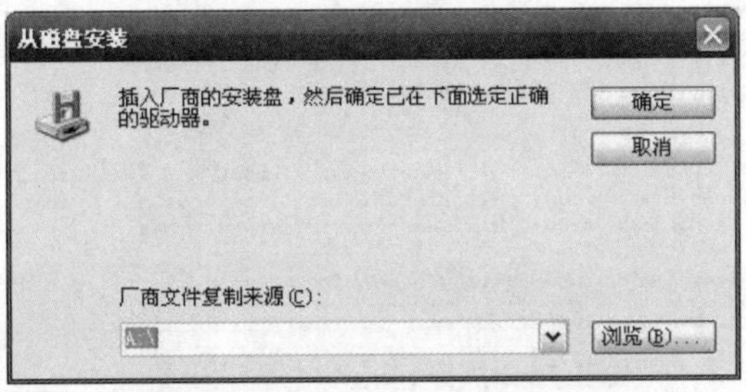

图 2-21　定位协议包软件的位置

2. 验证 TCP/IP 协议栈

（1）验证 TCP/IP 协议栈安装。

选择“开始”→“设置”→“网络和拨号连接”，在你想进行配置的连接上右击并选择“属性”选项，可以看见“本地连接 属性”界面中 TCP/IP 协议栈已经安装，如图 2-22 所示。

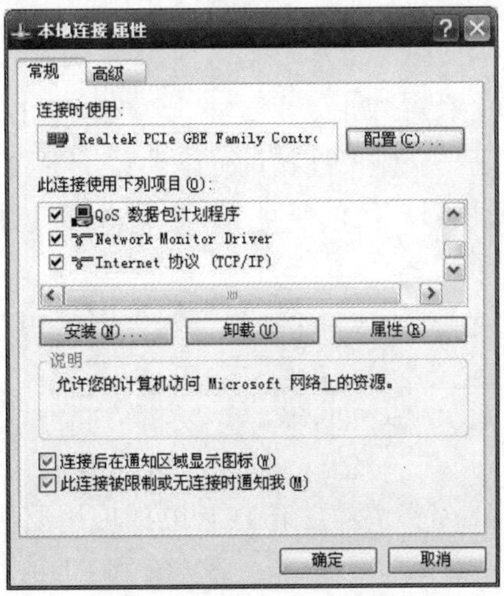

图 2-22　TCP/IP 已经安装

（2）测试 TCP/IP 协议栈正确运行。

1）选择“开始”→“运行”，弹出“运行”对话框，在“运行”界面中输入“cmd”，后按 Enter 键，出现 DOS 命令运行界面，如图 2-24 所示。

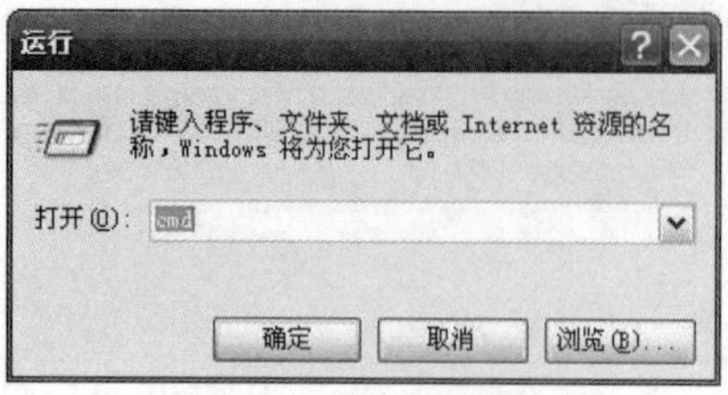

图 2-23 “运行”对话框

图 2-24 DOS 命令运行界面

2）在 DOS 命令运行界面中输入 ping 127.0.0.1，按 Enter 键后输出结果，如图 2-25 所示。ping 是一个基于网际控制报文协议（Internet Control Message Protocol，ICMP）实现的小程序，主要用来测试网络连通性；127.0.0.1 是一个回环地址，ping 127.0.0.1 主要用来检测 TCP/IP 协议栈是否正确安装，后面将对 ping 的使用进行详细解释。

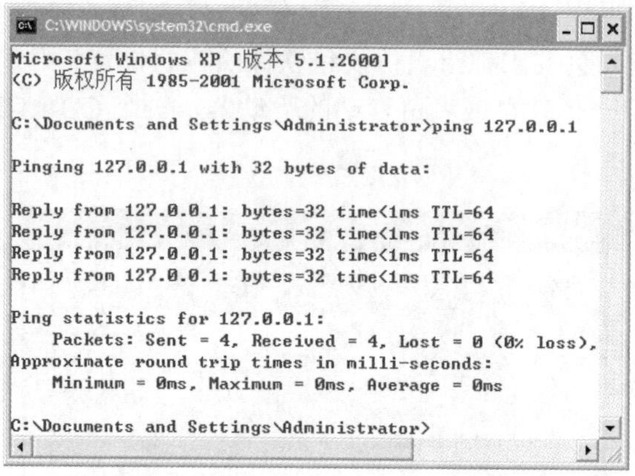

图 2-25 执行 ping 命令的输出结果

图 2-25 的输出结果说明 TCP/IP 协议栈已经正确安装。否则，说明 TCP/IP 协议栈没有安装或 TCP/IP 协议栈工作异常。

课后检测

一、填空题

1．在 TCP/IP 参考模型的传输层上，__________协议实现的是不可靠、无连接的数据报服务，而__________协议是一个基于连接的通信协议，提供可靠的数据传输。

2．在计算机网络中，应用最广泛的是__________协议，由它组成了 Internet 的一整套协议。

3．国际标准化组织（ISO）提出 OSI 参考模型中，第一层和第三层的名称分别为__________和__________。

二、选择题

1．在下面给出的协议中，（　　）属于 TCP/IP 的应用层协议。

A．TCP 和 FTP　　B．IP 和 UDP

C．RARP 和 DNS　　D．FTP 和 SMTP

2. 在下面对数据链路层的功能特性描述中，不正确的是（　　）。

　A. 通过交换与路由，找到数据通过网络的最有效的路径

　B. 数据链路层的主要任务是提供一种可靠的通过物理介质传输数据的方法

　C. 将数据分解成帧，按顺序传输帧，并处理接收端发回的确认帧

　D. 以太网数据链路层分为 LLC 和 MAC 子层，在 MAC 子层使用 CSMA/CD 协议

3. 网络层、数据链路层和物理层传输的数据单位分别是（　　）。

　A. 报文、帧、比特流　　　　B. 包、报文、比特流

　C. 包、帧、比特流　　　　　D. 数据块、分组、比特流

4. 在 OSI 参考模型中能实现路由选择、拥塞控制与互联功能的层是（　　）。

　A. 传输层　　B. 应用层　　C. 网络层　　D. 物理层

5. 在下列功能中，最好地描述了 OSI 模型的数据链路层的是（　　）。

　A. 保持数据正确的顺序、无错和完整

　B. 处理信号通过介质的传输

　C. 提供用户和网络接口

　D. 控制报文通过网络的路由选择

6. OSI 的物理层负责（　　）功能。

　A. 格式化报文　　　　　　B. 为数据选择通过网络的路由

　C. 定义连接到介质的特性　D. 提供远程访问介质

7. 在不同网络节点的对等层之间的通信需要（　　）。

　A. 模块接口　　B. 对等层协议　　C. 电信号　　D. 传输介质

三、判断题

1. OSI 参考模型多用于解释互联网通信机制，TCP / IP 才是互联网络协议的市场标准。（　　）

2. TCP/IP 协议模型和 OSI 参考模型都采用了分层体系结构。（　　）

3. 一次数据通信过程中，在通信的两端主要完成数据的封装过程。（　　）

4. 网络层负责数据在 Internet 中进行转发，而数据链路层只负责在局域网内转发。（　　）

5. 传输层是通过建立物理连接来进行数据传输的。（　　）

四、简答题

TCP/IP 协议模型分为几层？各层的功能是什么？每层又包含哪些协议？

主题 3　计算机网络 IP 地址

学习目标

通过本主题的学习达到以下目标。

知识目标：

- 掌握 IP 地址的基本概念。
- 掌握 IP 地址的分类。

- 理解掩码的作用。
- 了解默认网关的作用和 IP 地址的管理方法。

技能目标：

- 能够实现二进制和十进制之间的相互转化。
- 能够计算网络地址。

素质目标：

- 树立节约信息网络资源观念。
- 增强紧迫感和使命感。

课前评估

1．在安装家用宽带路由器或者调试局域网时，会完成 IP 地址的配置。在深入学习 IP 地址之前，掌握二进制与十进制是掌握 IP 编址方式的基本前提。

（1）位置记数法即根据数字在数字序列中所占用的位置来表示不同的值。请根据图 2-26 步骤序列中的提示，完成二进制值到十进制值的转换，并将结果填在空白处。

十进制值								
基数	2	2	2	2	2	2	2	2
幂	7	6	5	4	3	2	1	0
位	128	64	32	16	8	4	2	1
比特	0	1	0	0	0	1	1	1
	二进制值							

图 2-26　使用位置计数法将二进制值转换为十进制值

（2）十进制值转换为二进制值采用的方法类似天平称重，如图 2-27 所示。请仔细观察该图，并在图 2-28 中的空白处填写 215 对应的二进制值。

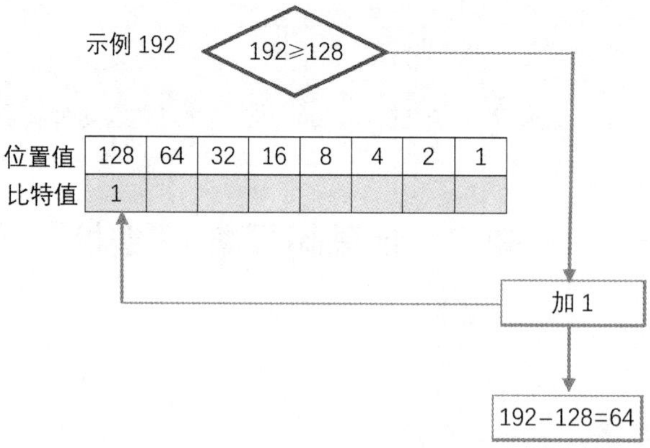

图 2-27　十进制值转换为二进制值的示例

2．逻辑与（AND）运算是数字逻辑中使用的二进制运算之一。这种运算用于数据网络中确定网络地址。运算规则是 1 和任何数相与，执行复制操作；0 和任何数相与，执行置 0 操作。请将 10.138.120.24 和 255.255.255.224 执行与操作后的结果填写在图 2-29 中的空白处。

十进制值	215							
基数	2	2	2	2	2	2	2	2
幂	7	6	5	4	3	2	1	0
位	128	64	32	16	8	4	2	1
比特								

图 2-28　十进制值转换为二进制值

主机地址	10	138	120	24
子网掩码	255	255	255	224
二进制主机地址	00001010	10001010	01111000	00011000
二进制子网掩码	11111111	11111111	11111111	11100000
二进制网络地址				
十进制网络地址				

图 2-29　逻辑与运算操作

2.6　IP 编址方式

在计算机网络中地址是一种标识符，用于标识网络系统中的实体。用作地址的标识符包含标识对象、对象的位置以及到达对象所在位置的方式三个要素。

IP 地址的表示与构成

2.6.1　IP 地址的表示

IP 地址是 TCP/IP 协议栈中 IP 协议定义的网络层地址。在以 TCP/IP 协议栈为通信协议的网络上，每台主机都必须拥有唯一的 IP 地址，还可以用来标识与 TCP/IP 网络连接的任何主机或路由器的接口。TCP/IP 协议栈中的 IP 协议提供了一种通用的地址格式，该地址为 32 位的二进制数。为了方便使用，一般采用点分十进制法来表示（将 32 位等分成 4 个部分，每个部分 8 位，之间用英文句点分开，以十进制表示），如 192.168.10.1。

2.6.2　IP 地址的结构

IP 地址的另一个重要概念在于分层。IP 地址的编址方式明显地携带了位置信息，它不仅包含了主机本身的地址信息，还包含了主机所在网络的地址信息，因此，当主机从一个网络移到另一个网络时，主机的 IP 地址必须进行修改以便正确地反映这个变化，否则将不能通信。实际上，IP 地址与生活中的邮件地址非常相似。生活中的邮件地址描述了信件收发人的地理位置，也具有一定的层次结构（如城市、区、街道等）。如果收件人的位置发生变化（如从一个区搬到了另一个区），那么邮件的地址就必须随之改变，否则邮件就不可能送达收件人。

32 位的 IP 地址包含了 Network ID 与 Host ID 两部分，如图 2-30 所示。

Network ID（网络号）	Host ID（主机号）

图 2-30　IP 地址的层次结构

- Network ID：每个网络区域都有唯一的网络标识码。
- Host ID：同一个网络区域内的每一台主机都必须有唯一的主机标识码。

IP 地址的分类

2.7　IP 地址的分类

在 32 位的 IP 地址中，哪些位代表 Network ID，哪些位代表 Host ID？这个问题看似简单，意义却很重大，因为当地址长度确定后，Network ID 长度将决定整个互联网中能包含网络的数量，Host ID 长度则决定每个网络能容纳主机的数量。

在 Internet 中，网络数是一个难以确定的因素，而不同种类的网络规模也相差很大。有的网络具有成千上万台主机，而有的网络仅仅只有几台主机。为了适应各种网络规模，IP 将 IP 地址分成 A、B、C、D 和 E 5 类，分别通过 IP 地址的前几位加以区分，如图 2-31 所示。由图 2-31 可知，利用 IP 地址的前 4 位就可以分辨出它的地址类型。

地址类	第 1 个二进制八位数范围（十进制）	第 1 个二进制八位数的比特位（绿色位不变）	地址的网络部分 (N) 和主机部分 (H)	默认子网掩码（十进制和二进制）	可能的网络数量和每个网络可能的主机数量
A	1～127**	00000000-01111111	N.H.H.H	255.0.0.0	128 个网络 (2^7) 每个网络16,777,214 台主机 $(2^{24}-2)$
B	128～191	10000000-10111111	N.N.H.H	255.255.0.0	16,384 个网络 (2^{14}) 每个网络 65,534 台主机 $(2^{16}-2)$
C	192～223	11000000-11011111	N.N.N.H	255.255.255.0	2,097,150 个网络 (2^{21}) 每个网络 254 台主机 (2^8-2)
D	224～239	11100000-11101111	不适用（组播）		
E	240～255	11110000-11111111	不适用（实验）		

图 2-31　5 类 IP 地址

在 5 类 IP 地址中，只有 A、B、C 三类可供 Internet 网络上的主机使用。在使用时，还需要排除以下 5 种特殊的 IP 地址，如表 2-3 所示。

表 2-3　特殊 IP 地址

Network ID	Host ID	源地址使用	目的地址使用	代表的意义
0	0	可以	不可	不确定的 IP 地址或默认路由
0	Host ID	可以	不可	在本网络上的某个主机
全 1	全 1	不可	可以	只在本网络上进行广播（受限广播）
Network ID	全 1	不可	可以	对特定 Network ID 上的所有主机广播（直接广播）
127	任何数	可以	可以	用作本地软件回送测试

掩码的作用

2.8　掩码的作用

当通信协议为 TCP/IP 协议栈的网络上的主机通信时，如何得知通信的主机是否在相同的网段内呢？

2.8.1　掩码的概念

掩码采用与 IP 地址相同的位格式，由 32 位长度的二进制位构成，也被分为 4 个 8 位组并采用点分十进制来表示。但在掩码中，所有与 IP 地址中的网络位部分对应的二进制位取值为 1，而与 IP 地址中的主机位部分对应的位则取值为 0。

2.8.2　默认掩码

A、B、C 三类网络的默认掩码如表 2-4 所示。

表 2-4　A、B、C 类网络的默认掩码（二-十进制对应）

类别	二进制子网掩码	十进制子网掩码
A	11111111.00000000.00000000.00000000	255.0.0.0
B	11111111.11111111.00000000.00000000	255.255.0.0
C	11111111.11111111.11111111.00000000	255.255.255.0

掩码主要有两个作用：一是用来分割 IP 地址的主机号和网络号，并且 IP 地址和掩码必须成对使用；二是掩码可以用来划分子网（Subnet）。

分割 IP 地址的主机号和网络号的方法：（IP 地址）AND（掩码）=Network ID，即将给定 IP 地址与掩码对应的二进制位做逻辑“与”运算（规则：“1”和任何数相与，结果为任何数；“0”和任何数相与，结果为 0），所得的结果为 IP 地址的 Network ID。

下面举例说明。

假定甲主机的 IP 地址为 202.197.147.3，使用默认掩码 255.255.255.0，试问这个 IP 地址的 Network ID 是多少？

IP 地址与掩码对应的二进制位做逻辑“与”运算的过程如图 2-32 所示。

202.197.147.3 ──► 11001010 • 11000101 • 10010011 • 00000011

255.255.255.0 ──► 11111111 • 11111111 • 11111111 • 00000000

“与”后的结果 ──► **11001010 • 11000101 • 10010011 • 00000000**

──► **202 • 197 • 147 • 0**

图 2-32　IP 地址与掩码对应的二进制位做逻辑“与”运算的过程

若乙主机的 IP 地址为 202.197.147.18（掩码为 255.255.255.0），当甲主机要和乙主机通信时，甲主机和乙主机会分别将自己的 IP 地址和掩码做“与”运算，得到两台主机的 Network ID 都是 202.197.147.0，因此判断这两台主机是在同一个网络区域，可以直接通信。如果两台主机不在同一个网络区域内（Network ID 不同），则无法直接通信，必须通过默认网关或路由器等设备进行通信。

2.9　默认网关

网关（Gateway）是指一个网络通向其他网络的 IP 地址。默认网关的意思是一台主机如果找不到可用的网关，就把数据包发给默认的网关，由这个网关来处理数据包，因此一台主机的默认网关是不可以随便指定的，必须正确指定，否则无法与其他网络的主机通信。

2.10　IP 地址的配置管理

IP 地址的分配可以采用静态和动态两种方式。静态分配是指由网络管理员为主机指定一个固定不变的 IP 地址并手工配置到主机上。动态分配主要通过动态主机配置协议（Dynamic Host Configuration Protocol，DHCP）来实现。采用 DHCP 进行动态主机 IP 地址分配的网络环境中至少具有一台 DHCP 服务器，DHCP 服务器上拥有可供其他主机申请使用的 IP 地址资源，客户机通过 DHCP 请求向 DHCP 服务器提出关于地址分配或租用的要求。

何时使用静态分配 IP 地址？何时使用动态分配 IP 地址？最重要的决定因素是网络规模的大小。大型网络和远程访问网络适合动态地址分配，而小型网络适合静态地址分配。最好是普通客户机的 IP 地址使用动态分配，而服务器等特殊主机使用静态分配，采用两者相结合的方式来对 IP 地址进行管理。

动手实践

计算网络地址

IP 地址由两部分组成：网络号和主机号。对处于同一网络的设备来说，IP 地址的网络号是相同的，主机号可以标识给定网络中的特定主机，掩码用于确定 IP 地址的网络号。同一网络中的设备可以直接通信，而不同网络中的设备需要使用中间第 3 层设备（如路由器）进行通信。要了解网络中设备的运行情况，需要查看设备以二进制形式表示的地址。因此，必须将 IP 地址及其掩码的点分十进制形式转换成二进制形式。完成这一转换后，就可以使用按位 AND 运算来确定网络地址。

1. 将 IPv4 地址从点分十进制转换为二进制

（1）将十进制值转换为二进制值。根据示例，将十进制值转换为 8 位的二进制值，并填写表 2-5。

表 2-5　十进制值转化为二进制值

十进制值	二进制值
192	11000000
168	
10	
255	
224	

（2）将 IP 地址转换为二进制值。可以使用与上述相同的方法转换 IP 地址。根据所提供地址的二进制值填写表 2-6。填写时，请使用句点分隔这些二进制八位数。

表 2-6　IP 地址十进制值转化为二进制值

十进制值	二进制值
192.168.20.3	11000000.10101000.00010100.00000011
200.193.80.100	
10.234.178.235	
202.165.248.50	
197.183.1.36	

2. 使用按位 AND 运算确定网络地址

使用按位 AND 运算来计算所提供主机地址的网络地址。首先需要将十进制 IP 地址和子网掩码转换为对应的二进制值。一旦得到网络地址的二进制形式，就将它转换为对应的十进制形式。在表 2-7 中填写缺少的信息。

表 2-7　使用按位 AND 运算确定网络地址

项目	十进制值	二进制值
IP 地址	200.193.80.100	
掩码	255.255.255.224	
网络地址		

课后检测

一、填空题

1．IP 地址由 Network ID 和__________组成。

2．一个标准的 IP 地址 128.202.99.65 所属的网络为__________。

3．111.251.1.7 的默认子网掩码是__________。

4．若两台主机在同一子网中，则两台主机的 IP 地址分别与它们的子网掩码相“与”的结果一定__________。

二、选择题

1．IP 地址 10.0.10.32 和掩码 255.0.0.0 代表的是一个（　　）。

A．主机地址　　B．网络地址　　C．广播地址　　D．以上都不对

2．若某台计算机的 IP 地址是 192.168.8.20，子网掩码是 255.255.255.0，则网络号和主机号分别是（　　）。

A．网络号：199　主机号：168.8.20

B．网络号：192.168　主机号：8.20

C．网络号：192.168.8　主机号：20

D．网络号：255.255.255　主机号：0

3．IP 地址为 195.100.8.200（掩码为 255.255.255.0），这是（　　）类 IP 地址。

A．A　　B．B　　C．C　　D．D

4．IP 地址由一组（　　）的二进制数字组成。

A．8 位　　B．16 位　　C．32 位　　D．64 位

三、判断题

1．IP 协议将 IP 地址划分成 A、B、C、D 和 E 5 类。（　　）

2．直接广播地址是将 IP 地址的主机号全部置为 1。（　　）

3．IP 地址 255.255.255.255 称为受限广播地址。（　　）

4．网络地址是主机位为 0 的地址。（　　）

5．广播地址是以 255 结尾的地址。（　　）

四、简答题

1．设有两台计算机，一台计算机的 IP 地址设置为 193.100.0.18，子网掩码设置为 255.255.255.0；另一台计算机的 IP 地址设置为 193.100.0.20，子网掩码设置为 255.255.255.0。判断两台计算机是否在同一子网中？

2．设有两台计算机，一台计算机的 IP 地址设置为 193.100.0.129，子网掩码设置为 255.255.255.192；另一台计算机的 IP 地址设置为 193.100.0.66，子网掩码设置为 255.255.255.192。判断两台计算机是否在同一子网中？

模块3　构筑网络高速公路——数据通信基础

学习情景

计算机网络的一个典型应用是数据通信，而物理层是唯一直接传输数据的一层。由于计算机网络可以利用的传输介质（如双绞线、同轴电缆、光纤和无线电波等）和传输设备（如集线器、交换机和路由器等）种类繁多，各种通信技术（如数据编码技术、数据传输技术和多路复用技术等）存在很大的差异，并且各种新的通信技术又在快速发展。因此，按照计算机网络体系结构的分层原则，需要通过设置物理层来尽可能屏蔽这些差异。

物理层是计算机网络体系结构的最底层，其主要作用是尽可能屏蔽掉网络中设备、介质和通信方式，使数据链路层感觉不到这些差异的存在，可以使数据链路层只考虑如何完成本层的协议和服务，而不考虑网络具体的传输介质或设备。但是，物理层的很多内容涉及通信技术的细节问题，如计算机内部的二进制数字不能直接通过传输介质传输、电信号是数据在网络传输过程中的表示形式等，对于数据通信系统，它关心的是数据用什么样的电信号来表示，以及如何去传输这些电信号。

学习提示

本模块分为数据通信方式、常见传输介质、数据编码技术、信道复用技术、物理层接口标准和宽带接入技术 6 个主题，介绍了数据通信的基本概念、数据编码技术、数据传输技术和多路复用技术等内容，对物理层的主要功能、常用标准和常见设备等进行阐述，帮助读者弄清数据传输的原理和实现方法，为后续的学习打下坚实的基础。

主题1　数据通信方式

学习目标

通过本主题的学习达到以下目标。

知识目标：

- 了解并行通信与串行通信的特点。
- 了解单工、半双工和全双工通信方式的特点。
- 掌握异步传输和同步传输的概念。

技能目标：

- 能够使用网络仿真工具验证半双工和全双工通信方式。

素质目标：

- 培养团结协作精神。

课前评估

1. 计算机网络是计算机技术与通信技术紧密结合的产物。物理层定义了网络设备与传输介质之间的沟通方法，它所关注的内容与传输介质相关，但与看得见摸得着的传输介质和网络设备不是一回事。

（1）物理层的协议数据单元是__________，不能直接在介质上传输，需将其__________或__________，变成适合介质传输的__________。

（2）物理层协议用__________、__________、__________和__________4 个特性来描述，其中前两个特性从接口的大小、尺寸、引脚数量、功能等层面反映了网络基础设施的标准，后两个特性从发送信号的表示和先后顺序等层面反映了所传信号的物理标准。

（3）物理层还考虑了通信设备之间的连接方式，如在广域网中采用__________连接方式，在局域网中采用__________连接方式。

2. 在前面的学习内容中，曾经提到数据、信息和信号等概念，请仔细观察图 3-1，总结信息、数据和信号之间的关系。

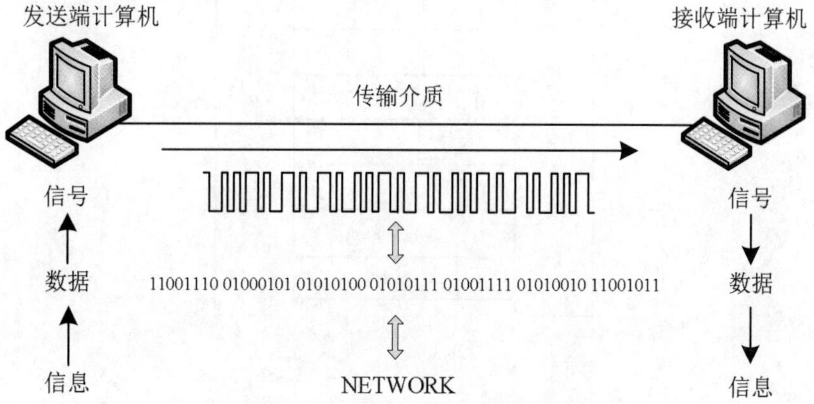

图 3-1 信息、数据和信号之间的关系

（1）人与人之间交换的是信息，人们通过网络获取信息。

（2）信号是传输介质上的电磁波。信号也可以分为模拟信号和数字信号，请指出图 3-2 中哪一个描述的是模拟信号？不同信号之间可以相互转化，如大家熟知的调制解调器就是实现数字信号和模拟信号相互转换的物理层设备。

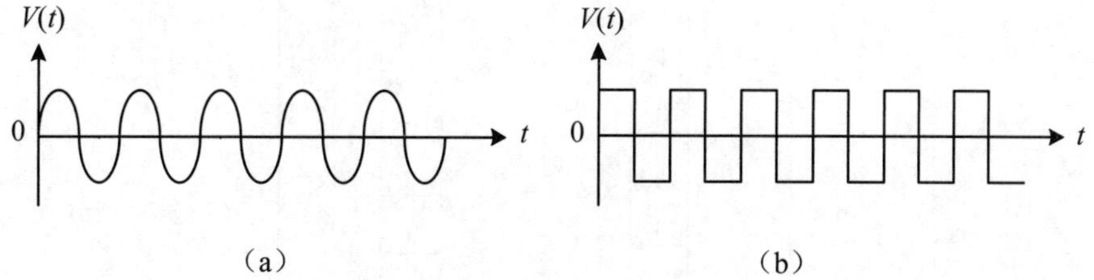

图 3-2 信号波形图

（3）信息是通过解释数据而产生的，数据是通过信号进行传输的。数据可以分为模拟数据和数字数据，如人们说话的声音是__________，计算机处理的是__________。

3.1 并行通信与串行通信

数据通信方式按照数据传输与需要的信道数可划分为并行通信方式和串行通信方式。数据有多少位就需要多少条信道，每次传输数据时，一条信道只传输字节中的一位，一次传输一个字节，这种传输方法称为并行通信。如果数据传输时只需要一条信道，数据字节有多少位则需要传输多少次才能传输完一个字节，这种方法称为串行通信。

3.1.1 并行通信

在并行通信中，一般至少有 8 个数据位同时在两台设备之间传输，如图 3-3 所示。发送端与接收端有 8 条数据线，发送端同时发送 8 个数据位，接收端同时接收 8 个数据位。计算机内部各部件之间的通信是通过并行总线进行的，如并行传送 8 位数据的总线称为 8 位数据总线，并行传送 16 位数据的总线称为 16 位总线等。

并行传输的特点如下：

- 数据传输速率高。
- 数据传输占用信道较多，费用较高，所以只能应用于短距离传输。
- 一般应用于计算机系统内部传输或者近距离传输。

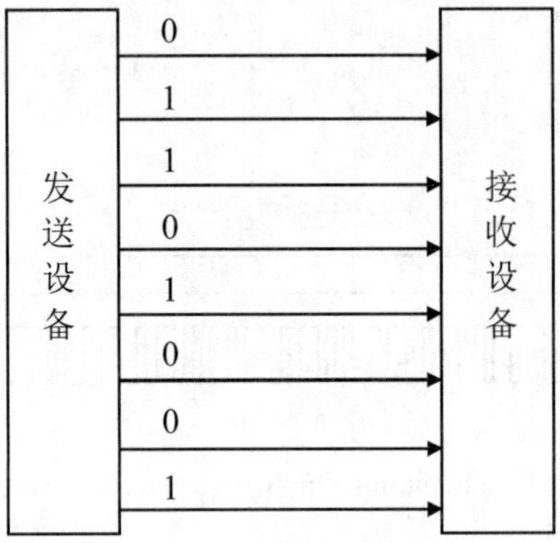

图 3-3　并行通信

3.1.2 串行通信

并行通信需要 8 条或 8 条以上的数据线，对于近距离的数据传输来说费用还是可以负担的，但在进行远距离数据传输时，这种方式就不经济了。所以在数据通信系统中，较远距离的通信就必须采用串行通信方式，如图 3-4 所示。

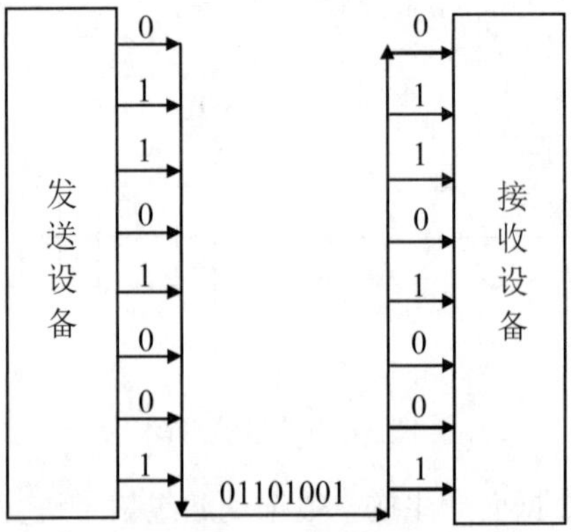

图 3-4　串行通信

串行通信每次在线路上只能传输 1 位数据，因此其传输速率一般要比并行通信慢得多。虽然串行传输速率慢，但在发送端和接收端之间只需一根传输线，成本大大降低，且串行通信使用于覆盖面很广的公用电话网络系统，所以，在现行的计算机网络通信中串行通信应用更广泛。

串行传输的特点如下：

- 数据传输速率慢。
- 数据传输占用信道较少，费用较低，所以适用于远距离传输。
- 一般应用于计算机网络中远距离传输。

3.2　通信双方的交互方向

数据在通信线路上传输是有方向的。根据数据在传输介质上传输的方向和特点，通信方式划分为单工通信（Simplex Communication）、半双工通信（Half-Duplex Communication）和全双工通信（Full-Duplex Communication）3 种通信方式。

3.2.1　单工通信

单工通信指通信信道是单向信道，数据信号仅沿一个方向传输，发送端只能发送不能接收，而接收端只能接收不能发送，任何时候都不能改变信号传送方向，如无线电广播和电视都属于单工通信，如图 3-5 所示。

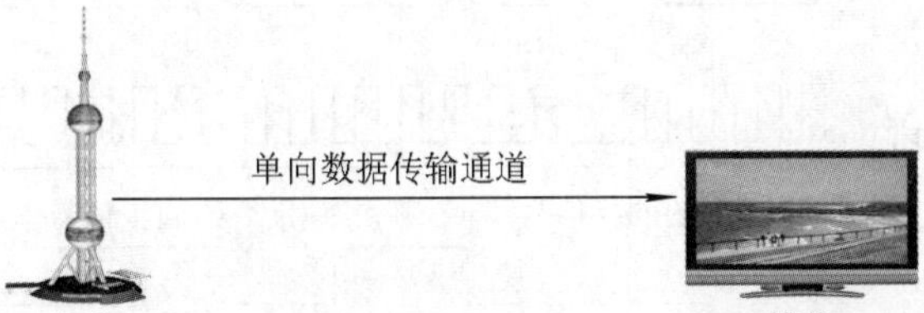

图 3-5　单工通信

3.2.2　半双工通信

半双工通信是指信号可以沿两个方向传输，但同一时刻一个信道只允许单方向传送，即两个方向的传输只能交替进行，而不能同时进行。当改变传输方向时，要通过开关装置进行切换，如图 3-6 所示。半双工信道适合于会话式通信。例如，公安系统使用的“对讲机”和军队使用的“步话机”。半双工通信在计算机网络系统中适用于终端与终端之间的会话式通信。

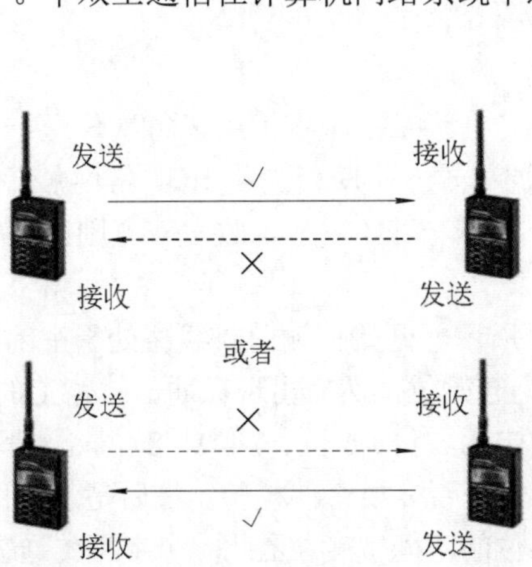

图 3-6　半双工通信

3.2.3 全双工通信

全双工通信是指数据可以同时沿相反的两个方向进行双向传输，如图 3-7 所示，如两台电话机之间的通信，它相当于两个方向相反的单工通信组合在一起，通信的一方在发送信息的同时也能接收信息。全双工通信一般采用接收信道与发送信道分开，按各个传输方向分开设置发送信道和接收信道。

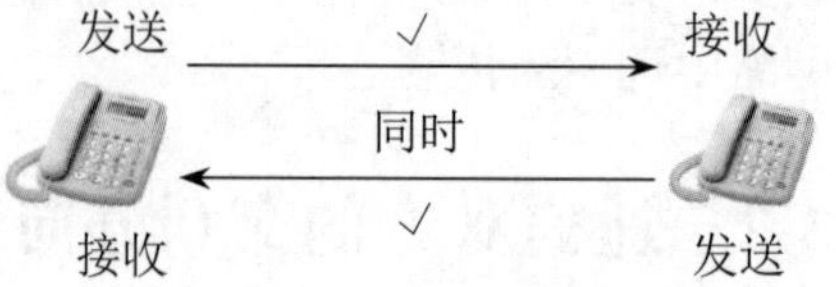

图 3-7 全双工通信

3.3 异步传输与同步传输

同步是指接收端要按照发送端发送的每个码元的重复频率及起止时间来接收数据。因此，接收端不仅要知道一组二进制位的开始与结束，还要知道每位的持续时间，这样才能做到用合适的取样频率对所接收数据进行取样，如图 3-8 所示。

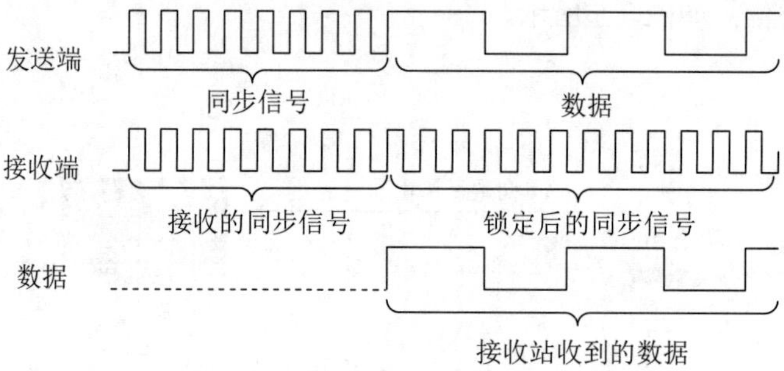

图 3-8 同步传输

数据传输的方式有两种：异步传输和同步传输。同步传输与异步传输的引入是为了解决串行数据传输中通信双方的码组或字符的同步问题。由于串行传输是以二进制位为单位在一条信道上按时间顺序逐位传输的，这就要求发送端按位发送，接收端按时间顺序逐位接收，并且还要对所传输的数据加以区分和确认。因此，通信双方需要采取同步措施，尤其对远距离的串行通信更为重要。

3.3.1 异步传输

字符同步也称异步传输，在通信的数据流中，每次传送一个字符且字符间异步。字符内部各位同步被称为字符同步方式，即每个字符出现在数据流中的相对时间是随机的，接收端预先并不知道，而每个字符一开始发送，收发双方则以预先固定的时钟速率来传送和接收二进制位。

异步传输过程如图 3-9 所示。开始传输前，线路处于空闲状态，连续输出“1”。传输开始时首先发一个“0”作为起始位，然后出现在通信线路上的是字符的二进制编码数据。每个字符的数据位长可以约定为 5 位、6 位、7 位或 8 位，一般采用 ASCII 编码。接着是奇偶校验位，可以根据情况约定是否需要奇偶校验。最后是表示停止位的“1”信号，这个停止位可以约定持续 1 位或 2 位的时间宽度，至此一个字符传送完毕，线路又进入空闲状态，持续传输“1”，经过一段时间后，下一个字符开始传输时又发出起始位。

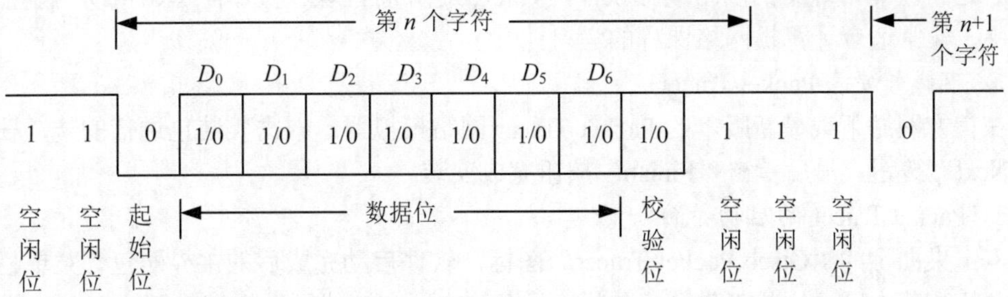

图 3-9　异步传输过程

异步传输对接收时钟的精度要求降低了，它的最大优点是设备简单、易于实现。但是，它的效率很低。因为每一个字符都要加起始位和终止位，辅助开销比例比较大，因而用于低速线路中，如计算机与调制解调器等。例如，采用 1 个起始位、8 个数据位、2 个停止位时，其传输效率为 8/11≈73%。

3.3.2　同步传输

同步传输也称帧同步。通常，同步传输方式的信息格式是一组字符或一个二进制位组成的数据块（帧）。同步传输不需要对每一个字符附加起始位和停止位，而是在发送一组字符或数据块之前要先发送一个同步字符 SYN（以 01101000 表示）或一个同步字节（以 01111110 表示），用于接收端进行同步检测，从而使发送端和接收端进入同步状态。在同步字符或字节之后，可以连续发送任意多个字符或数据块，发送数据完毕后，再使用同步字符或字节来标识整个发送过程的结束，如图 3-10 所示。

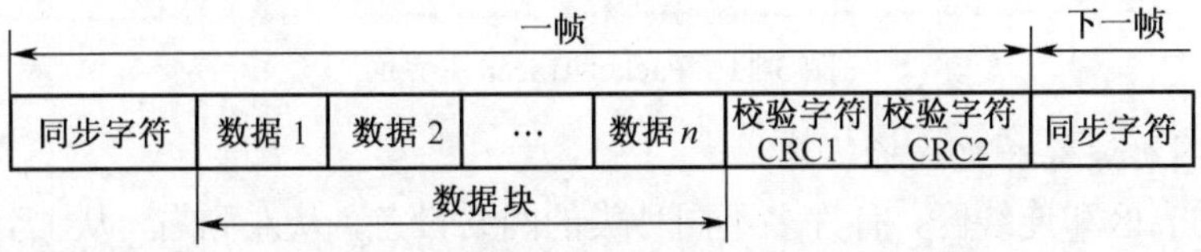

图 3-10　同步传输方式

在同步传输时，由于发送端和接收端将整个字符组作为一个单位传送，且附加位又非常少，从而提高了数据传输的效率，所以这种方法一般用在高速传输数据的系统中，如计算机之间的数据通信。

另外，在同步通信中，要求收发双方之间的时钟严格同步，而使用同步字符或同步字节，只是用于同步接收数据帧，只有保证接收端接收的每一个比特都与发送端保持一致，接收端才能正确地接收数据，这就要使用位同步的方法。对于位同步，可以使用一个额外的专用信道发送同步时钟来保持双方同步，也可以使用编码技术将时钟编码到数据中，在接收端接收数据的同时就获取到同步时钟，两种方法相比，后者的效率最高，使用得最为广泛。

动手实践

网络模拟器的基础使用

网络模拟器是指能利用软件虚拟出相应的网络设备，并利用这些虚拟出来的网络设备联网并进行相关配置，用来验证或解决相关网络问题的软件。目前，市面上许多网络模拟器，如华为的 eNSP、思科的 Packet Tracer 等，本节介绍思科的 Packet Tracer 7.3.1。Packet

Tracer 是一款非常好用的网络模拟软件，其特点是界面直观、操作简单、帮助功能强、容易上手，非常适合计算机网络课程的学习。

1. 下载并安装 Packet Tracer

在官方网站下载最新版本的 Packet Tracer 网络模拟器，双击安装包进行安装，一直单击“Next”按钮，最后单击“Finish”按钮完成安装。

2. Packet Tracer 的启动界面

双击桌面上的“Cisco Packet Tracer”图标，软件启动完成后的主界面包含菜单栏及工具栏、拓扑工作区、拓扑工作区工具栏、设备列表区和连线区、报文跟踪区等，如图 3-11 所示。

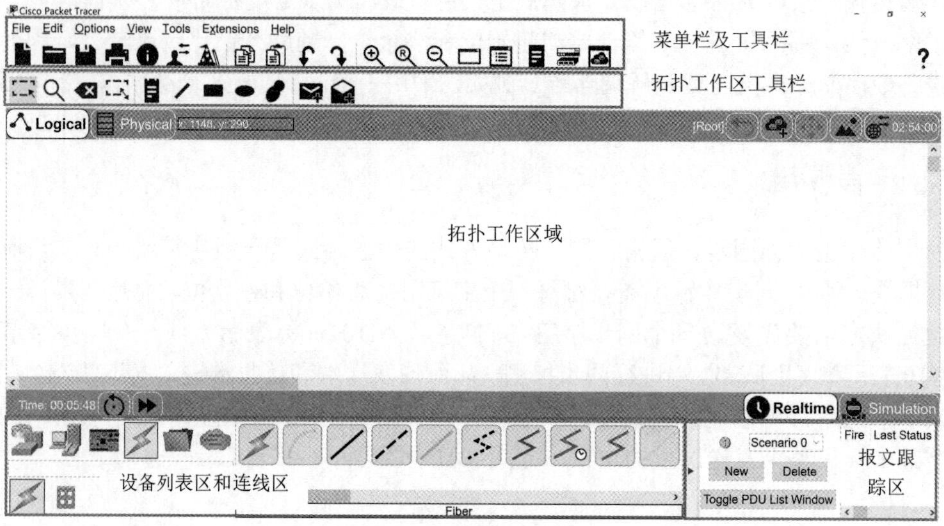

图 3-11　Packet Tracer 主界面

3. 添加网络设备并更改标签名

在设备列表区和连线区，有许多不同种类的网络设备，从左到右，从上到下进行排列，提供路由器、交换机、无线路由器、线路、电脑、防火墙和服务器等其他网络设备。例如，添加一个型号为 2911 的路由器，首先在设备选择栏内找到要添加的网络设备的大类别，然后从该类别的设备型号中寻找到自己想要的设备，最后拖动到工作区就完成添加设备的操作。添加完成后，在工作区域可以看到一个标签名为“Router0”的 2911 路由器的图标。单击该标签，进入标签的编辑状态，更改标签名为 R1。用同样的方法，添加其他网络设备并更改标签名，添加完成后通过拖动的方式调整各个设备之间的位置关系，如图 3-12 所示。

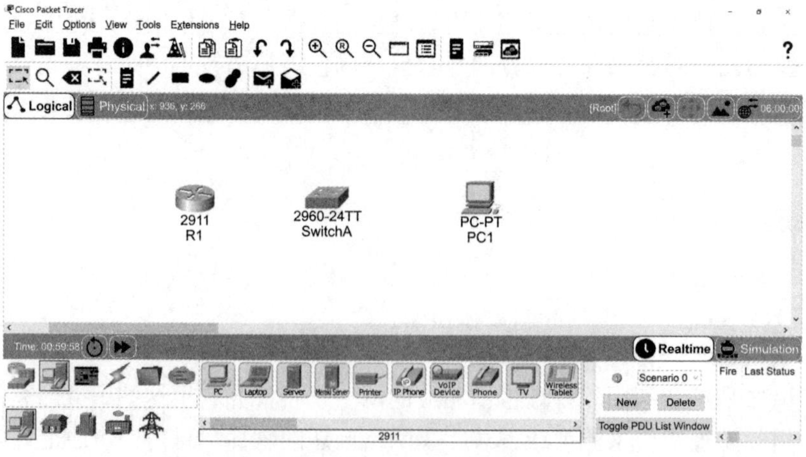

图 3-12　添加网络设备

4. 使用线缆连接设备

在设备列表区和连线区域中选中线缆时，从右边有许多不同的线缆类型，如图 3-11 所示。依次为自动选择类型、控制线、直通线、交叉线、光纤、电话线、同轴电缆、DCE 串口线、DTE 串口线和“八爪”线等。在要进行连线的网络设备上单击，如在 SwitchA 上单击时会弹出如图 3-13 所示的端口选择界面，选中要进行连接的端口，再单击 PC1，选中适当的接口就完成连线的操作。用同样的方法，连接其他设备。

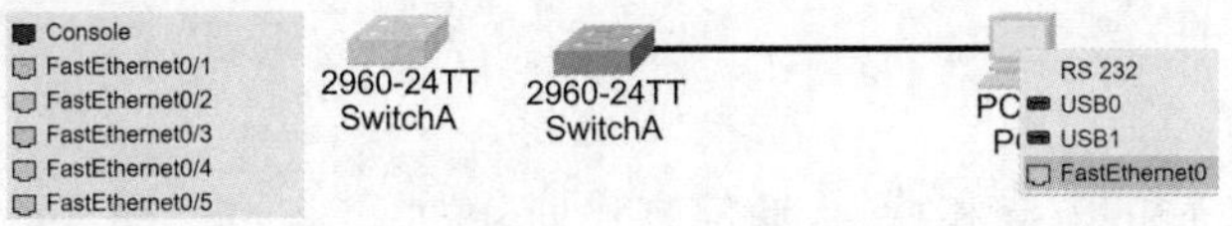

图 3-13　连接网络设备

添加网络设备时应该注意设备的型号，特别是交换机，不同型号的交换机功能有很大的区别；不同的设备之间，不同类型的接口使用的连接线缆不同，在进行网络设备连接时要注意选择正确的线缆；连接网络时要根据网络连接要求正确地连接各个网络设备的端口。

5. 设备编辑工具的使用

设备编辑工具如图 3-14 所示，从左到右依次为选择、查看、删除、重定义图形大小、添加标签、绘图、添加简单 PDU 和添加复杂 PDU。

图 3-14　设备编辑工具

（1）Select（选择）：选中该图标后，将鼠标移至拓扑图上，单击设备即可打开该设备的配置界面进行配置；或者选中设备并按住鼠标左键拖动，调整设备在工作区中的位置。

（2）Inspect（查看）：查看拓扑图中路由器/交换机的路由表、ARP、QoS 表等信息。选中该图标后，在拓扑图上单击要查看的设备，并在弹出菜单中选择相应菜单项即可打开对应信息。

（3）Delete（删除）：选中该图标后，单击删除拓扑图中的设备或者线缆。

（4）Resize（重定义图形大小）：选中该图标后，在拓扑工作区选中使用 Draw 工具绘制的图形，在图形上会出现一个红色的小正方形，拖动它即可改变图形大小。

（5）Place Note（添加标签）：在拓扑工作区内为设备添加标签或者添加拓扑图的说明等信息。

（6）Draw（绘图）：提供在拓扑工作区绘制多边形（Freeform）、矩形（Rectangle）、椭圆形（Ellipse）和直线（Line）的功能。

（7）Add Simple PDU（添加简单 PDU）：主题 4 中详述。

（8）Add Complex PDU（添加复杂 PDU）：主题 4 中详述。

6. 鼠标的操作方法

鼠标操作分为单击、拖动、框选，它们功能如下：

（1）单击任何一个设备，将打开该设备的配置面板。

（2）拖动任何一个设备，可以重新调整该设备在界面中的位置。

（3）框选可以选中多个设备，结合拖动可以同时移动多个选中的设备，从而调整设备的位置。

7. 为设备添加注释

使用设备操作工具栏的注释工具，在工作区单击后直接输入注释文字。如图 3-15 所示，为 R1、SwitchA 和 PC1 分别添加路由器、交换机和计算机注释。

图 3-15 添加网络设备注释

课后检测

一、填空题

1. 根据数据在传输介质上传输的方向和特点，通信方式划分为__________、__________和__________3 种。

2. 数据传输的同步方式分为__________和__________。

二、选择题

1. 计算机内部通信采用（　　）方式。

A. 串行通信　　B. 并行通信　　C. 同步传输　　D. 异步传输

2. 在同一个信道上的同一时刻，能够进行双向数据传送的通信方式是（　　）。

A. 单工通信　　B. 半双工通信　　C. 全双工通信　　D. 上述三种均不是

3. 采用异步传输方式，设数据位 7 位，校验位 1 位，停止位 1 位，则其通信效率为（　　）。

A. 30%　　B. 70%　　C. 80%　　D. 20%

三、判断题

1. 在传输数据时，一条信道只传输字节中的一位，一次传输一个字节，这种传输方法称为串行通信。（　　）

2. 全双工传输是指数据可以同时沿相反的两个方向进行双向传输。（　　）

3. 异步传输对接收时钟的精度要求提高了。（　　）

四、简答题

1. 串行通信和并行通信各有哪些特点？分别使用在什么场合？

2. 什么是单工通信、半双工通信和全双工通信？它们各有什么特点？

主题 2　常见传输介质

学习目标

通过本主题的学习达到以下目标。

知识目标：

- 了解传输介质的特性。
- 了解双绞线的分类、特性和网线的连接组件。
- 掌握网线的制作标准和应用标准。
- 了解光纤通信系统、光纤分类及其特性。

技能目标：

- 能够制作标准网线。

素质目标：

- 培养工匠精神。
- 培养科学精神，树立远大抱负。
- 培养职业精神，养成良好的职业习惯。

课前评估

在进行网络通信之前，必须在本地网络上建立一个物理连接。物理连接可以通过有线连接，也可以通过无线连接，如图 3-16 所示。请尽可能多地列举有线连接和无线连接的传输介质。

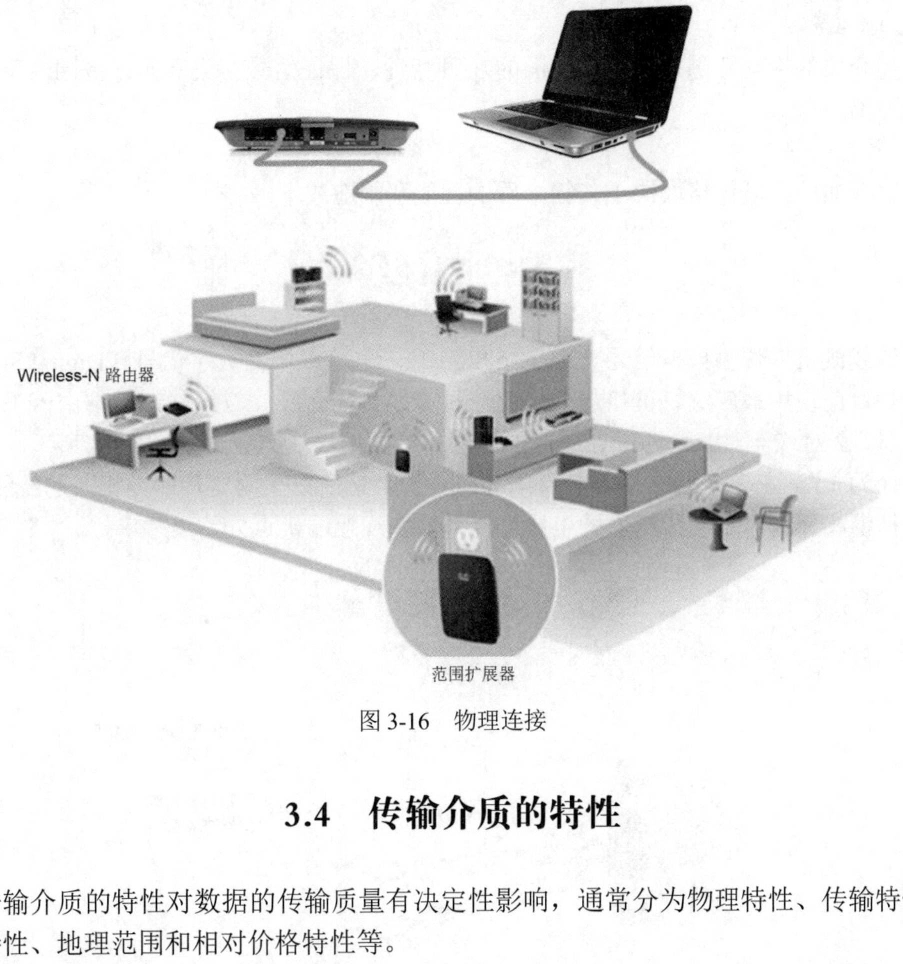

图 3-16　物理连接

3.4　传输介质的特性

传输介质的特性对数据的传输质量有决定性影响，通常分为物理特性、传输特性、抗干扰特性、地理范围和相对价格特性等。

1. 物理特性

传输介质的物理特性包括物质构成、几何尺寸、机械特性、温度特性和物理性质等。

2. 传输特性

传输介质的传输特性包括衰减特性、频率特性和适用范围等。

3. 抗干扰特性

传输介质的抗干扰特性是指在介质内传输的信号对外界噪声干扰的承受能力，常见的外界干扰源如图 3-17 所示。

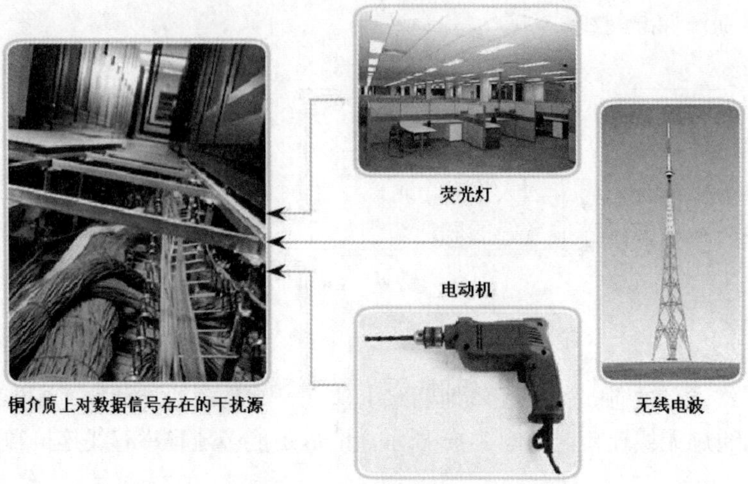

图 3-17　常见的外界干扰源

4. 地理范围

传输介质的地理范围是指根据前面的 3 种特性，保证信号在失真允许范围内所能达到的最大距离。

5. 相对价格

传输介质的相对价格取决于传输介质的性能和制造成本。

3.5　双绞线

双绞线既可以传输模拟信号（Analog Signal），也可以传输数字信号（Digital Signal）。双绞线是目前使用最广泛、价格最低廉的一种有线传输介质。双绞线在内部由若干对（通常是 1 对、2 对或 4 对）两两绞在一起的相互绝缘的铜导线组成，如图 3-18 所示。导线的典型直径为 1mm 左右（通常在 0.4～1.4mm 之间）。之所以采用这种两两相绞的绞线技术，是为了抵消相邻线对之间所产生的电磁干扰并减少线缆端接点处的近端串扰。

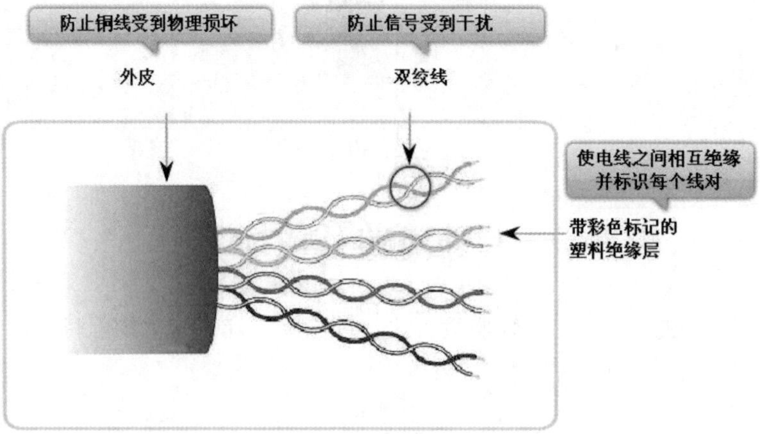

图 3-18　双绞线结构

3.5.1　双绞线的分类

双绞线是计算机网络中常用的传输介质，分类方法很多，这里介绍其中的 3 种分类方式。

（1）按照是否有屏蔽层，双绞线可以分为屏蔽双绞线（Shielded Twisted Pair，STP）和非屏蔽双绞线（Unshielded Twisted Pair，UTP）。与 UTP 相比，STP 由于采用了良好的屏蔽层，因此抗干扰性较好。STP 的屏蔽方式有 3 种：单屏蔽－铝箔屏蔽；单屏蔽－编织屏蔽；双屏蔽－铝箔屏蔽+铝箔屏蔽。使用最为普遍的是单屏蔽－编织屏蔽，如图 3-19 所示。

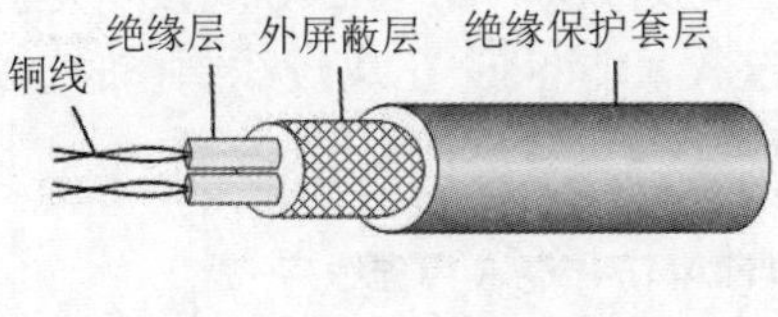

（a）屏蔽双绞线结构示意图

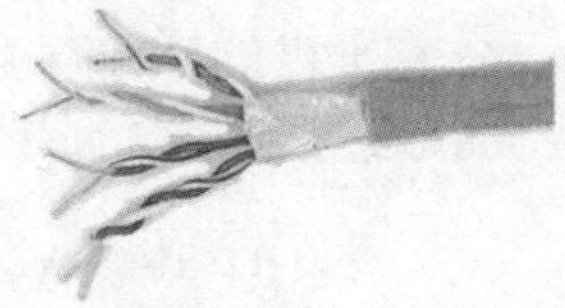

（b）超 5 类屏蔽双绞线结构示意图

图 3-19　STP 双绞线结构

（2）按照美国电子工业协会（Electronic Industry Association，EIA）或电信工业协会（Telecommunications Industry Association，TIA）的规定，最高传输频率分为：16MHz（3 类）、100MHz（5 类）、100MHz（5E 类）、250MHz（6 类）、500MHz（6A 类）、600MHz（7 类）、1000MHz（7A 类）。

（3）大对数电缆一般分为 25 对、50 对、100 对等，可为用户提供更多的可用对数，常用于高速数据或者语音通信。

3.5.2　双绞线的特性

用双绞线传输数字信号时，它的数据传输速率与电缆的长度有关。局域网中规定使用双绞线连接网络设备的最大长度为 100m。当距离较短时，数据传输速率可以高一些。典型的数据传输率为 10Mb/s、100Mb/s 和 1000Mb/s。

双绞线的品牌有很多，安普（AMP）是我们见得最多，也是最常用的一种，其质量好，价格便宜。西蒙（Simon）在综合布线系统中经常见到，与安普相比档次要高许多，当然价格也高许多。其他还有朗讯（Lucent）、丽特（NORDX/CDT）、IBM 等品牌。

使用双绞线作为传输介质的优越性在于其技术和标准非常成熟，价格低廉，安装也相对简单。缺点是双绞线对电磁干扰比较敏感，并且容易被窃听。双绞线目前主要在室内使用。

3.5.3　网线连接组件

RJ-45 接头俗称水晶头，双绞线的两端必须都安装 RJ-45 接头，以便连接在以太网卡、集线器（Hub）或交换机（Switch）的 RJ-45 接口上。RJ-45 水晶头由金属片和塑料扣构成，特别需要注意的是引脚序号，当金属片面对我们的时候从右至左引脚序号依次是 1 到 8，如图 3-20 所示。

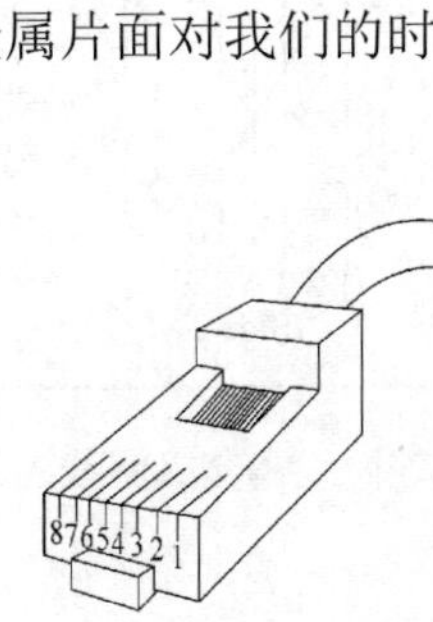

图 3-20　引脚序号

水晶头也可分为几种档次，一般如 AMP 这样的名牌大厂的质量好些，价格也很便宜，约为 1.5 元一个。质量差的主要体现为接触探针是镀铁的，容易生锈，造成接触不良、网络不通。质量差的另一点表现为：塑料扣扣不紧（通常是变形所致），也很容易接触不良，造成网络中断。水晶头虽小，在网络中却很重要，网络中有相当一部分故障都是水晶头的质量差造成的。

3.5.4 网线的制作标准

双绞线网线的制作方法非常简单，就是把双绞线的 4 对 8 芯导线按一定规则插入到水晶头中。EIA/TIA 568 标准提供了两种顺序：568A 和 568B。在双绞线制作时，需按 EIA/TIA 568B 或 EIA/TIA 568A 标准进行，如表 3-1 所示。

表 3-1 EIA/TIA 568B 和 EIA/TIA 568A 标准线序

线序	1	2	3	4	5	6	7	8
EIA/TIA 568B	白橙	橙	白绿	蓝	白蓝	绿	白棕	棕
EIA/TIA 568A	白绿	绿	白橙	蓝	白蓝	橙	白棕	棕

3.5.5 3 种网线类型及其作用

三种网线类型及其作用

网线有直连线、交叉线和全反电缆 3 种类型。

1. 直连线

直连线可用于将计算机连接到 Hub 或交换机的以太网口，或者用于连接交换机与交换机（电缆两端连接的端口必须只有一个端口被标记上 X）。

2. 交叉线

交叉线用于将计算机与计算机直接相连、交换机与交换机直接相连（电缆两端连接的端口必须同时被标记上 X，或者都未标明 X），直连网线和交叉网线的线序排列如图 3-21 所示。

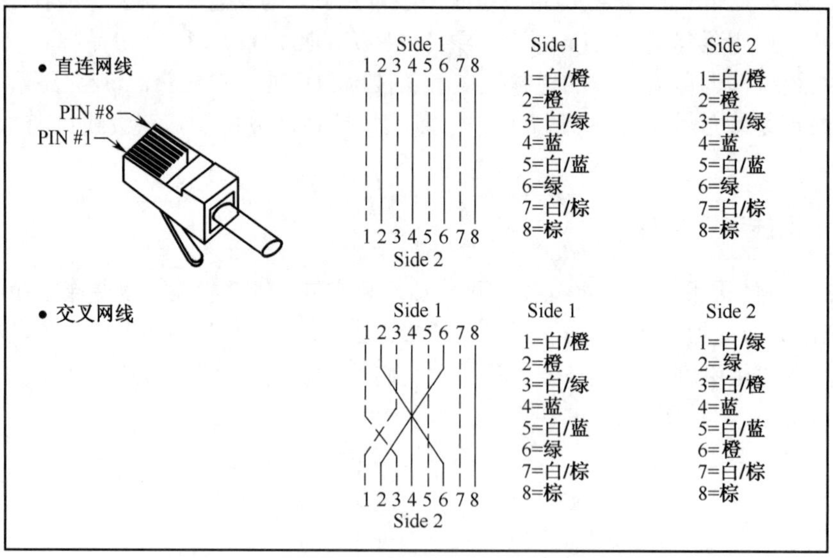

图 3-21 直连网线和交叉网线的线序排列

3. 全反电缆

全反电缆又称为配置线（Console Cable），或反接线。用于连接一台工作站到交换机或路由器的控制端口（Console Port），以访问这台交换机或路由器。直通电缆两端的 RJ-45 连接器的电缆都具有完全相反的次序，反接线线序排列如图 3-22 所示。

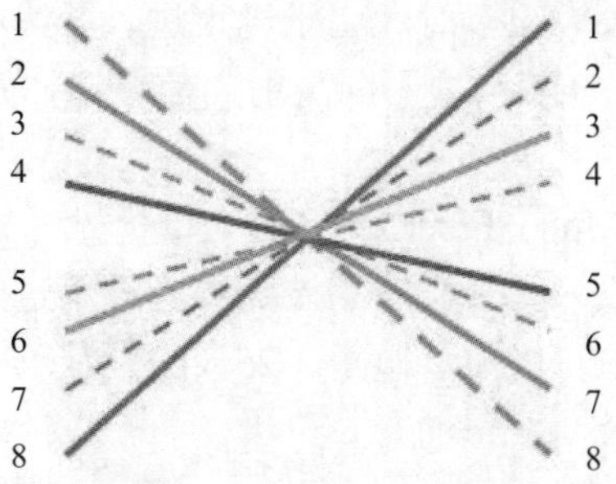

图 3-22　反接线线序排列

3.6　光纤

光纤是光导纤维（Fiber Optics）的简称，是一种由石英玻璃纤维或塑料纤维制成的、直径很细、能传导光信号的媒体，如图 3-23 所示。从横截面看，每根光纤都由纤芯和反射包层构成，纤芯的折射率较反射包层略高。因此，基于光的全反射原理，光波在光纤与包层界面形成全反射，从而光信号被限制在光纤中向前传输。

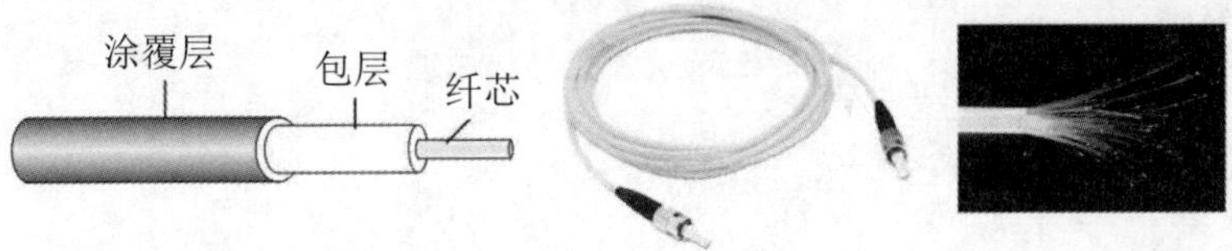

图 3-23　光纤基本结构

3.6.1　光电转换

由于计算机只能接收电信号，所以光纤连接计算机时需要用光电收发器进行光电转换。对于光电转换，在发送端，使用发光二极管（Light Emitting Diode，LED）或注入型激光二极管（Injection Laser Diode，ILD）作为光源；在接收端，使用光电二极管 PIN 检波器或雪崩二极管（Avalanche Photo Diode，APD）检波器将光信号转换成电信号。光纤传输系统结构如图 3-24 所示。

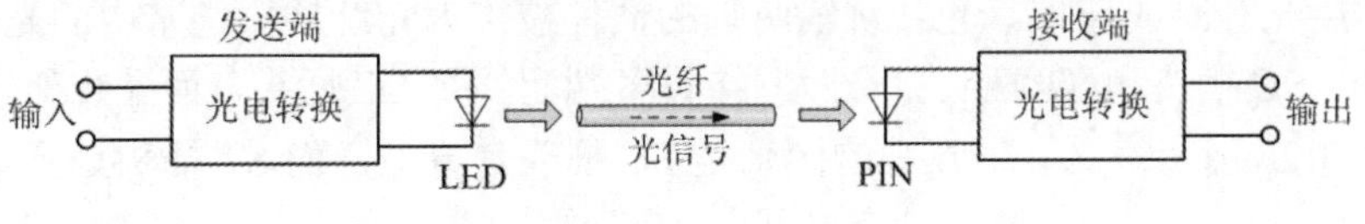

图 3-24　光纤传输系统结构

由图 3-24 可知，光纤只能单向传输信号，若作为数据传输介质，应由两根光纤组成一对信号线，一根用于发送数据，另外一根用于接收数据。在实际应用中的光缆多为多芯光纤。由于光纤质地脆弱，又很细，不适合通信网络施工，因此必须将光纤制作成很结实的光缆（Fiber Cable）。

3.6.2　光纤分类

光纤的分类

光纤常用的 3 个频段的中心波长分别为 0.85μm、1.3μm 和 1.55μm，所有 3 个频段的带宽都在 25000GHz～30000GHz 之间，因此光纤的通信量很大。根据使用的光源和光纤纤芯的粗细，可将光纤分为多模光纤和单模光纤两种。

（1）多模光纤（Multi-Mode Fiber，MMF）。多模光纤采用 LED 作为光源，定向性较差。当纤芯的直径比光波波长大很多时，由于光束进入芯线中的角度不同，传播路径也不同，这时，光束是以多种模式在芯线内不断反射向前传播，如图 3-25（a）所示。多模光纤的传输距离一般在 2km 以内。

（2）单模光纤（Single-Mode Fiber，SMF）。单模光纤采用 ILD 作为光源，定向性较强。单模光纤的纤芯直径一般为几个光波的波长，当光束进入纤芯中的角度差别较小时，能以单一的模式无反射地沿轴向传播，如图 3-25（b）所示。

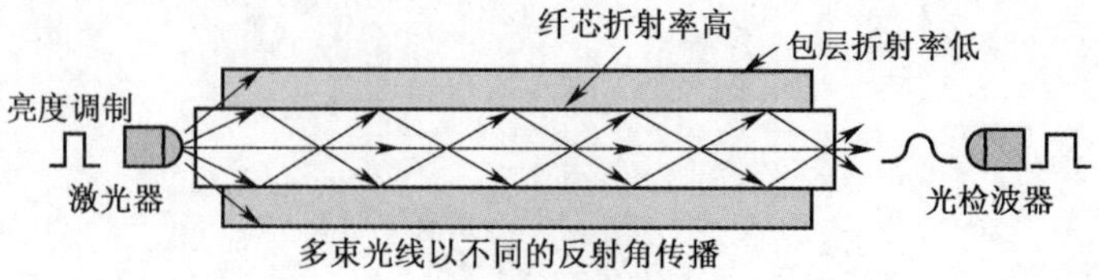

（a）多模光纤

（b）单模光纤

图 3-25　光纤的传输原理

3.6.3　光纤特性

光纤的规格通常用纤芯与反射包层的直径比值来表示，如 62.5/125μm、50/125μm 和 8.3/125μm。其中 8.3/125μm 的光纤只用于单模传输。单模光纤的传输速率较高，但比多模光纤更难制造，价格也更高。光纤的优点是信号的传输损耗小（传输距离长）、传输频带宽（信道容量大），传输速率高（可达 Gb/s 量级）。另外，由于它本身没有电磁辐射，所以传输的信号不易被窃听、保密性能好，但成本高且连接技术比较复杂。光纤主要用于长距离数据传输和网络的主干线。

3.6.4　光纤的连接组件

在光纤施工中，光纤的两端被安装在配线架上，配线架的光纤端口与网络设备（交换机等）之间用光纤跳线连接。光纤跳线两端的插件被称为光纤插头，常用的光纤插头主要有两种规格：SC 插头和 ST 插头。一般网络设备端配的是 SC 插头，而配线架端配的是 ST 插头，如图 3-26 所示。二者最直观的区别是 SC 插头是方型，而 ST 插头是圆型。

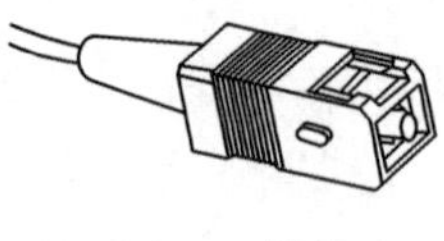

（a）SC 插头

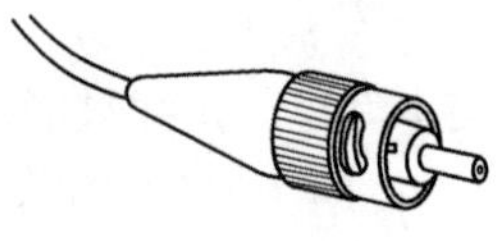

（b）ST 插头

图 3-26　常用的光纤插头

动手实践

制作标准网线

实施条件：水晶头若干只，超五类 UTP 双绞线若干米，剥线钳、压线钳各 1 把，电缆测试工具 1 台，如图 3-27 所示。

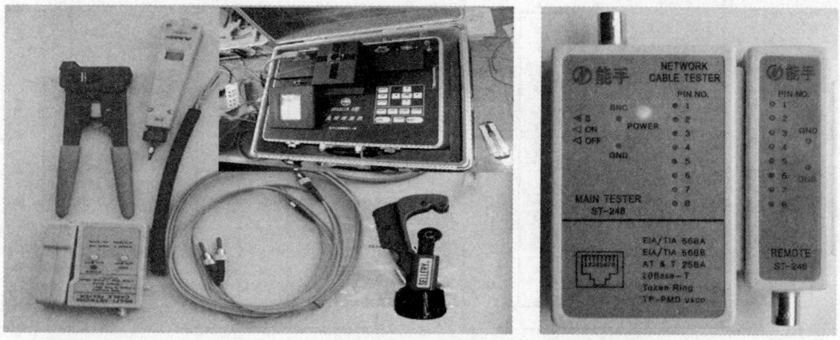

图 3-27　常见的网线制作与测试工具

1. 剥线

利用压线钳的剥线器将双绞线的外皮剥出去 2cm 左右，将划开的外保护套管剥去（旋转、向外抽）。

2. 理线

按 568B 线序标准将 8 根导线平坦整齐地平行排列，导线之间不留空隙，将裸露出的双绞线用压线钳剪下只剩约 1.4cm 的长度，一定要剪整齐。

3. 插线

将剪短的双绞线放入 RJ-45 插头测试长短（要插到底），双绞线的外保护层最后应该能够在 RJ-45 插头内的凹陷处被压实，有时需要反复进行调整。

4. 压线

在确认一切都正确后，将 RJ-45 插头放入压线钳的压头槽内，双手紧握压线钳的手柄，用力压紧。

5. 测试

按同样的步骤制作双绞线的另一端，然后将双绞线两端接到测试仪两端，打开电缆测试仪电源开关，如图 3-28 所示。

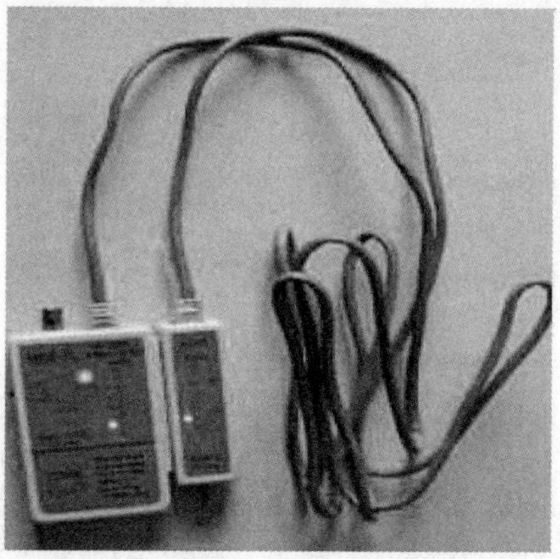

图 3-28　使用电缆测试仪测试网线

（1）若制作的是直通线，两边的指示灯将按同样的顺序点亮，表示该网线制作成功，如图 3-29（a）所示。亮灯的顺序一样，但有的灯亮有的灯不亮，表示该网线还不合格，可能是没有压紧，需再次使用压线钳压紧。若多次压紧后还是如此，则这根网线不合格。

（2）若制作的是交叉线，两边的指示灯发光顺序为 1&3、2&6、3&1、4&4、5&5、6&2、7&7、8&8，表示该网线制作成功，如图 3-29（b）所示。若亮灯的顺序不是如此，则说明该交叉网线不合格。

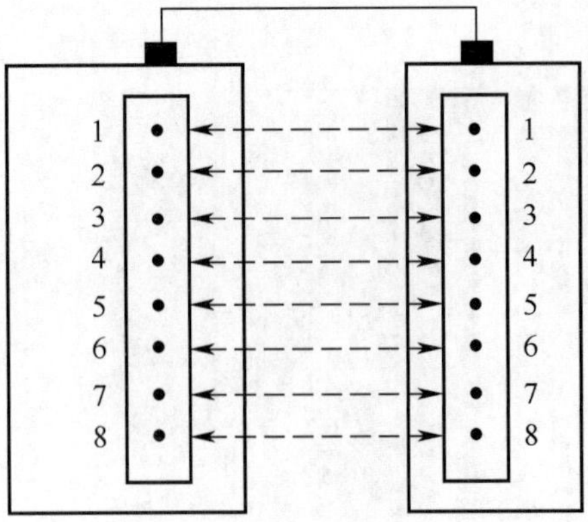

（a）直通线的测试

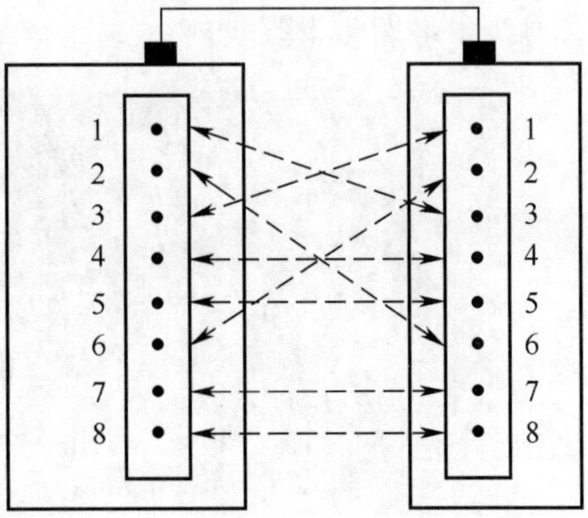

（b）交叉线的测试

图 3-29　网线的测试

课后检测

一、填空题

1. 网络传输介质是信息在网络中传输的媒体，常用的传输介质分为__________介质和__________介质两大类。

2. 双绞线是一种最常用的传输介质，两根导线缠绕在一起，可使线对之间的__________减至最小，比较适合__________传输。

3. 根据使用的光源和光纤纤芯的粗细，可将光纤分为__________和__________两种。

二、选择题

1. 在常用的传输介质中，（　　）的带宽最宽，信号传输衰减最小，抗干扰能力最强。

A. 光纤　　B. 同轴电缆

C. 双绞线　　D. 微波

2. 电缆屏蔽的好处是（　　）。

A. 减少信号衰减　　B. 减少电磁干扰辐射

C. 减少物理损坏　　D. 减少电缆的阻抗

3. 下列（　　）是单模光纤的特征。

A. 一般使用 LED 作为光源　　B. 因为有多条光通路，核心相对较粗

C. 价格比多模低　　D. 一般使用激光作为光源

三、判断题

1. 单模光纤一般使用 LED 作为光源。（　　）

2. 主机移动更方便是无线介质的优点。（　　）

3. 光纤只能单向传输信号，若作为数据传输介质，应由两根光纤组成一对信号线，一根用于发送数据，另外一根用于接收数据。（　　）

四、简答题

1. 什么是网络传输介质？目前计算机网络中常用的网络传输介质有哪些？

2. 制作 UTP 网线有哪两种标准？其线序分别是什么？

主题 3　数据编码技术

学习目标

通过本主题的学习达到以下目标。

知识目标：

- 了解基带编码和频带编码的概念。
- 掌握不归零编码、曼彻斯特编码、差分曼彻斯特编码的特点。
- 掌握幅移键控、频移键控、相移键控的特点。

技能目标：

- 能够分析实际通信系统的速率指标。

素质目标：

- 树立学不畏难的科学精神。

课前评估

根据前面所学，如果需要在不同用户之间进行信息交互，则需要把计算机输出的信号经过波形变换变换成适合信道特性的信号，这里需要进一步了解信号、波形变换和信道等内容。

（1）波形变换的操作。如图 3-30 所示，调制是将数字信号转换成能在电话网络上传输的模拟信号的过程，解调执行相反的过程；编码是将数字信号变换成另一种类型的数字信号，解码执行相反过程。请思考计算机网络应用中，宽带接入 ADSL 技术中使用了波形变换的__________操作，当前局域网中使用了波形变换的__________操作。为了便于讨论，将调制或编码前的数字信号称为基带信号，经过调制后的信号称为频带信号，经过编码操作后的信号仍然称为基带信号。基于这些认识后，可以将调制和编码分别理解为频带调制和基带编码。

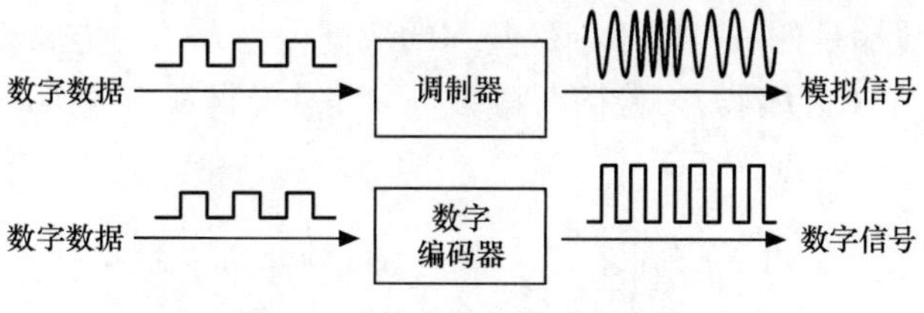

图 3-30　数字信号的波形变换

（2）信道。信道是信号传输的必经之路，包括传输介质和通信设备，但信道并不是具体的某种电缆或电线。按传输信号的类型分类，信道可以分为数字信道与模拟信道。数字信道是用来传输数字信号的，通常需要进行__________。模拟信道是用来传输模拟信号的，通常需要进行__________。

（3）码元。码元是指一个固定时长的信号波形，是承载信息量的基本信号单位。例如，现在需要发送一串二进制数据“01101100”，采用数字信号表达和传输，如图 3-31 所示。

图 3-31（a）中的编码方式提供两种电平（+1.5V 和−1.5V），只有两种码元（0 和 1），一个码元只能表示一位二进制数（1 或 0），将这种编码方式称为二元制编码。显然，图 3-31

（b）中的编码方式是四元制编码。码元作为承载信息量的基本信号单位，由脉冲信号所能表示的数据有效离散值个数来决定，即 1 个码元（脉冲）可取 2^N 个有效值时，则该码元能携带 N 比特信息。请根据以上的解释，说出图 3-31 中的每一个码元携信息量是__________和__________比特。

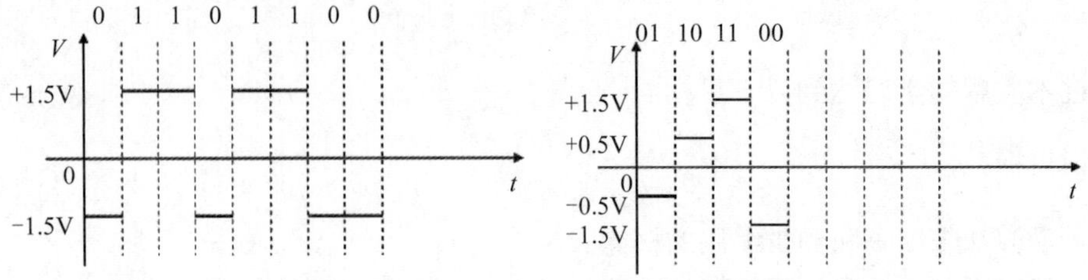

（a）二元制编码　　（b）四元制编码

图 3-31　比特和码元的关系

模拟数据和数字数据都能转化为模拟信号和数字信号，因此有 4 种组合方式，每一种需要进行不同的编码处理，并在相应的信道上传输，如图 3-32 所示。考虑到计算机网络中处理的是模拟数据，所以只讨论数字数据转化为数字信号和模拟信号后，在数字信道和模拟信道上传输的过程。

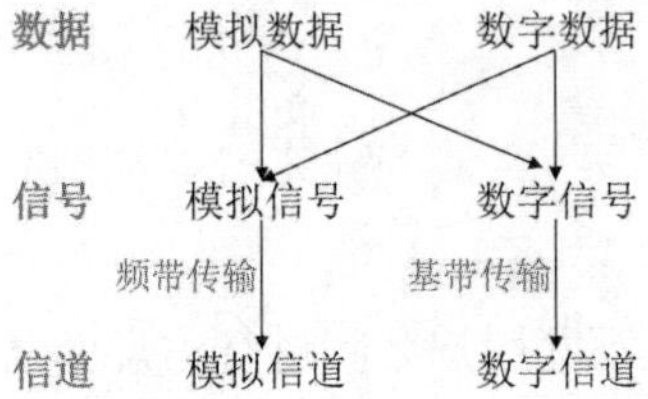

图 3-32　数据、信号与信道之间的关系

3.7　基带编码

基带编码

基带传输在基本不改变数字信号频带（波形）的情况下直接传输数字信号，可以达到很高的数据传输速率。基带传输适合近距离传输，基带信号的功率衰减不大，信道容量不会发生变化，因此，在局域网中通常使用基带传输技术，但它只能传输一种信号，所以信道利用率低。基带传输是计算机网络中最基本的数据传输方式，传输数字信号的编码方式主要有不归零编码（NRZ 编码）、曼彻斯特编码、差分曼彻斯特编码，这 3 种编码的波形如图 3-33 所示。

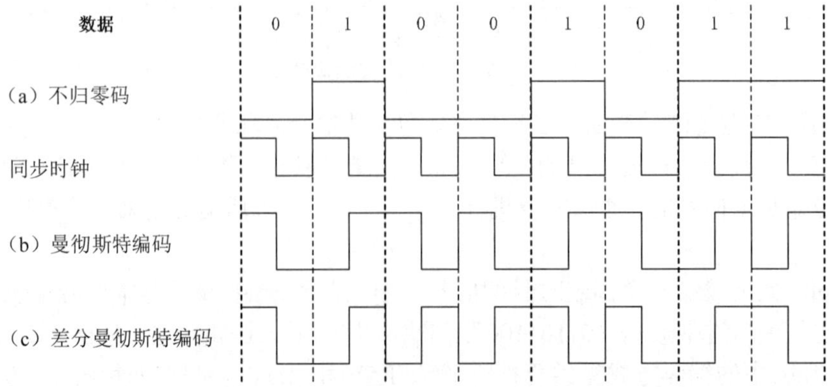

图 3-33　数字信号的 3 种编码方式

3.7.1 不归零编码

NRZ 编码分别采用两种高低不同的电平来表示二进制的“0”和“1”。通常，用高电平表示“1”，用低电平表示“0”，电压范围取决于所采用的特定物理层标准，如图 3-33（a）所示。NRZ 编码实现简单，但其抗干扰能力较差。另外，由于接收端不能准确地判断位的开始与结束，从而收发两端不能保持同步，需要采取额外的措施来保证发送时钟与接收时钟的同步。

3.7.2 曼彻斯特编码

曼彻斯特编码是目前应用最广泛的编码方法，它将每比特的信号周期 T 分为前 T/2 和后 T/2。用前 T/2 传送比特的反（原）码，用后 T/2 传送该比特的原（反）码。因此，在这种编码方式中，每一位波形信号的中点（即 T/2 处）都存在一个电平跳变，如图 3-33（b）所示。由于任何两次电平跳变的时间间隔是 T/2 或 T，因此提取电平跳变信号就可作为收发两端的同步信号，而不需要另外的同步信号，故曼彻斯特编码又被称为自含时钟编码。

3.7.3 差分曼彻斯特编码

差分曼彻斯特编码是对曼彻斯特编码的改进。其特点是每一位二进制信号的跳变依然用于收发两端之间的同步，但每位二进制数据的取值，要根据其开始边界是否发生跳变来决定。若一个比特开始处存在跳变则表示“0”，无跳变则表示“1”，如图 3-33（c）所示。之所以采用位边界的跳变方式来决定二进制的取值是因为跳变更易于检测。

两种曼彻斯特编码都将时钟和数据包含在数据流中，在传输代码信息的同时，也将同步信号一起传输到对方，因此具有自同步能力和良好的抗干扰性能。但每一个码元都被调成两个电平，所以其数据传输速率（Data Transfer Speed）只有调制速率（Modulation Speed）的 1/2。

3.8 频带调制

频带调制

在实现远距离通信时，经常要借助于电话线路，此时需利用频带传输方式。频带传输是指将数字信号调制成音频信号后再进行传输，到达接收端时再把音频信号解调成原来的数字信号。可见，在采用频带传输方式时，要求发送端和接收端都要安装调制器（Modulator）和解调器（Demodulator）。利用频带传输，不仅解决了利用电话系统传输数字信号的问题，还可以实现多路复用，提高了传输信道的利用率。

模拟信号传输的基础是载波，载波具有三大要素：幅度（Amplitude）、频率（Frequency）和相位（Phase），可以通过改变这 3 个要素来实现模拟数据编码的目的。将数字信号调制成电话线上可以传输的信号有 3 种基本方式：幅移键控（Amplitude Shift Keying，ASK）、频移键控（Frequency Shift Keying，FSK）和相移键控（Phase Shift Keying，PSK），如图 3-34 所示。

3.8.1 幅移键控（ASK）

在 ASK 方式下，用载波的两种不同幅度来表示二进制的两种状态，如载波存在时，表示二进制“1”；载波不存在时，表示二进制“0”，如图 3-34 所示。采用 ASK 技术比较简单，但抗干扰能力差，容易受增益变化的影响，是一种低效的调制技术。

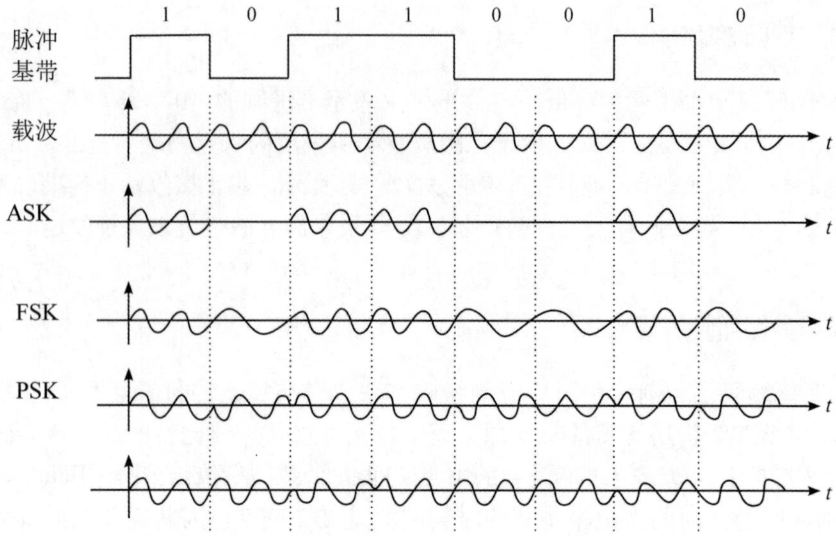

图 3-34　数字信号的三种调制方法

3.8.2　频移键控（FSK）

在 FSK 方式下，用载波频率附近的两种不同频率来表示二进制的两种状态，如载波频率为高频时，表示二进制“1”；载波频率为低频时，表示二进制“0”，如图 3-34 所示。FSK 技术的抗干扰能力优于 ASK 技术，但所占的频带较宽。

3.8.3　相移键控（PSK）

在 PSK 方式下，用载波信号的相位移动来表示数据，如载波不产生相移时，表示二进制“0”；载波有 180° 相移时，表示二进制“1”，如图 3-34 所示。对于只有 0° 或 180° 相位变化的方式称为二相调制，而在实际应用中还有四相调制、八相调制、十六相调制等。PSK 方式的抗干扰性能好，数据传输速率高于 ASK 和 FSK。

动手实践

研究通信速率指标

信号经过编码后，就可以在传输介质上发送和接收数据了。为了衡量数据在传输信道和网络上的传输效率，还需要有一些技术性能指标，如带宽、信道容量和误码率等，最典型的就是传输速率。

1. 通信速率单位的表示

通信速率的单位为比特/秒，或 b/s 或 bit/s 或 bps。当速率较高时，可以用 Kbps（K=10^3=千）、Mbps（M=10^6=兆）、Gbps（G=10^9=吉）、Tbps（T=10^{12}=太）等，现在人们更习惯用更简洁但不严谨的说法来描述，如 10M 网速，省略了单位 bps。

在 Windows 中，速率以字节（Byte）为单位，其中 1Byte=8bit。通过网络传输文件时，可以看到以字节为单位的速率。安装 360 宽带测速器，用来检测你的计算机访问 Internet 时的下载网速，如果测试速度为 40.3MB/s，即__________Mbps。

2. 数据通信网络的带宽

在计算机网络中，带宽用来表示网络通信线路的数据传输能力，即最高速率。一旦通过有线或无线建立了本地连接，如果从本地连接状态看到速率为 100Mbps，说明网卡最快速率为 100Mbps。例如，家庭中上网使用 ADSL 拨号，有 100M 带宽，即访问 Internet 时的最高速率为 100Mbps，一般情况下，上网带宽由电信运营商来控制，很难到达最高值。

3. 比特率与波特率之间的关系

不同的介质有不同的带宽，带宽越宽，该介质所能承载的数据传输速率就越高。描述传输速率的参量主要包括波特率和比特率。

（1）比特率，即信道上单位时间内传输的二进制数据量，单位是 bps 或 bit/s，读作“位每秒”或“比特每秒”。数据速率一般简称为比特率。计算机网络通信中，人们很多时候更喜欢将比特率称为带宽，所以，带宽经常成为比特率的同义词。T1 和 E1 是物理连接的传输速率标准，T1 是美国标准，其传输速率为__________Mb/s，E1 是欧洲标准，其传输速率为__________Mb/s，我国的专线一般都是 E1。

（2）波特率，即信道上单位时间内传输的码元个数，单位是波特（Baud），1 波特就是每秒传输 1 个码元。

比特率和波特率之间的关系：比特率=波特率×码元信息量。比特率和波特率是两个容易混淆的概念，它们之间的区别如图 3-35 所示。

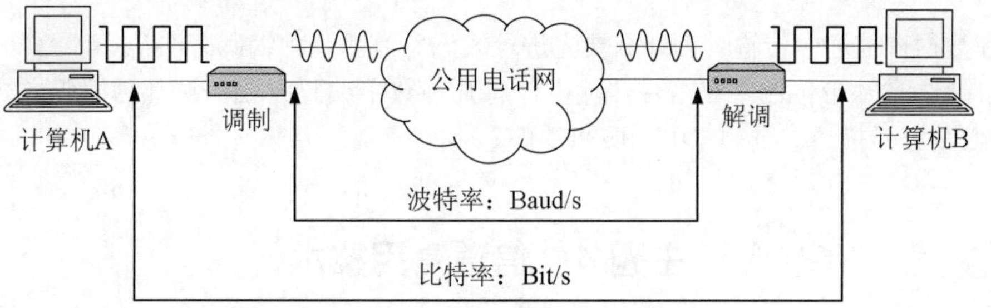

图 3-35 比特率和波特率之间的区别

4. 信道数据传输速率计算举例

设发送时钟的频率是 f，而每个码元占 k 个时钟周期的时间长度，那么波特率为 f/k。若码元的信息量是 n，那么数据传输速率 v 为

$$v=\frac{fn}{k}$$

在图 3-33（b）中，设时钟频率为 100MHz，一个码元占 2 个时钟时间，编码用的是曼彻斯特编码，码元的信息量是 1，所以数据传输速率为(100MHz÷2)×1bit=50Mb/s。

从这里可以看出，如果数据传输速率要提高到 100Mb/s，那么时钟频率需要提高到 200Mb/s，这将给电路实现技术带来困难。随着高速以太网技术的发展，从 100Mb/s、1000Mb/s、10Gb/s 向 1Tb/s 发展，需要更高效率的编码技术。

课后检测

一、填空题

1．NRZ 编码分别采用两种高低不同的电平来表示二进制的“0”和“1”。通常，用高电平表示__________，用低电平表示__________。

2．差分曼彻斯特编码的数据传输速率只有调制速率的__________。

3．载波具有三大要素：__________、__________和__________。

二、选择题

1．基带传输是计算机网络中最基本的数据传输方式，传输数字信号的编码方式主要有（　　）。

A．不归零码　　　　B．曼彻斯特编码
C．差分曼彻斯特编码　　　　D．以上都是

2．以下选项中不包含时钟编码的是（　　）。

A．曼彻斯特编码　　　　B．非归零码
C．差分曼彻斯特编码　　　　D．都不是

三、判断题

1．ASK 技术的抗干扰能力优于 FSK 技术。（　　）

2．在采用频带传输方式时，要求发送端和接收端都要安装调制器（Modulator）和解调器（Demodulator）。（　　）

四、简答题

1．数据在信道中传输时为什么要先进行编码？有哪几种编码方法?

2．什么是基带传输？在基带传输中，有几种数字编码方式？这几种编码方式有何特点？它们是怎样描述二进制“0”和“1”的？

主题 4　信道复用技术

学习目标

通过本主题的学习达到以下目标。

知识目标：

- 了解信道复用技术的作用。
- 理解频分多路复用技术的特点及应用场合。
- 掌握时分多路复用技术的特点及应用场合。
- 了解波分多路复用技术的特点及应用场合。

技能目标：

- 能够安装和使用网络模拟器。

素质目标：

- 引导学生坚定“四个自信”，坚定信心，迎难而上。

课前评估

信道是信号在通信系统中传输的通道，由通信线路及通信设备组成。通信工程中用于架设通信线路的费用相当高，人们必须充分利用信道的容量；无论在广域网还是局域网中，

实际传输速率要远远低于信道容量，因此，需要提高信道的__________。如何做到这一点，我们将通信信道和高速公路类比，如图 3-36 所示，在一条物理信道上建立多条逻辑信道，而每一条逻辑信道上只允许一路信号通过。

图 3-36　通信信道与高速公路的类比

高速收费管理站将多辆低速车辆组织到一条高速公路上，计算机网络中采用了多路复用技术，把多个低速信道组合成一个高速信道的技术，这种技术要用到两个设备：多路复用器（Multiplexer）在发送端根据某种约定的规则把多个__________信号复合成一个__________的信号；多路分配器（Demultiplexer）在接收端根据同一规则把__________的信号分解成多个__________信号。多路复用器和多路分配器统称多路器，简写为 MUX，如图 3-37 所示。

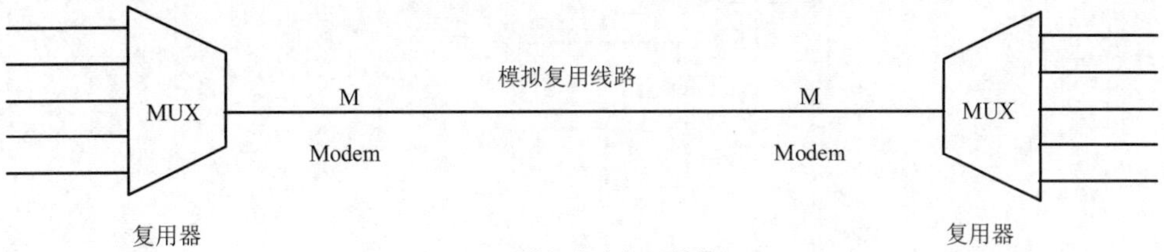

（a）模拟线路复用传输

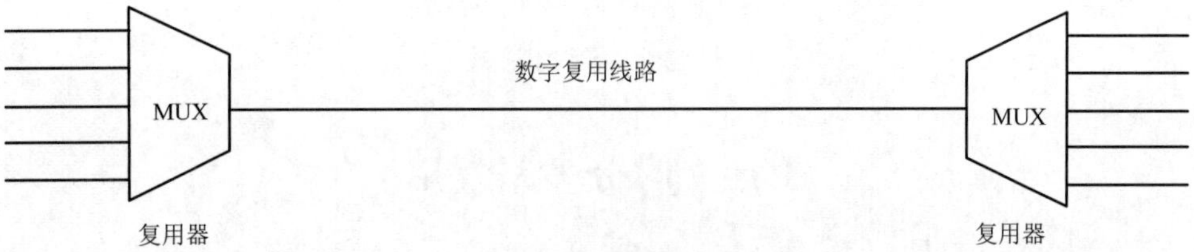

（b）数字线路复用传输

图 3-37　多路复用模型

目前常用的多路复用技术有：频分多路复用（Frequency Division Multiplexing，FDM）、时分多路复用（Time Division Multiplexing，TDM）、波分多路复用（Wave Division Multiplexing，WDM）等。

3.9　频分多路复用

频分多路复用（FDM）就是将具有一定带宽的信道分割为若干个有较小频带的子信道（类似于高速公路被划分为多个车道一样），每个子信道传输一路信号。这样在信道中就可同时传送多个不同频率的信号。被分开的各子信道的中心频率不相重合，且各信道之间留有一定的空闲频带（也称为保护频带），以保证数据在各子信道上的可靠传输。频分多路复用实现的条件是信道的带宽远远大于每个子信道的带宽。

频分多路复用如图 3-38 所示。图中包含 3 路信号，分别被调制到 f_1、f_2 和 f_3 上，然后再将调制后的信号复合成一个信号，通过信道发送到接收端，由解调器恢复成原来的波形。

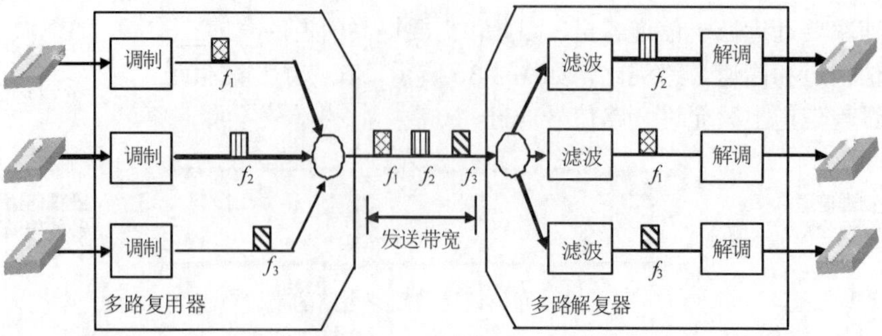

图 3-38 频分多路复用

采用频分多路复用时，数据在各子信道上是并行传输的。由于各子信道相互独立，故一个信道发生故障时不影响其他信道。图 3-39 是把整个信道分为 5 个子信道的频率分割图，在这 5 个信道上可同时传输已调制到 f_1、f_2、f_3、f_4 和 f_5 频率范围的 5 种不同信号。

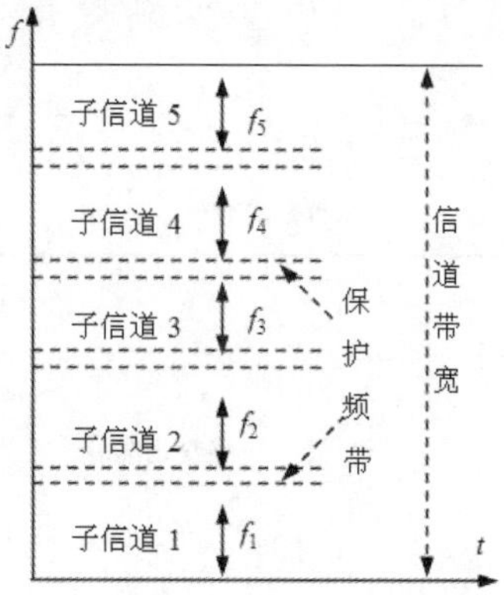

图 3-39 频率分割图

3.10 时分多路复用

时分多路复用（TDM）将一条物理信道的传输时间分成若干个时间片轮流地给多个信号源使用，每个时间片被复用的一路信号占用。这样，当有多路信号准备传输时，一个信道就能在不同的时间片中传输多路信号。时分多路复用实现的条件是信道能达到的数据传输速率超过各路信号源所要求的最高数据传输速率。如果把每路信号调制到较高的传输速率，即按介质的比特率传输，那么每路信号传输时多余的时间就可以被其他路信号使用。为此，使每路信号按时间分片，轮流交换地使用介质，就可以达到在一条物理信道中同时传输多路信号的目的。时分多路复用又可分为同步时分多路复用（Synchronous Time Division Multiplexing，STDM）和异步时分多路复用（Asynchronous Time Division Multiplexing，ATDM）。

3.10.1 同步时分多路复用

同步时分多路复用是指时分方案中的时间片是分配好的，而且固定不变，即每个时间片与一个信号源对应，不管该信号源此时是否有信息发送。在接收端，根据时间片序号就可以判断出是哪一路信息，从而将其送往相应的目的地，如图 3-40 所示。

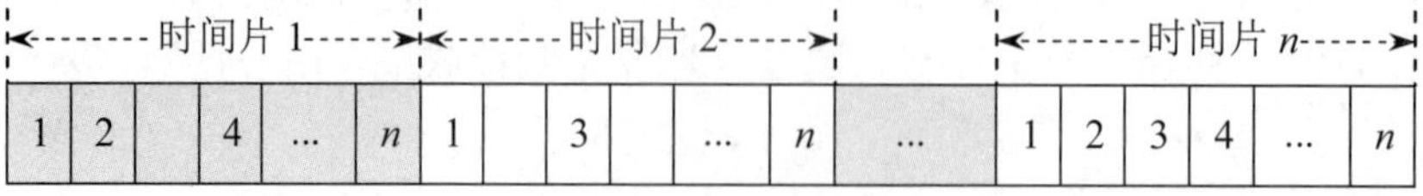

图 3-40 同步时分多路复用

3.10.2　异步时分多路复用

允许动态地、按需分配信道的时间片，如某路信号源暂不发送信息，就让其他信号源占用这个时间片，这样可大大提高时间片的利用率，如图 3-41 所示。异步时分多路复用也可称为统计时分多路复用（Statistic Time Division Multiplexing）技术，它也是目前计算机网络中应用较为广泛的多路复用技术。

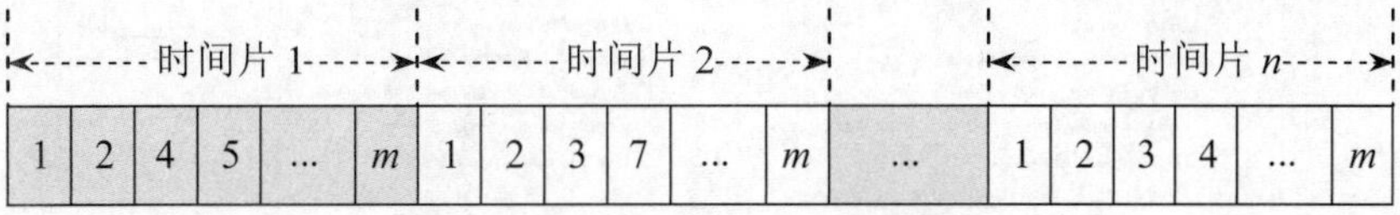

图 3-41　异步时分多路复用

3.11　波分多路复用

波分多路复用(WDM)是指在一根光纤上能同时传送多个不同波长的光载波复用技术，主要用于全光纤网组成的通信系统中。通过 WDM，原来在一根光纤上只能传输一个光载波的单一光信道，变为可传输多个不同波长光载波的光信道，光纤的传输能力成倍增加。也可以利用不同波长沿不同方向传输来实现单根光纤的双向传输。WDM 技术将是今后计算机网络系统主干的信道多路复用技术之一。波分多路复用实质上是利用了光具有不同波长的特征，如图 3-42 所示。WDM 的原理类似于 FDM，不同的是它利用波分复用设备将不同信道的信号调制成不同波长的光，并复用到光纤信道上，在接收方采用波分设备分离不同波长的光。相对于传输电信号的多路复用器，WDM 发送端和接收端的器件分别称为复用器（合波器）和分用器（分波器）。

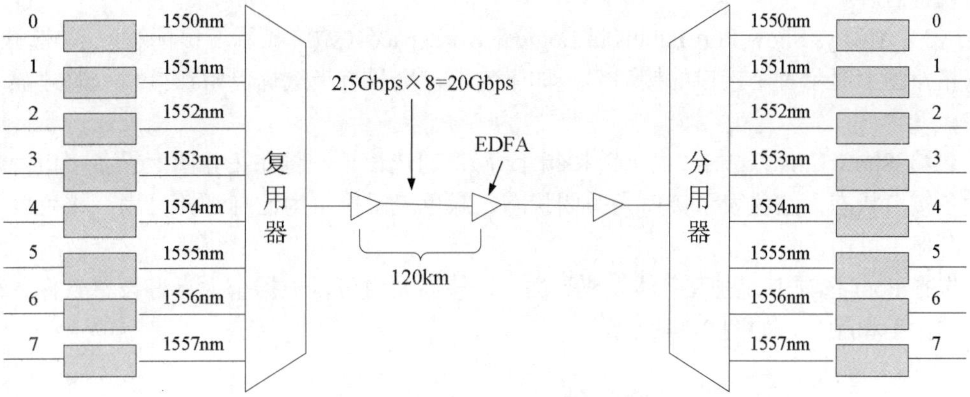

图 3-42　波分多路复用

动手实践

网络模拟器的高级使用

用户可以在 Packet Tracer 图形化界面上直接选中某设备并按住鼠标左键拖动，从而建立网络拓扑图，还可以使用图形配置界面或命令行配置界面对网络设备进行配置，以及在仿真模式下观察数据报在网络中传输的过程和协议仿真。

1．定制用户个性操作界面

菜单栏的功能与其他软件菜单栏的功能类似，在此就 Perferences（参数选择）菜单中的常用功能进行介绍。单击“Options”菜单，选择“Perferences”选项，打开参数选择对话框，如图 3-43 所示。

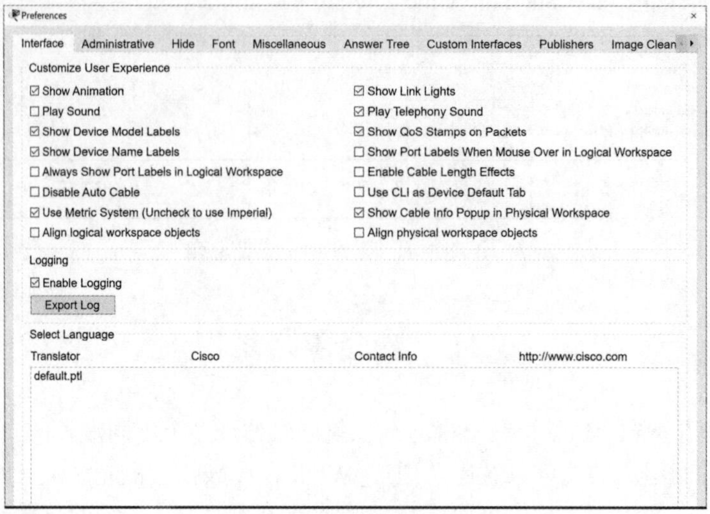

图 3-43　参数选择对话框

在该对话框的 Interface 选项卡中勾选 Customize User Experience（定制用户体验）选项组中的选项，定制在拓扑工作区内显示的信息。

（1）Show Device Model Labels（显示设备型号）：勾选该项，将在拓扑图上显示每台设备的型号。

（2）Show Device Name Labels（显示设备名）：勾选该项，将在拓扑图上显示每台设备的设备名。

（3）Always Show Port Labels in Logical Workspace（始终显示端口标签）：勾选该项，将在拓扑图上显示每个接口的接口名。如未勾选，则只有当鼠标停留在接口处时才显示接口名。

（4）Show Link Lights（显示链接指示灯）：勾选该项，将在拓扑图上设备接口旁显示该设备接口状态：红色表示接口为关闭状态，绿色表示接口为已打开并可用，橙色表示接口打开但不可用。

选择 Font 选项卡，进入字体设置界面，在该界面内可以根据个人喜好设置软件各部分字体的大小和颜色，如图 3-44 所示。

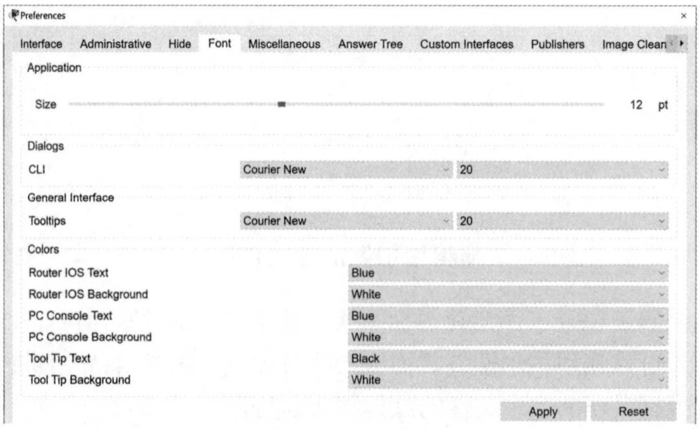

图 3-44　字体设置界面

单击 Miscellaneous 选项卡，打开杂项选项卡界面，如图 3-45 所示，在 Interfaces 选项组中勾选 Show Device Dialog Taskbar（显示设备对话任务栏），允许设备配置界面浮现在视图区域，不用通过单击设备来回配置界面，浮现视图区域效果如图 3-46 所示。

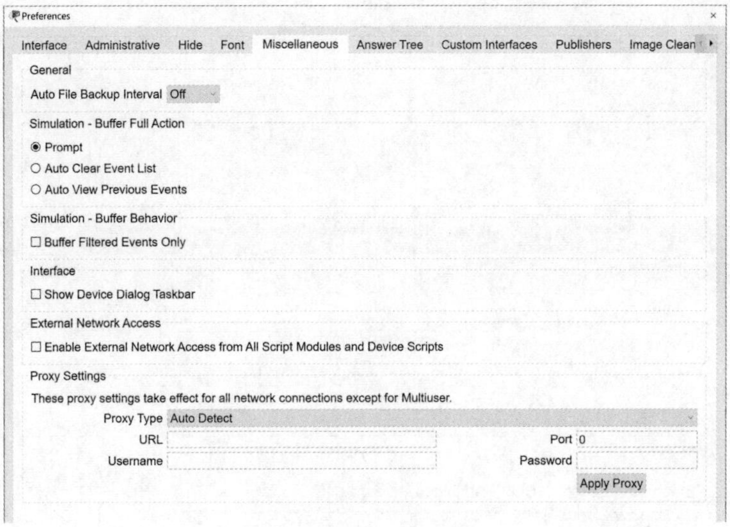

图 3-45　杂项选项卡

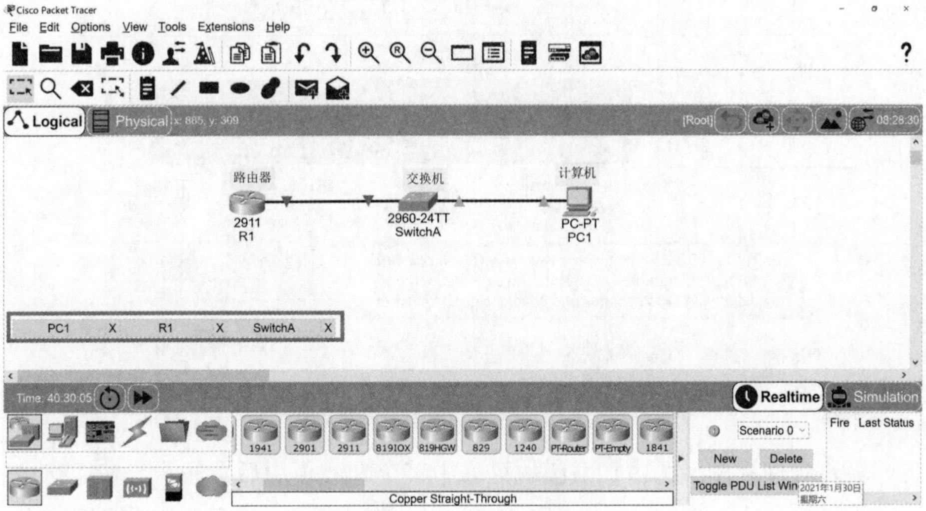

图 3-46　浮现视图区域效果

2. 添加路由器设备模块

本模块主题 1 中完成了网络设备的添加，但有些网络场景下网络设备尚未达到网络连接的要求，如网络设备需要的端口数量不够，网络设备之间需要使用光纤传输介质来连接等。Packet Tracer 提供的网络设备具有扩展插槽和可选模块，用户可以根据实际需求选择合适的模块添加到设备中，以获得所需功能。

网络拓扑图如图 3-47 所示，路由器 2911 和多层交换机 3650 之间使用光纤连接，家用路由器和计算机之间使用无线介质连接，其主要的操作步骤如下。

在拓扑工作区单击路由器 2911，打开其配置窗口，选择 Physical（物理的）选项卡，可以在打开的窗口内完成模块的添加，路由器物理设备视图如图 3-48 所示。添加设备模块的操作界面由以下 6 个部分组成。

（1）功能模块列表：位于窗口左侧的加载模块列表给出了该设备所有支持的扩展功能模块。单击 MODULES 选项，可以打开或关闭模块列表。

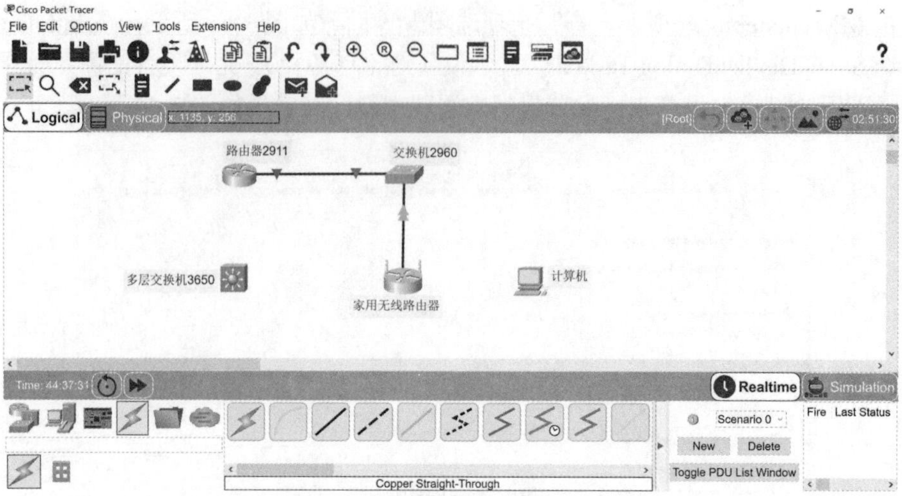

图 3-47　网络拓扑图

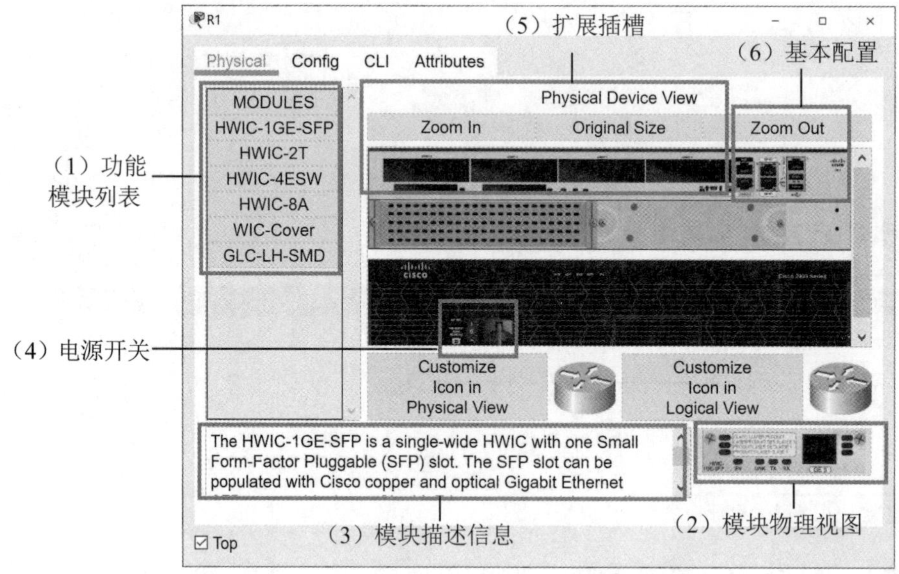

图 3-48　路由器物理设备视图

（2）模块物理视图：选中加载模块列表中某个功能模块后，显示该功能模块的物理视图。

（3）模块描述信息：介绍已选中模块的相关信息，图示为选中 HWIC-IGE-SFP（光纤）模块的信息。

（4）电源开关：单击此按钮可关闭/开启设备；添加模块前必须关闭设备，开关右侧指示灯呈绿色为开启状态，黑色为关闭状态。

（5）扩展插槽：添加设备模块时，需要将模块添加到空位置的扩展槽内。

（6）基本配置：Packet Tracer 已经预装的基本功能模块。

在路由器 2911 上添加光纤模块的操作步骤如下：

单击设备物理视图上的电源开关，关闭设备；单击 MODULES 选项，加载模块列表，单击右下角已选中的 HWIC-IGE-SFP 模块的模块视图并按住鼠标左键，将其拖至物理设备视图中对应的插槽上，放开鼠标左键，即完成模块的添加；再次加载模块列表，单击右下角已选中的 GLC-LH-SMD 模块的模块视图并按住鼠标左键，将其拖至物理设备视图中 HWIC-IGE-SFP 模块的对应插槽内，放开鼠标左键；添加完所有需要的模块后，重新单击电源开关，如图 3-49 所示。

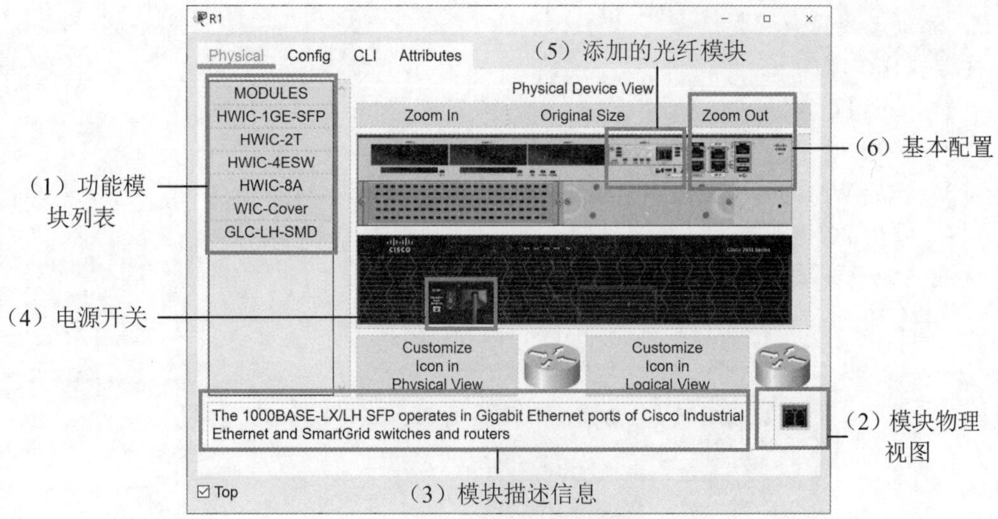

图 3-49　模块添加完成

3. 添加路由器设备模块（1）

多层交换机 3650 模块添加方法与路由器非常相似。先添加 GLC-LH-SMD 模块，再添加 AC Power Supply 模块，如图 3-50 所示。

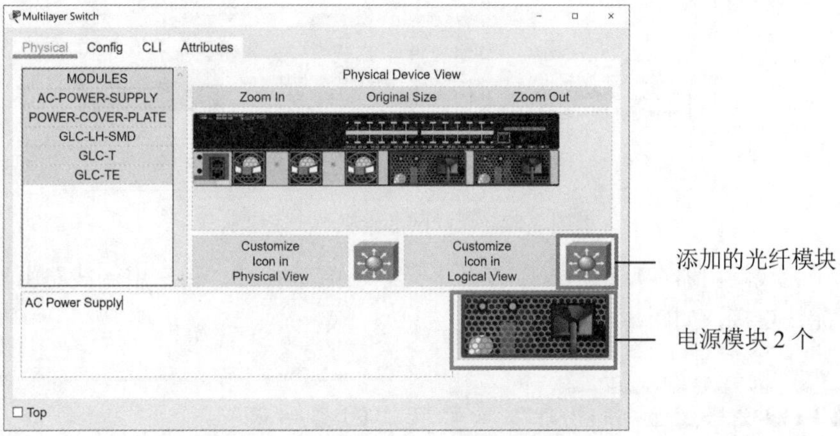

图 3-50　添加多层交换机 3650 模块

4. 添加路由器设备模块（2）

按照本模块主题 1 中介绍的设备连接方法，使用光纤将路由器 2911 和多层交换机 3650 连接起来，如图 3-51 所示。

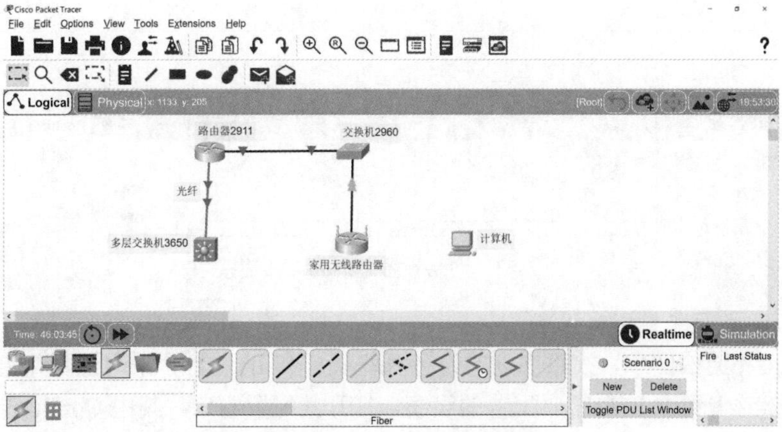

图 3-51　使用光纤连接设备

5. 添加无线网卡模块

主要操作步骤如下：

（1）关闭 PC 电源。

（2）移除 PC 上原有的 PT-HOST-NM-1AM 模块。

（3）添加 WMP300N 无线网卡模块。

（4）开启 PC 电源。

无线网卡模块添加完成示意如图 3-52 所示。

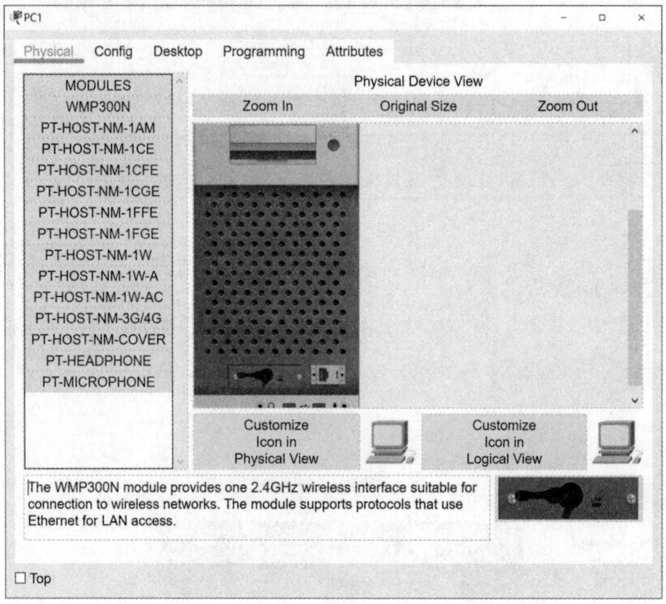

图 3-52 无线网卡模块添加完成示意

由于无线路由器在默认情况下打开了无线路由功能，PC 和家用无线路由器之间自动建立起了无线连接，如图 3-53 所示。

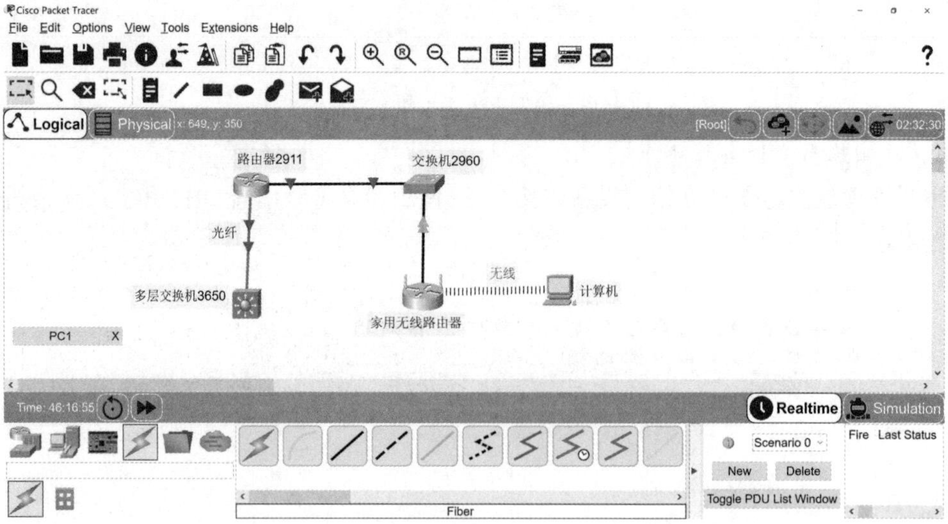

图 3-53 网络设备之间的无线连接

6. 图形化界面配置网络设备

在网络拓扑结构图中，按照规划的设备互联接口和 IP 地址，采用图形化方式配置网络设备，如图 3-54 所示。单击需要配置的设备，打开其配置窗口，其中 Config 选项卡提供图形化配置界面，如图 3-55 所示。在该配置界面中，包括 GLOBAL（全局）、ROUTING（路由）、SWITCHING（交换）和 INTERFACE（接口）4 个主要配置项。全局配置中可以修改主机名、保存和修改配置文件、导入/导出配置文件等，路由配置中可以配置静态路由、RIP 路由协议的相关参数，交换机配置中可以添加/删除 VLAN 信息，接口配置中可以配置各接口 IP 地址、子网掩码等信息。

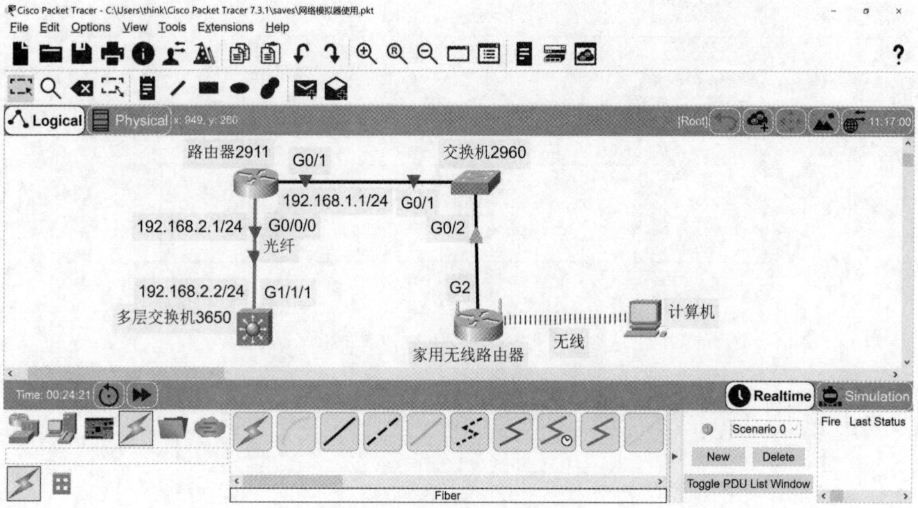

图 3-54　网络拓扑结构图

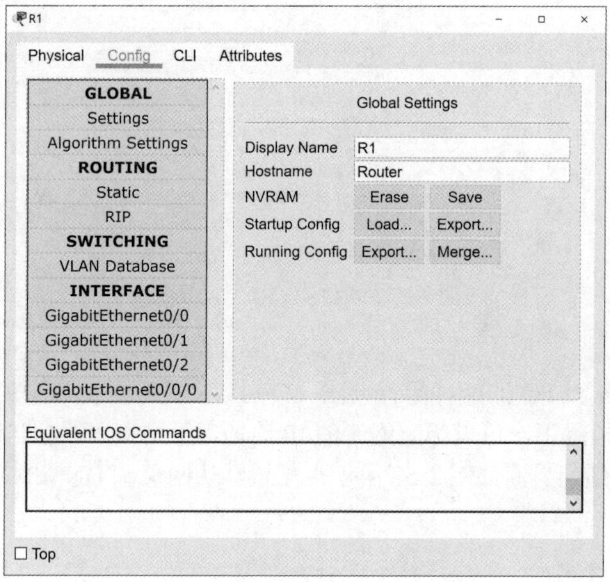

图 3-55　路由器图形化配置界面

以拓扑图中路由器 2911 的 GigabitEthernet0/1 接口 IP 地址的配置为例，介绍图形化配置界面的使用。单击左侧“GigabitEthernet0/1”选项，右侧将显示该接口的配置界面。在“Port Status”中勾选“On（激活接口）”复选框，在“IPv4 Address（IP 地址）”栏中输入“192.168.1.1”，在“Subnet Mask（子网掩码）”栏中输入“255.255.255.0”，下方窗口中将显示出现配置参数对应的 IOS（互联网操作系统）命令，如图 3-56 所示。请读者按此方法配置路由器 2911 的 G0/0/0 接口的 IP 地址。

7. 命令行接口（CLI）配置网络设备

选择路由器配置界面的“CLI”选项卡进入命令行接口，如图 3-57 所示，可以完成对路由器的配置与管理。对路由器、交换机等网络设备进行不同的操作时需要在不同模式下进行，且操作过程较为复杂，CLI 配置网络设备的方法将在后续模块中介绍。

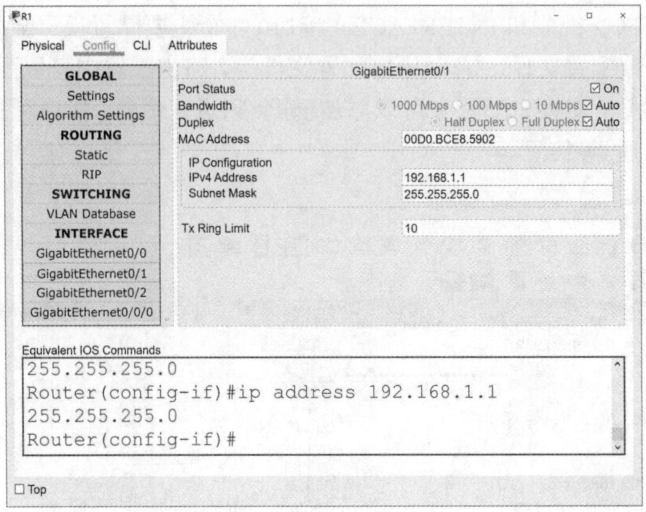

图 3-56　图形化配置界面

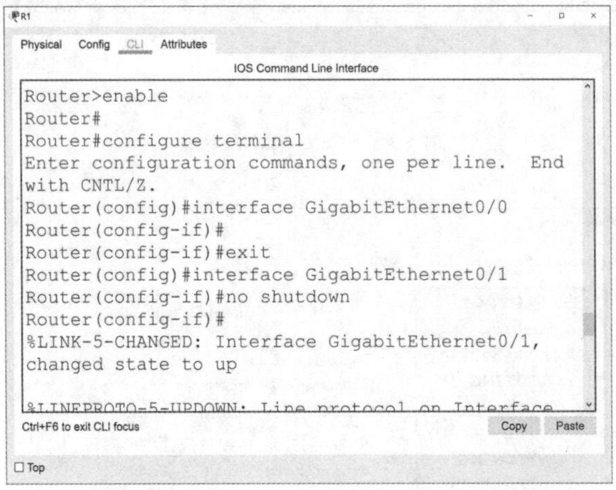

图 3-57　路由器 CLI 配置界面

8. PC 的配置

Packet Tracer 提供 PC 的两种配置方法，分别对应其配置窗口中的 Config 和 Desktop 选项卡。在 Config 模式下，可以配置网卡的 IP 地址、子网掩码、默认网关及 DNS 地址等基本信息，配置 IP 地址界面如图 3-58 所示，配置默认网关和 DNS 地址如图 3-59 所示。

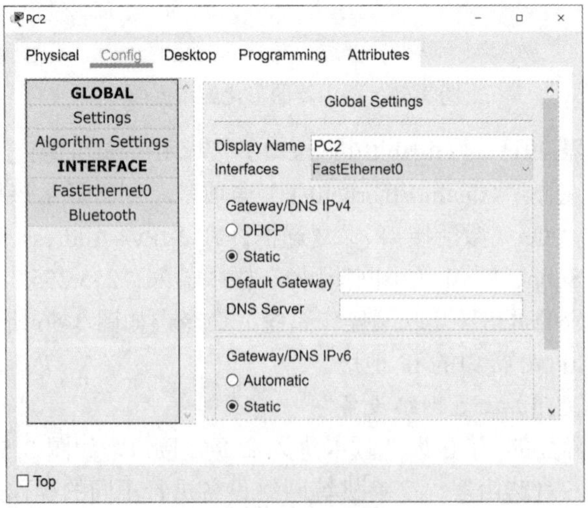

图 3-58　配置 IP 地址界面

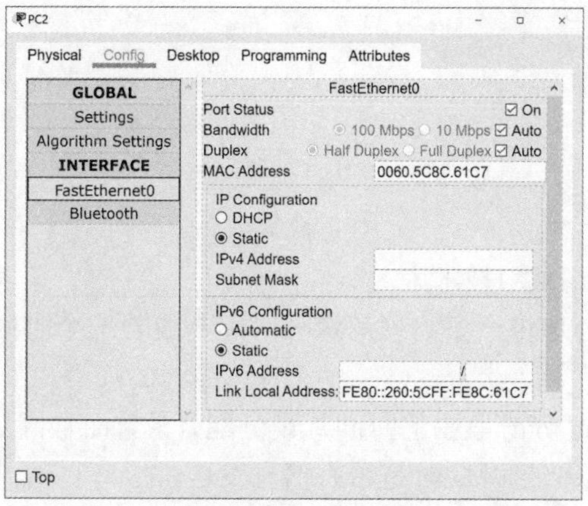

图 3-59　配置默认网关和 DNS 地址

在 Desktop 配置模式下，提供 IP Configuration（IP 地址配置）界面，Terminal（终端软件）、Command Prompt（命令提示符）、Web Browser（Web 浏览器）等常用工具，如图 3-60 所示。单击 IP Configuration 图标，打开其配置窗口，可以对 PC 的 IP 地址、子网掩码、默认网关和 DNS 地址等信息进行配置，如图 3-61 所示。

图 3-60　Desktop 选项卡

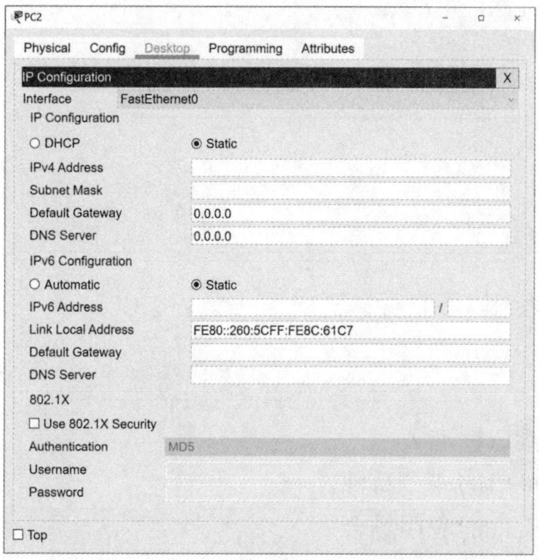

图 3-61　配置 IP 地址信息

课后检测

一、填空题

1．最常用的两种多路复用技术为__________和__________，其中，前者是同一时间同时传送多路信号，而后者是将一条物理信道按时间分成若干个时间片轮流分配给多个信号使用。

2．__________是指时分方案中的时间片是分配好的，而且固定不变，即每个时间片与一个信号源对应，不管该信号源此时是否有信息发送。

3．WDM 发送端和接收端的器件分别称为__________和__________。

二、选择题

1．以下关于时分多路复用概念的描述中，错误的是（　　）。

A．时分多路复用将线路使用的时间分成多个时间片

B．时分多路复用分为同步时分多路复用与统计时分多路复用

C．统计时分多路复用将时间片预先分配给各个信道

D．时分多路复用使用的“帧”与数据链路层“帧”的概念、作用是不同的

2．将物理信道总频带分割成若干个子信道，每个子信道传输一路信号，这就是（　　）。

A．同步时分多路复用　　B．波分多路复用

C．异步时分多路复用　　D．频分多路复用

三、判断题

1．采用频分多路复用时，数据在各子信道上是串行传输的。（　　）

2．频分多路复用实现的条件是信道的带宽远远大于每个子信道的带宽。（　　）

四、简答题

1．若传输介质带宽为 20MHz，信号带宽为 1 MHz，最多可复用多少路信号？各用于什么场合？

2．请列举出几种信道复用技术，并说出它们各自的技术特点。

主题 5　物理层接口标准

学习目标

通过本主题的学习达到以下目标。

知识目标：

- 了解 RS-232C 接口标准。
- 掌握 RS-232C 接口的 4 个特性。
- 了解 RS-232C 接口的应用场合。

技能目标：

- 能够通过 RS-232C 接口接入 Internet。

素质目标：

- 激发家国情怀。

课前评估

图 3-62 为广域网数据通信模型。请结合已学知识，指出图中（1）～（5）的名称，并进一步思考计算机 A 至（2）之间的信道类型是__________，传输的是__________信号。（2）和（3）之间的信道类型是__________，传输的是__________信号。

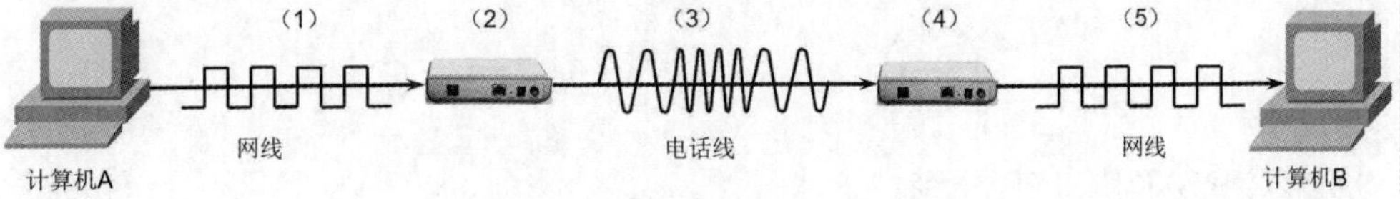

图 3-62　广域网数据通信模型

计算机 A 通过网线与（2）设备的__________接口相连，（2）设备通过电话线与（3）设备的__________接口相连。其中，用来发送和接收数据的计算机 A/B 称为数据终端设备（Data Terminal Equipment，DTE）；用来实现信息的收集、处理和变换的设备称为数据电路端接设备（Data Circuit-terminating Equipment，DCE），如（2）或（3）。下面将了解（2）和（3）设备之间互连接口的相关内容。

3.12　RS-232C 接口标准简介

RS-232C 是美国电子工业协会（Electronic Industries Association，EIA）制定的著名物理层标准，RS（Recommended Standard）表示推荐标准，232 为标识号码，C 代表是标准 RS-232 以后的第三个修订版本。

图 3-63 显示了使用 RS-232C 接口通过电话网实现数据通信的示意。其中，用来发送和接收数据的计算机或终端系统称为数据终端设备（Data Terminal Equipment，DTE），如计算机；用来实现信息的收集、处理和变换的设备称为数据电路端接设备，如调制解调器。

图 3-63　RS-232C 的远程连接

3.12.1　RS-232C 的机械特性

RS-232C 的机械特性规定使用一个 25 芯的标准连接器，并对该连接器的尺寸及针或孔芯的排列位置等都进行了详细说明，如图 3-64（a）所示。另外，实际的用户并不一定需要用到 RS-232C 标准的全集，这在个人计算机高速普及的今天尤为突出，所以一些生产厂家对 RS-232C 标准的机械特性进行了简化，使用了一个 9 芯标准连接器将不常用的信号线舍弃，如图 3-64（b）所示。

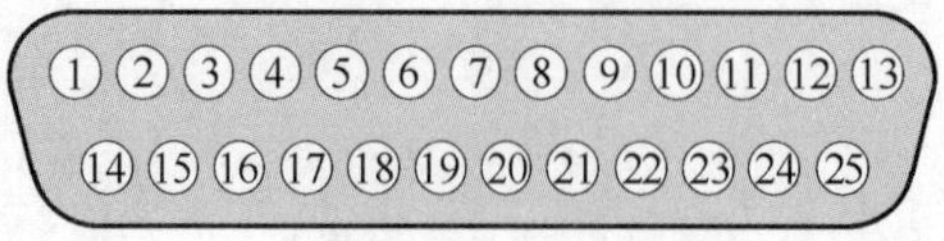

（a）25 芯连接器针脚排列图

（b）9 芯连接器针脚排列图

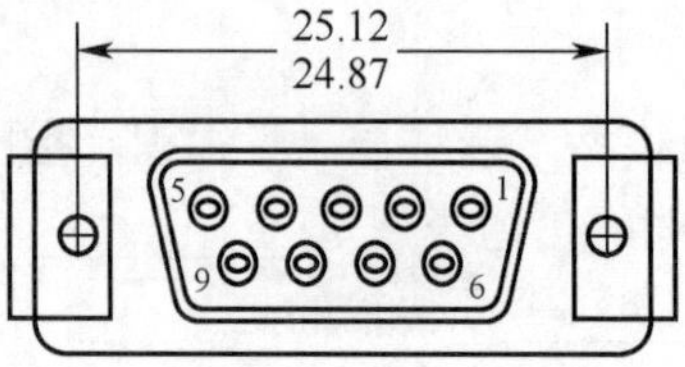

（c）9 芯连接器排列图尺寸

图 3-64　RS-232C 的机械特性

3.12.2　RS-232C 的电气特性

RS-232C 的电气特性规定逻辑“1”的电平为−15～−5V，逻辑“0”的电平为+5～+15V，即 RS-232C 采用+15V 和−15V 的逻辑电平，+5V～−5V 之间为过渡区域不做定义。RS-232C 接口的电气特性如图 3-65 所示，其电气表示如图 3-66 所示。

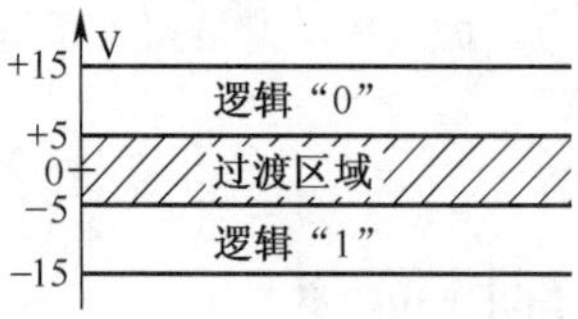

图 3-65　RS-232C 电气特性

	负电平	正电平
逻辑状态	1	0
信号状态	传号	空号
功能状态	OFF（断）	ON（通）

图 3-66　RS-232C 电气表示

RS-232C 电平高达+15V 和−15V，较之 0～5V 的电平来说具有更强的抗干扰能力。但是，即使是这样的电平，若两台设备利用 RS-232C 接口直接相连（即不使用调制解调器），它们的最大距离也仅约 15m，而且由于电平较高，通信速率反而受影响。RS-232C 接口的通信速率有 150b/s、300b/s、600b/s、1200b/s、2400b/s、4800b/s、9600b/s、19200b/s 等几档。

3.12.3　RS-232C 的功能特性

RS-232C 的功能特性规定了什么电路应当连接到引脚中的哪一根以及该引脚的作用。RS-232C 的 9 芯连接器功能说明如表 3-2 所示。

表 3-2　RS-232C 的 9 芯连接器功能说明

针脚号	功能	名称	针脚号	功能	名称
1	载波检测	DCD	6	数据传输设备就绪	DSR
2	接收数据	RxD	7	请求发送	RTS
3	发送数据	TxD	8	清除发送	CTS
4	数据终端就绪	DTR	9	振铃指示	RI
5	信号地	GND			

3.12.4　RS-232C 的规程特性

RS-232C 的工作过程是在各根控制信号线有序的 ON（逻辑“0”）和 OFF（逻辑“1”）状态的配合下进行的。在 DTE 与 DCE 连接的情况下，只有 DTR（数据终端就绪）和 DSR（数据设备就绪）均为“ON”状态时，才具备操作的基本条件：此后，若 DTE 要发送数据，则须先将 RTS（请求发送）置为“ON”状态，等待 CTS（清除发送）应答信号为“ON”状态后，才能在 TxD（发送数据）上发送数据。

动手实践

实现电话拨号上网

RS-232C 标准提供了一个利用公用电话网络作为传输介质，并通过调制解调器将远程设备连接起来的技术规定。本节利用 Packet Tracer 网络模拟器，实现 PC 通过电话网络访问互联网，其网络拓扑如图 3-67 所示。

图 3-67　PC 通过电话网络访问互联网的网络拓扑

1．添加拨号模块

在 PC 上添加 PT-HOST-NM-1AM 拨号模块，在 ISP 的路由器上也要添加拨号接入模块 WIC-1AM，使之与 PSTN 连接。

2．物理连接网络

使用电话线将 PC、PSTN 网络、ISP 连接起来。

3．设置拨号网络

进入 PSTN 的配置界面，选择“Config”选项卡，找到 Modem4 用来连接 PC，给它分配一个电话号码 88888，此号码是用来给 PC 拨号时所用的号码，同样配置 Modem5 连接 ISP 路由器，也要给 Modem5 添加一个电话号码 99999。

4．添加拨号账号

在 ISP 路由器上添加一个账号 tjytwt，密码设置为 123456。

5．连接拨号网络

在 PC 上打开拨号设置界面，填写拨入账号及电话号码信息，如图 3-68 所示。单击 Dial 按钮进行拨号，成功建立连接后，弹出如图 3-69 所示的界面。

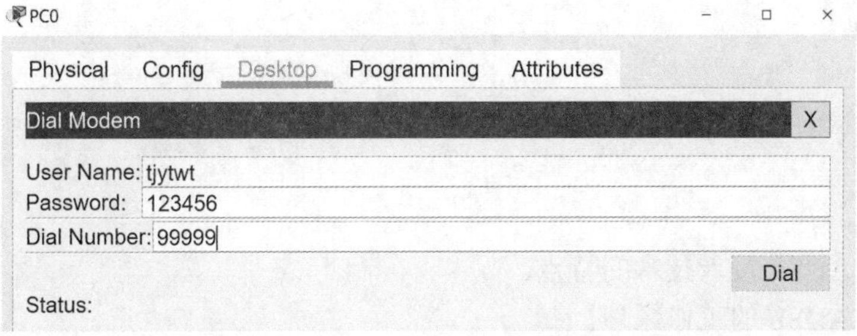

图 3-68　PC 拨号设置

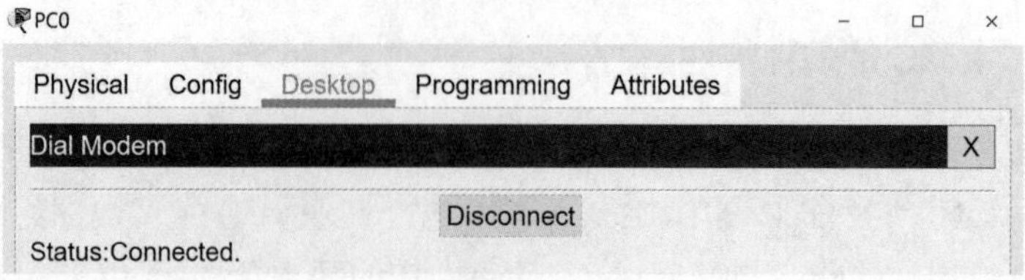

图 3-69 拨号成功连接状态

课后检测

一、填空题

1．RS-232C 的电气特性规定逻辑“1”的电平为__________，逻辑“0”的电平为__________。

2．若 DTE 要发送数据，则须先将__________置为“ON”状态。

二、选择题

1．下列不属于 RS-232C 接口的通信速率的是（　　）。

A．300b/s　　B．600b/s　　C．900b/s　　D．1200b/s

2．RS-232C 的 9 芯连接器功能说明错误的是（　　）。

A．载波检测　DCD　　B．接收数据　RxD

C．数据终端就绪　DTR　　D．清除发送　CTS

三、判断题

1．调制解调器属于数据电路端接设备。（　　）

2．RS-232C 的工作过程是在各根控制信号线有序的 ON（逻辑“0”）和 OFF（逻辑“1”）状态的配合下进行的。（　　）

四、简答题

1．RS-232C 接口具有哪些特性？

2．什么是 DTE 和 DCE？主机与显示器通过 RS-232C 接口连接时，谁是 DTE？谁是 DCE？

主题 6　宽带接入技术

学习目标

通过本主题的学习达到以下目标。

知识目标：

- 了解 ADSL 接入技术的特点。
- 理解 ADSL 的工作原理。
- 掌握 ADSL 调制解调器的功能和接入模型。

技能目标：

- 能够使用 ADSL 技术接入 Internet。

素质目标：

- 增强民族自豪感。

课前评估

从实现技术的角度看，现实生活中常见的宽带接入技术有________、________、________和________等，分别使用________、________、________和________传输介质。ADSL 是家庭接入 Internet 的一种宽带接入技术，其连接方式如图 3-70 所示。请根据连接情况，指出（1）、（2）和（3）使用何种传输介质，在传输介质（3）上，使用何种信道复用技术。

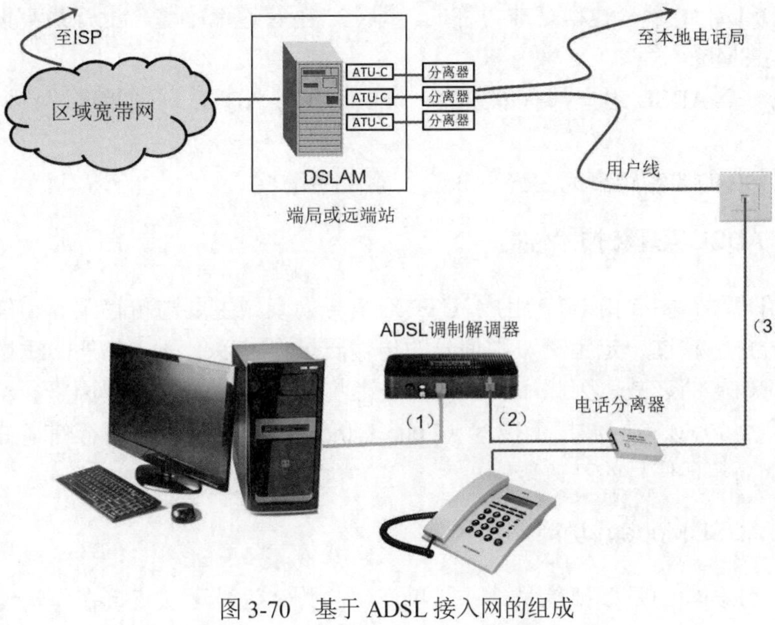

图 3-70 基于 ADSL 接入网的组成

3.13 ADSL 接入技术

近几年来，用户接入网的广阔市场成为各 ISP 争夺的阵地，用户接入网（从本地电话局到用户之间的部分）是电信网的重要组成部分，是电信网的窗口，也是信息高速公路的“最后一英里（The Last Mile）”。为实现用户接入网的数字化、宽带化，用光纤作为用户线是用户网今后发展的必然方向，但由于光纤用户网的成本过高，在今后的十几年甚至几十年内大多数用户网仍将继续使用现有的铜线环路。近年来人们提出了多项过渡性的宽带接入网技术，其中 ADSL 是最具有竞争力的一种。为什么采用 ADSL 铜线接入技术呢？主要原因有以下 4 点：

（1）网络的覆盖面广、规模大。

（2）节省投资，无需线路材料和铺设施工投入。

（3）网络是现成的，可立即为用户开通高速业务。

（4）开通宽带业务的同时，一般不影响原有话音业务。

3.13.1 ADSL 接入技术的特点

家庭使用 ADSL 接入 Internet 的结构示意如图 3-71 所示。ADSL 技术的特点主要表现在以下 5 个方面。

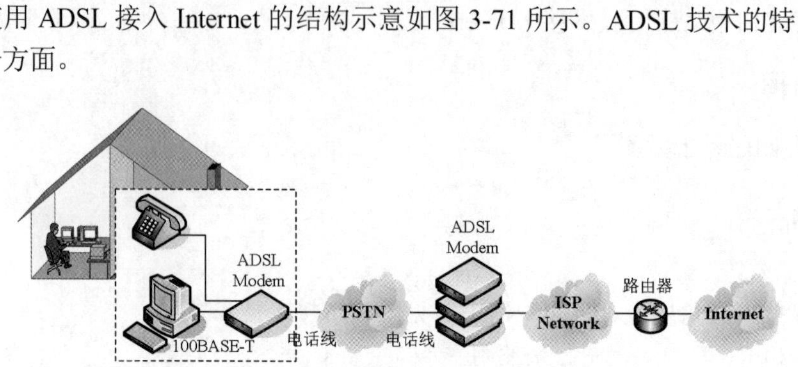

图 3-71　家庭使用 ADSL 接入 Internet 的结构示意

（1）ADSL 承载在现有的普通电话线上。

（2）ADSL 在同一铜线上分别传送数据和语音信号。

（3）ADSL 上、下行速率是非对称的，即上、下行速率不等，上行最高可达 640kb/s，下行最高可达 8Mb/s。

（4）每一个 ADSL 用户都有单独的一条电话线与 ADSL 局端相连，数据传输带宽由用户独享。

（5）ADSL 的传输距离为 3km～5km（局端到用户）。

3.13.2 ADSL 原理和技术性能

现存的用户环路主要由 UTP 组成。UTP 对信号的衰减主要与传输距离和信号的频率有关，如果信号传输超过一定距离，则信号的传输质量将难以保证。此外，线路上的桥接抽头也将增加对信号的衰减。因此，线路衰减是影响 ADSL 性能的主要因素。ADSL 通过不对称传输，利用 FDM 或回波抵消技术（Echo Cancellation）使上、下行信道分开来减小串音的影响，从而实现信号的高速传输。

3.13.3 ADSL Modem 功能

普通电话线传输的是模拟信号，计算机产生的数字信号无法直接在电话线中传输，而 ADSL Modem 正是实现这两种信号转换功能的设备，其功能如下：

（1）在发送端，ADSL Modem 完成数字信号的调制，将数字信号转换成模拟信号。

（2）在接收端，ADSL Modem 完成模拟信号的解调，将模拟信号转换成数字信号。

ADSL 的接入模型

3.13.4 ADSL 的接入模型

用户端的 ADSL 安装非常方便，只要将电话线连上滤波器，滤波器与 ADSL Modem 之间用一条两芯电话线连接，ADSL Modem 与计算机的网卡之间用一条交叉网线连接即可完成硬件安装，如图 3-72 所示。

图 3-72　ADSL 的安装

动手实践

使用 ADSL 接入 Internet

铺设到家庭的线缆不是将终端接入以太网的双绞线，而是电话线，也称为用户线。通过用户线实现家庭中的 ADSL Modem 与本地局域网中的数字用户线接入复用器之间的互联。终端可以通过以太网与 ADSL Modem 实现互联。为了实现本任务，首先应向 ISP（如中国电信）申请一个 ADSL 上网账号（用户名设置为 cqcet，密码设置为 cisco）。

在网络拓扑图中，ADSL Modem 设备的左侧是 ISP 能操控的范围，一般用户无须对其进行配置，如图 3-73 所示。

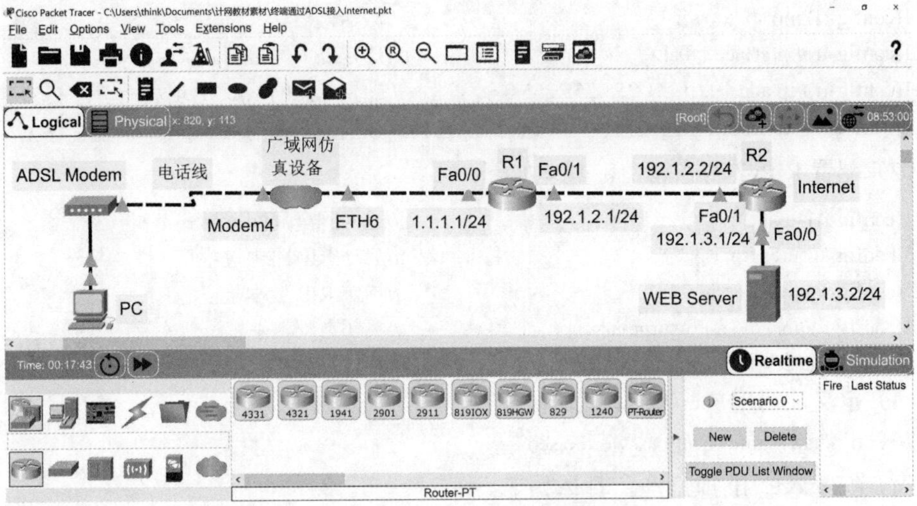

图 3-73　终端通过 ADSL 接入 Internet 拓扑结构

1. 添加网络设备模块

打开广域网仿真设备的配置界面，该设备有两个连接电话线的 Modem 接口和一个连接双绞线的以太网接口，为了实现基于电话线的 ADSL 接入网络与以太网互联的广域网仿真设备，需要通过配置将连接电话线的 Modem 接口与以太网接口绑定在一起，如图 3-74 所示。

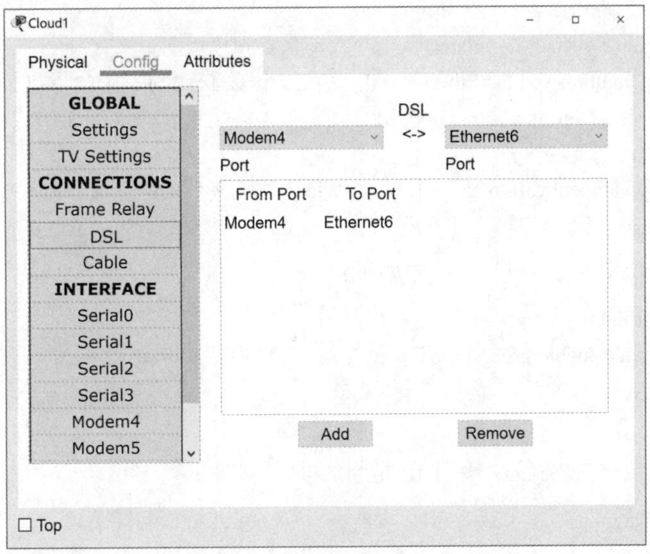

图 3-74　绑定电话线接口和以太网接口

2. 搭建网络环境

按照图 3-73 所示的拓扑结构搭建网络环境，注意选择正确的传输介质，本例使用了电话线、交叉线和直连线 3 类传输介质。

3. R1 上的配置

ISP 网络设备不是用户操控的范围，为了保证任务实现的完整性，将相关的配置过程介绍如下：

（1）基本配置一主机名及接口 IP 地址，具体如下：

```
Router>ena                                   //进入特权配置模式
Router#conf t                                //进入全局配置模式
Router(config)#hostname R1                   //配置路由器主机名
R1(config)#interface fa0/0                   //选定以太网接口
R1(config-if)#ip add 1.1.1.1 255.255.255.0   //配置以太网接口 IP 地址
R1(config-if)#no shutdown                    //激活接口
R1(config-if)#interface fa0/1                //选定以太网接口
R1(config-if)#ip add 192.1.2.1 255.255.255.0 //配置以太网接口 IP 地址
R1(config-if)#no shutdown
```

（2）配置 RIPv2 动态路由，具体如下：

```
R1(config-if)#exit                           //退回到全局配置模式
R1(config)#router rip                        //启动 RIP 路由进程
R1(config-router)#version 2                  //指定 RIP 版本号
R1(config-router)#no auto-summary            //关闭自动汇总
R1(config-router)#network 192.1.2.0          //宣告与公网相连的直连网段
```

（3）定义注册用户，具体如下：

```
R1(config)#username cqcet password cisco
```

（4）配置本地 IP 地址池，具体如下：

```
R1(config)#ip local pool b1 192.1.1.1 192.1.1.14
```

（5）配置 PPP，具体如下：

```
R1(config)# bba-group pppoe global        //配置 BBA 组 PPPOE 为全局组
R1(config-bba)#virtual-template 1         //指定通过使用编号为 1 的虚拟模板创建虚拟接入接口
R1(config-bba)#exit
```

（6）配置虚拟模板，具体如下：

```
R1(config)#interface virtual-Template 1              //进入虚拟模板配置模式
R1(config-if)#ip unnumbered fastEthernet 0/0         //在一个没有分配 IP 地址的接口上启动 IP 处理功能
R1(config-if)#peer default ip address pool b1        //将接入终端获取 IP 地址的方式指定为从名 b1 的本地
地址池中分配 IP 地址
R1(config-if)#ppp authentication chap                //指定挑战握手认证协议
R1(config-if)#exit
```

（7）启动接口 PPOE 功能，具体如下：

```
R1(config-if)#int fa0/0
R1(config-if)#pppoe enable group global              //启动 PPPOE 并附加全局 BBA 组
R1(config-if)#exit
```

4. R2 上的配置

（1）基本配置一主机名及接口 IP 地址，具体如下：

```
Router>ena                                   //进入特权配置模式
Router#conf t                                //进入全局配置模式
Router(config)#hostname R2                   //配置路由器主机名
```

```
R2(config)#interface fa0/0                    //选定以太网接口
R2(config-if)#ip add 192.1.3.1 255.255.255.0  //配置以太网接口 IP 地址
R2(config-if)#no shutdown                     //激活接口
R2(config-if)#interface fa0/1                 //选定以太网接口
R2(config-if)#ip add 192.1.2.2 255.255.255.0  //配置以太网接口 IP 地址
R2(config-if)#no shutdown
```

（2）配置 RIPv2 动态路由，具体如下：

```
R2(config-if)#exit                            //退回到全局配置模式
R2(config)#router rip                         //启动 RIP 路由进程
R2(config-router)#version 2                   //指定 RIP 版本号
R2(config-router)#no auto-summary             //关闭自动汇总
R2(config-router)#network 192.1.2.0           //宣告与公网相连的直连网段
R2(config-router)#network 192.1.3.0           //宣告与公网相连的直连网段
R2(config)#ip route 192.1.1.0 255.255.255.0 192.1.2.1
```

5. Web 服务器的配置

打开 Web Sever 的 Desktop，单击“IP Configuration”图标，弹出 IP 地址配置界面，根据图 3-73 规划的 IP 地址，完成 IP 地址参数的配置，如图 3-75 所示。

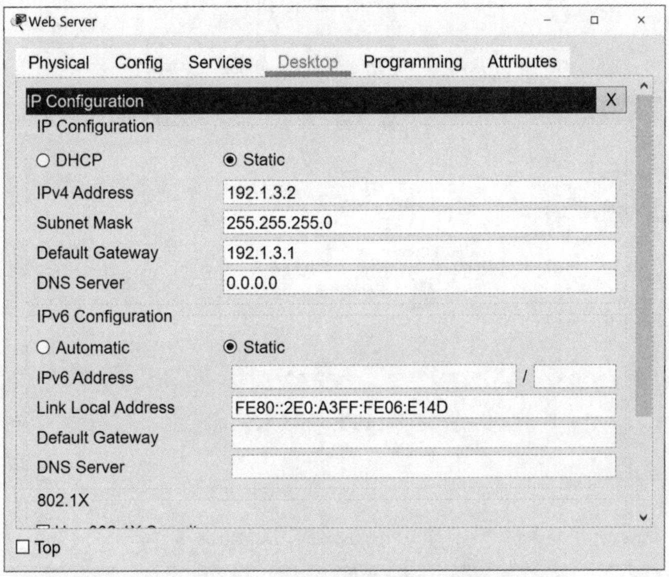

图 3-75　Web Server 的 IP 地址配置

在 Packet Tracer 的软件中，默认运行 Web 服务，且 Web 服务默认是打开了的，所以不必再去开启一次。

6. 配置接入终端的 IP 地址

接入终端 PC 从 ISP 提供的地址池（192.1.1.1 192.1.1.14）动态获取 IP 地址。将 PC 获取 IP 地址的方式设置为 DHCP，结果不能获取 IP 地址，如图 3-76 所示，其原因是没有通过 ISP 的认证。

7. 在接入终端启动 PPPoE 程序

为了确保接入终端能够使用网络资源，需要通过 ISP 的认证，因此需要在接入终端 PC 上运行 PPPoE 程序，如图 3-77 所示。

接入终端 PC 再次动态获取 IP 地址后，打开浏览器，在地址栏中输入 http://192.1.3.2，能够成功访问 Web 服务资源，如图 3-78 所示。

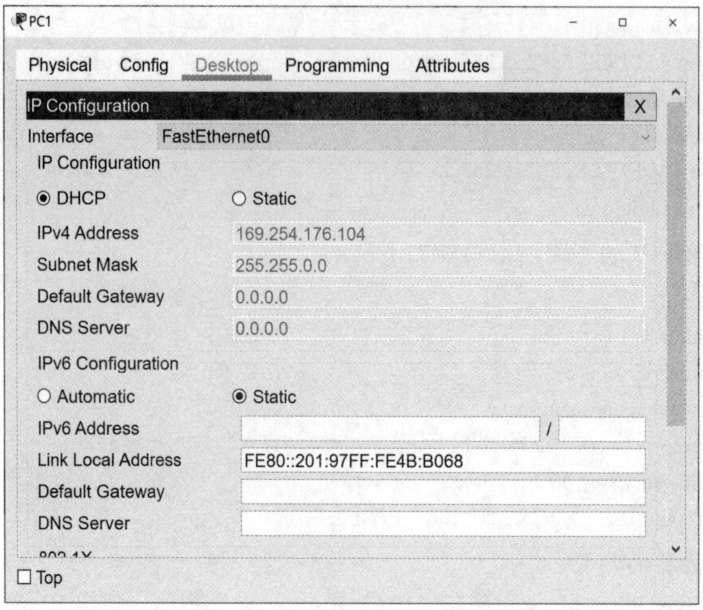

图 3-76　接入终端动态获取 IP 地址

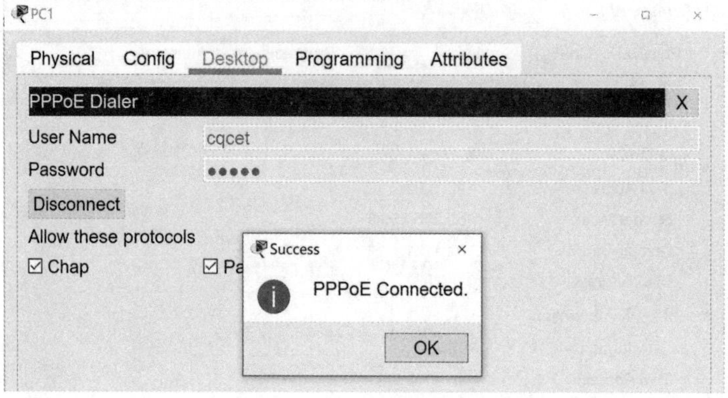

图 3-77　PPPoE 接入认证

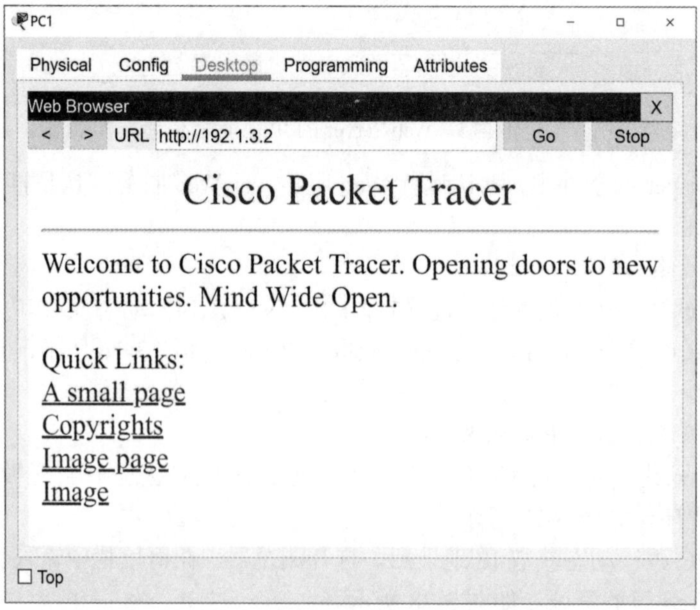

图 3-78　接入终端 PC 成功访问 Web 资源

课后检测

一、填空题

1．ADSL的“非对称性”是指__________，其中上行速率最大为__________，下行最大速率为__________。

2．ADSL通过不对称传输，利用__________或__________使上、下行信道分开来减小串音的影响，从而实现信号的高速传送。

二、选择题

1．ADSL通常使用（　　）。

A．电话线路进行信号传输　　B．ATM网进行信号传输

C．DDN网进行信号传输　　D．有线电视网进行信号传输

2．ADSL中文名称为（　　）。

A．异步传输模式　　B．帧中继

C．综合业务数字网　　D．非对称数字线路

3．ADSL技术的特点有（　　）。

A．ADSL承载在现有的普通电话线上

B．ADSL在同一铜线上分别传送数据和语音信号

C．ADSL的传输距离为3km～5km（局端到用户）

D．以上都是

三、判断题

1．在发送端，ADSL Modem完成数字信号的调制，将数字信号转换成模拟信号。（　　）

2．网络的覆盖面广、规模大是ADSL铜线接入技术的优势之一。（　　）

四、简答题

ADSL技术具有哪些特点？你是否会选择ADSL作为自己家庭计算机接入Internet的方式？

模块 4　构建网络共享平台——局域网技术

学习情景

模块 3 讨论了在一段链路上相邻设备之间的数据传输所涉及的物理层技术及基于点到点通信线路的物理层协议。物理层可以认为是属于“两台计算机及一段链路”的技术范围，它是一段链路上有效传输二进制位流的功能保证。一般情况下，计算机网络中存在多个链路和多台主机。因此，应把研究的视野扩展到小范围短距离内很多主机相互通信的问题上，这里的“小范围短距离”就是局域网的范围。在点到点直达的链路上进行通信是不存在寻址问题的，而在多点连接的情况下，发送端必须保证数据信息能正确地传输到接收端，而接收端也应当知道发送端是哪个节点，很显然，物理层对此无能为力。因此，为了完成局域网范围内多个主机的数据通信任务，除了必须的物理层技术之外，还需要相应的数据链路层技术。

随着个人计算机技术的发展和广泛应用，人们共享数据、软件和硬件资源的愿望日益强烈，这种需求导致局域网技术出现了突破性进展。在局域网技术研究领域中，以太网（Ethernet）技术不是最早出现的局域网技术，但却是最成功的，现已成为局域网领域的主流技术。局域网是一种广播信道的网络，需要某种信道访问方法，从这个角度出发，可以将局域网分为共享式局域网和交换式局域网。共享式局域网与生俱来就有一个致命的缺陷——无法避免冲突，因此仍然使用共享带宽的集线器将成为限制公司网络应用的主要因素。用交换机代替集线器为网络管理和应用带来了突破，不仅消除了冲突，还将连接的吞吐量（Throughput）加倍。

学习提示

本模块围绕局域网的工作原理这一主线，包含了局域网体系结构、介质访问技术、帧格式与操作、以太网技术、交换式局域网、虚拟局域网和无线局域网 7 个主题，详细讨论了局域网的参考模型与标准、局域网介质的访问控制方法、局域网连接设备的工作原理和组网方法。建议读者在学习本模块的过程中，始终保持对所学知识和技术在协议体系上的层次定位意识，这样能够加深对相关知识和技术的逻辑关系的理解。

主题 1　局域网体系结构

学习目标

通过本主题的学习达到以下目标。

知识目标：

- 了解局域网的要素。
- 了解以太网的发展历程。

● 掌握 IEEE 802 实现模型。

技能目标：

● 能够借助 Internet 研究局域网的发展。

素质目标：

● 根据以太网的发展，培养优胜劣汰的忧患意识。

课前评估

1．物理层可以认为是属于__________连接的直达链路的技术范围，不存在寻址问题。在__________连接的情况下，小范围短距离内很多主机相互通信需要寻址，物理层对此无能为力。因此，为了完成局域网范围内多个主机的数据通信任务，需要设置数据链路层。

2．数据链路层协议指定了将数据包封装成帧的过程，以及将已封装数据包放置到各介质上和从各介质获取已封装数据包的技术。在数据包从源主机到目的主机的传输过程中，通常会经过不同的物理网络，如图 4-1 所示。这些物理网络可由不同类型的物理介质组成，如铜线、光纤和无线电等。

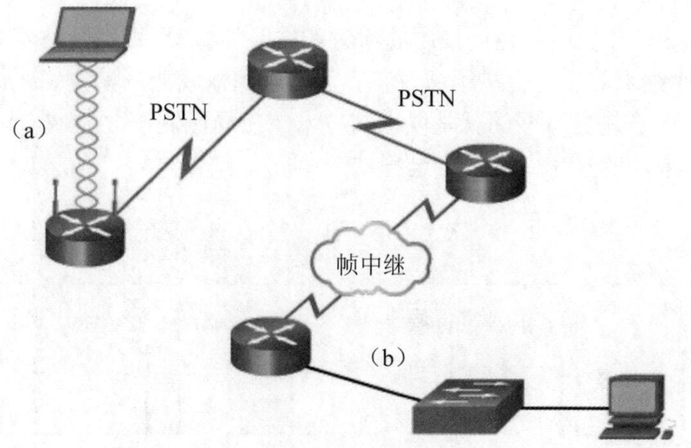

图 4-1　传输网络

（1）写出图中（a）与（b）所代表的传输网络名称。

（2）不同传输网络使用不同的数据链路层协议。可以用生活中的一个例子来类比，如从北京－上海－杭州－西湖的旅行过程，在各段行程中可以使用不同的交通工具。从北京到上海乘坐飞机，从上海到杭州乘坐动车，从杭州到西湖乘坐汽车。在这个例子中，人被不同的交通工具在不同的路径上承载，网络中也采用类似思路，将每个人比作数据包，每个运输区段类比一段链路，每种运输方式类比一种数据链路层协议，数据包经过不同传输网络，被封装为不同的数据帧。图 4-1 中的传输网络（a）使用__________帧，PSTN 传输网络使用 PPP 帧，帧中继传输网络使用帧中继帧，（b）传输网络使用__________帧。

4.1　局域网概述

局域网是从 20 世纪 70 年代开始在广域网技术的基础发展起来的，得益于计算机应用的普及，人们将计算机连接起来实现资源的共享。局域网有 3 个要素：网络拓扑结构、网络传输技术和介质访问方法。

4.1.1 网络拓扑结构

局域网采用的拓扑结构有总线型、星型、树型（扩展星型）和环型等。网状结构也大量用于局域网，不再是广域网的专用网络拓扑结构。网络拓扑结构会影响网络的可靠性、扩展性、响应时间和吞吐量。

4.1.2 网络传输技术

局域网使用各种各样的传输介质，如铜线、光纤、无线和卫星链路等。网络传输技术是指借助传输介质进行的数据通信，常用的传输技术有基带传输和频带传输两种。考虑到网络接口的成本和复杂性，局域网采用基带传输，主要使用曼彻斯特编码。

4.1.3 介质访问方法

局域网采用点到多点的连接方式，存在共享介质的使用问题，因此引入介质访问方法。介质访问方法是一种将数据帧放置到介质上和从介质获取数据帧的技术，是影响局域网性能最为重要的因素。局域网中使用的介质访问协议是CSMA/CD。

4.2 以太网的发展

局域网经过近50年的发展，通过技术的演进和实践的检验，采用的技术有以太网、FDDI和ATM技术。在网络世界中，有些领域百花齐放，有些领域则一家独大。局域网就是一家独大的典型代表，而一统局域网的就是以太网技术。在局域网研究领域，以太网技术并不是最早，但却是最成功的技术，其发展过程如图4-2所示。

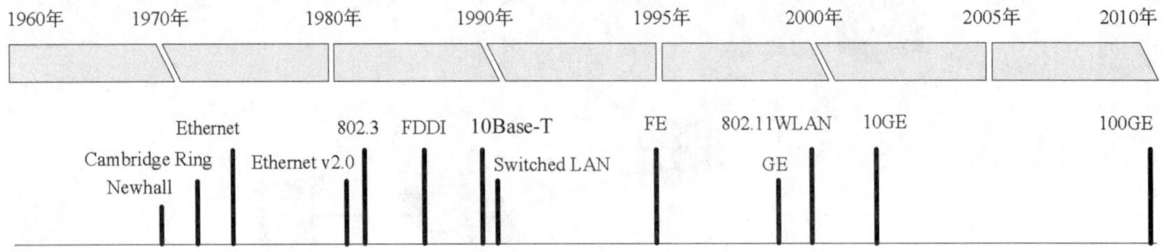

图4-2　以太网技术的发展过程

（1）20世纪70年代，欧洲的一些大学和研究所开始研究局域网技术，主要是令牌环网。

（2）1973年以太网（Ethernet）问世。20世纪80年代，Ethernet、Token Ring与Token Bus三足鼎立，并形成各自的标准。

（3）1990年，IEEE802.3推出10BASE-T物理标准，使得Ethernet的组网造价低廉、可靠性提高、性价比大大提高，Ethernet 在与其他局域网竞争中占据了明显优势。同年，Ethernet交换机面世，标志交换Ethernet的出现。

（4）1993年，传统Ethernet半双工工作模式改为全双工模式。在此基础上，Ethernet技术利用光纤作为传输介质，并推出10BASE-F产品，最终从三足鼎立中脱颖而出。

（5）开放的Ethernet技术与标准，使它得到软件与硬件制造商的广泛支持，到了20世纪90年代，Ethernet开始受到业界认可和广泛应用，到了21世纪已成为局域网领域的主流技术。

4.3 IEEE 802 实现模型

IEEE于1980年2月成立局域网标准委员会，统一制定局域网的设计和应用标准，这些标准统称为 IEEE 802 标准。设计应用中的局域网模型称为 IEEE 802 实现模型，它描述了底层通信网络层次及协议。与 5 层 TCP/IP 协议模型和 7 层 OSI 参考模型对应，IEEE 802 实现模型只涉及物理层和数据链路层。局域网是传输网络，属于通信子网范畴。考虑到局域网需要具有网络互连的功能，在早期的局域网协议结构中设计了网络层，现已不再使用，因为局域网的高层多采用 TCP/IP 协议，其中的 IP 协议就可用于实现网络的互连。

4.3.1 物理层的主要功能

由于局域网采用的介质有多种，并且局域网性能的提升强烈依赖于介质上传输技术的更新，所以局域网参考模型直接规范了物理介质上的比特传输，而在 5 层 TCP/IP 协议模型与 7 层 OSI 参考模型中，传输介质不属于物理层。IEEE 802 实现模型中的物理层过于复杂，分为 PMI（物理介质无关）子层和 PMD（物理介质相关）子层，同时定义了 MII（介质无关接口）和 MDI（介质相关接口）。IEEE 802 实现模型的物理层功能：实现信号的编码/译码、比特流的传输与接收以及数据的同步控制等，规定了物理层使用的信号与编码、传输介质、拓扑结构和传输速率等规范。

4.3.2 数据链路层的主要功能

为了使数据帧的传输独立于所采用的物理介质和介质访问控制方法，IEEE 802 实现模型将数据链路层划分为 MAC 子层和 LLC 子层，使 MAC 子层与介质相关，LLC 子层与介质无关，这样 IEEE 802 实现模型就具有了扩展性，便于接纳新的传输介质和介质访问控制方法。

MAC 子层用来描述一个具体的局域网，使用的协议数据单元是 MAC 帧，只有看到了 MAC 帧，才知道这是一个什么样的局域网。MAC 子层的地址是物理地址，也称为 MAC 地址，计算机之间的通信最终要通过 MAC 地址才可以进行。LLC 子层完成数据链路层的主要功能，实现链路管理、差错控制和流量控制等功能。对所有局域网而言，LLC 子层都是一样的，差别主要在于 MAC 子层。

4.3.3 IEEE 802 系列标准

IEEE 802 系列标准的关系与作用如图 4-3 所示。由图可知，IEEE 802 标准是由一系列协议共同组成的标准体系。随着局域网技术的发展，该系列还在不断地增加新的标准与协议。例如，随着以太网技术的发展，802.3 家族出现了许多新的成员，如 802.3u、802.3z、802.3ab、802.3ae 等。

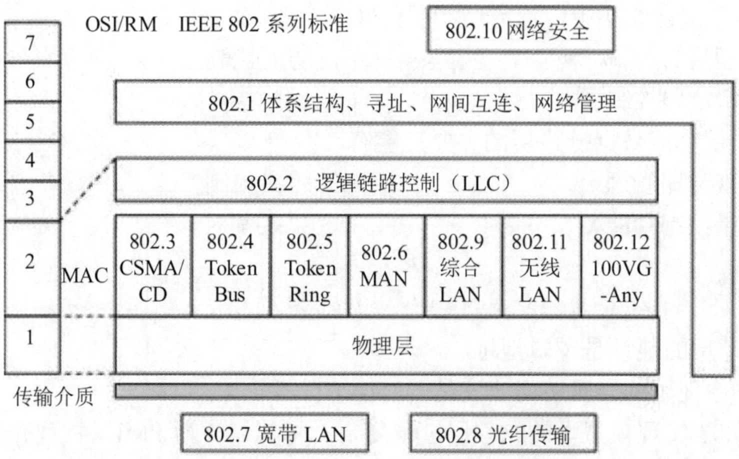

图 4-3 IEEE 802 系列标准的关系与作用

动手实践

研究局域网的发展

以太网是目前应用最广泛的局域网，最初的总线以太网由于简单而得到广泛的应用。交互式以太网的诞生及使用双绞线和光纤作为传输媒体使以太网的性能得到根本性改善，以太网因此取得垄断地位，而虚拟局域网和无线局域网更是拓展了以太网的应用范围。请以图 4-4 所示的时间线索，从以下 7 个方面研究以太网的发展过程。请读者自行设计表格，将研究结果呈现在表格中。

1973 1980 1983 1985 1990 1993 1995 1998 1999 2002 2006 2009 2015 2016

图 4-4　以太网的时间线索

（1）介质可靠性。
（2）通信速率提升。
（3）网络吞吐量。
（4）网络连接设备。
（5）网络组建标准。
（6）介质访问方法。
（7）网络安全性。

课后检测

一、填空题

1．网络传输技术是指借助传输介质进行的数据通信，常用的传输技术有__________传输和__________传输两种。

2．局域网体系结构仅包含 OSI 参考模型最低两层，分别是__________层和__________层。

3．IEEE 802 局域网标准将数据链路层划分为__________子层和__________子层。

二、选择题

1．局域网的层次结构中，可省略的层是（　　）。

A．物理层　　B．访问控制层
C．逻辑链路控制层　　D．网际层

2．LLC 子层完成数据链路层的主要功能有（　　）。

A．实现链路管理　　B．差错控制
C．流量控制功能　　D．以上都对

三、判断题

1．MAC 子层的地址是逻辑地址。（　　）

2．局域网中使用的介质访问协议是 CSMA/CD。（　　）

3．IEEE 802 实现模型中的物理层过于复杂，将其划分为 PMI（物理介质无关）子层和 PMD（物理介质相关）子层。（　　）

四、简答题

IEEE 802 局域网参考模型与 OSI 参考模型有何差异？

主题 2　介质访问技术

学习目标

通过本主题的学习达到以下目标。

知识目标：

- 掌握 CSMA/CD 的工作原理。
- 了解 CSMA/CD 的工作特点。
- 掌握网卡的主要功能。

技能目标：

- 能够借助网络仿真工具探索以太网冲突问题。

素质目标：

- 传承中华民族谦让的传统美德。

课前评估

1．在一个开会场景中，如图 4-5 所示，如果有多个人同时讲话，就会造成混乱无法听清，这种现象在网络中称为冲突。要解决这个问题，可以采用两种策略，一种是按顺时针或逆时针方向轮流发言；另外一种是确认没有他人说话时才能发言。这种策略在计算机网络中，称为介质访问控制方法，分别称为__________和__________。

图 4-5　开会场景

2．回顾曼彻斯特编码与时间同步过程，如图 4-6 所示。由于表示每一位二进制的两个码元之间发生信号跳变，因此可以用__________信号表示介质上在传输信号，用__________信号表示介质空闲。

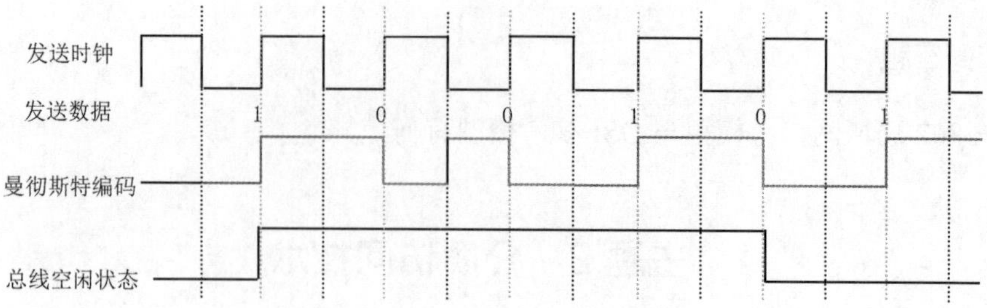

图 4-6　曼彻斯特编码与时间的同步过程

3．网络中如何检测冲突的发生呢？两个信号波形叠加后，可以通过信号波形是否符合曼彻斯特编码规则来进行判断，如果符合，则没有冲突；如果不符合，则冲突发生。根据如图 4-7 所示的叠加信号波形判断是否发生冲突。

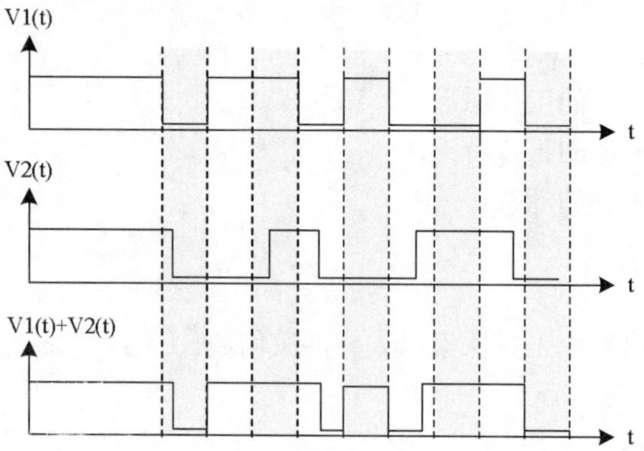

图 4-7　曼彻斯特信号波形的叠加

4.4　CSMA/CD 协议

传统的局域网是"共享式"局域网。在"共享式"局域网的实现过程中，可以采用不同的方式对其共享介质进行控制。"介质访问控制"就是解决当局域网中共用信道的使用产生竞争时，如何分配信道使用权问题。目前，局域网中广泛采用的两种介质访问控制方法如下：

- 争用型介质访问控制协议，又称为随机型的介质访问控制协议，如载波侦听多路访问/冲突检测（Carrier Sense Multiple Access with Collision Detection，CSMA/CD）方式。
- 确定型介质访问控制协议，又称为有序的访问控制协议，如令牌（Token）方式。

下面对 CSMA/CD 的工作原理和特点进行介绍。

4.4.1　CSMA/CD 的工作原理

CSMACD 工作原理

"载波侦听"（Carrier Sense）是指网络上各个工作站在发送数据前都要确认总线上有没有数据传输。若有数据传输（称总线为忙），则不发送数据；若无数据传输（称总线为空），立即发送准备好的数据。"多路访问"（Multiple Access）是指网络上所有工作站收发数据共同使用一条总线，且发送数据是广播式的。"冲突"（Collision）是指若网上有两个或两个以上工作站同时发送数据，在总线上就会产生信号的叠加，这样所有工作站都辨别不出真正的数据是什么，这种情况称为冲突，又称为"碰撞"。CSMA/CD 的工作过程如图 4-8 所示。

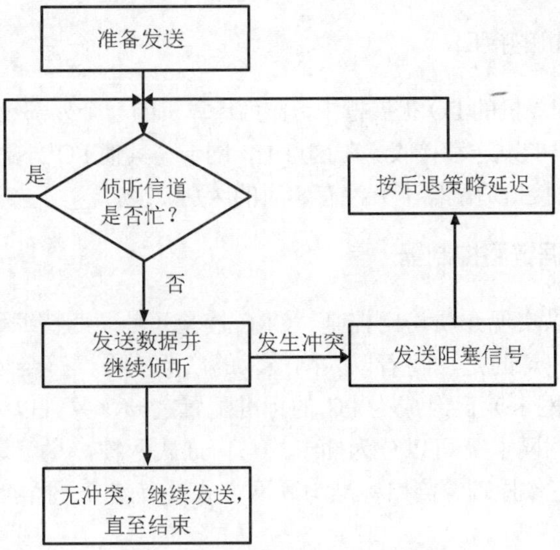

图 4-8　CSMA/CD 的工作流程

（1）当一个站点想要发送数据的时候，它先检测网络，查看是否有其他站点正在传输，即侦听信道是否空闲。

（2）如果信道忙，则等待，直到信道空闲；如果信道空闲，站点就准备好要发送的数据。

（3）在发送数据的同时，站点继续侦听网络，确认同一时间内没有其他站点在发送数据才继续传输数据。因为有可能两个或多个站点都同时检测到网络空闲，然后几乎在同一时刻传输数据，就会产生冲突。若无冲突则继续发送，直到发完全部数据。

（4）若有冲突，则立即停止发送数据，并发送一个加强冲突的阻塞（Jam）信号，使网络上所有工作站都知道网上发生了冲突，然后，等待一个预定的随机时间，在总线为空闲时，重新发送未发完的数据。

CSMA/CD 的工作过程可归结为：先听后发、边听边发、冲突等待、空闲发送。

4.4.2　CSMA/CD 的工作特点

CSMA/CD 采用的是一种“有空就发”的竞争型访问策略，因而不可避免地会出现信道空闲时多个站点同时争发的现象。CSMA/CD 无法完全消除冲突，它只能采取一些措施来减少冲突，并对所产生的冲突进行处理。另外，网络竞争的不确定性，也使得网络延时变得难以确定。因此，采用 CSMA/CD 协议的局域网通常不适合于那些实时性要求很高的网络应用。

4.5　以太网网卡简介

以太网网卡由 3 部分组成：网卡与传输介质的接口、以太网数据链路控制器以及网卡与主机的接口。

4.5.1　网卡与传输介质的接口

以太网网络收发器实现节点与总线传输介质的电信号连接，完成数据发送与接收、冲突检测功能。目前常用的方法是网卡通过 RJ-45 接口用非屏蔽双绞线连接到以太网交换机或集线器接入以太网中。

4.5.2 网卡与主机的接口

网卡要插入联网计算机的I/O扩展槽中，作为计算机的一个外部设备来工作。网卡在主机CPU的控制下进行数据的发送和接收。在这点上，网卡与其他I/O外部设备卡（如显示卡、磁盘控制器卡、异步通信接口适配器卡）没有本质的区别。

4.5.3 以太网数据链路控制器

实际的网卡均可以实现介质访问控制、CRC校验、曼彻斯特编码与解码、收发器与冲突检测等功能。需要注意的是，随着以太网技术的广泛应用，符合802.3标准的以太网网卡（包括802.11无线网卡）已经成为PC的标准配置之一，并且以太网卡芯片一般是内嵌在主板上，这样以太网网卡就可以分为插卡式与内嵌式两种，尽管这两种以太网网卡的结构不同，但是它们的工作原理、接口标准与联网方式没有差异。插卡式以太网网卡如图4-9所示。

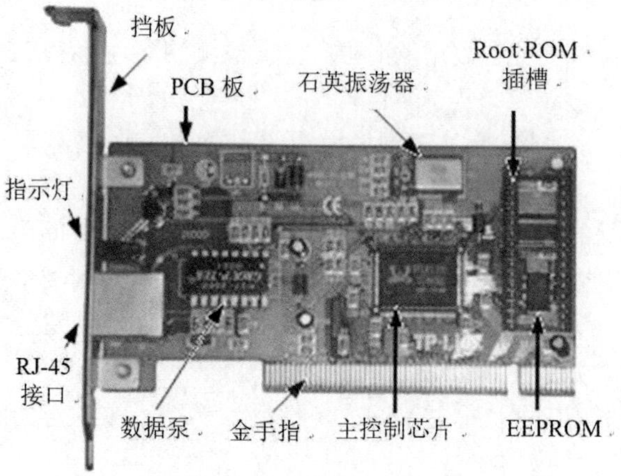

图4-9 插卡式以太网网卡

动手实践

探索以太网冲突

本节利用Packet Tracer的仿真，直观地观察共享式以太网的不足，主要步骤如下。

（1）搭建共享式以太网拓扑图，如图4-10所示。

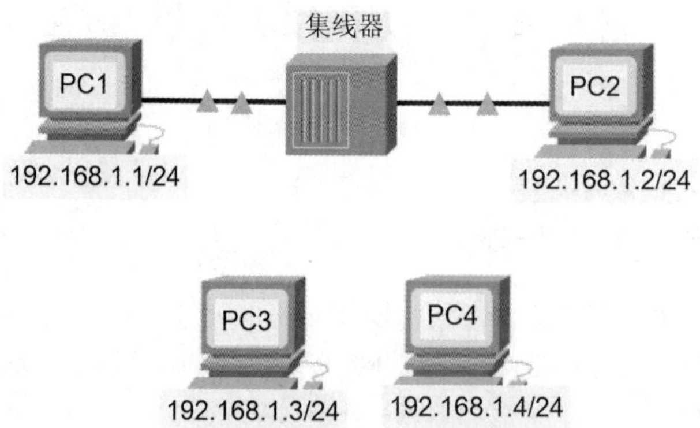

图4-10 共享式以太网拓扑图

（2）在 PC1 和 PC2 上配置 IP 地址。

（3）进入仿真模式，设置捕获协议为 ICMP。

（4）分别在 PC1 和 PC2 上准备 ICMP 数据包。

（5）执行单步仿真，观察数据包的运行过程，是否能够全双工通信，是否有冲突发生。

（6）增加 2 台 PC，PC3 和 PC4，分别为其配置 IP 地址，连接集线器。

（7）在仿真模式下，在 PC1 上准备发向 PC2 的 ICMP 数据包，执行单步仿真，观察 PC2、PC3、PC4 能否接收到 ICMP 数据包，这个过程说明集线器是以何种通信方式在工作。

课后检测

一、填空题

1．CSMA/CD 的中文名称是__________。

2．CSMA/CD 的工作过程可归结为先听后发、__________、冲突等待、__________。

3．以太网网卡由 3 部分组成：网卡与传输介质的接口、__________以及网卡与主机的接口。

二、选择题

1．采用 CSMA/CD 介质访问控制方法的局域网适用于办公自动化环境。这类局域网在（ ）网络通信负荷情况下表现出较好的吞吐率与延迟特性。

A．较高　B．较低　C．中等　D．不限定

2．具有冲突检测的载波侦听多路访问（CSMA/CD）技术，一般用于（ ）拓扑结构。

A．网状网络　B．总线型网络

C．环型网络　D．星型网络

3．CSMA/CD 方法用来解决多节点如何共享公用总线传输介质的问题，网中（ ）。

A．不存在集中控制的节点　B．存在一个集中控制的节点

C．存在多个集中控制的节点　D．可以有也可以没有集中控制的节点

三、判断题

1．CSMA/CD 采用的是一种“有空就发”的竞争型访问策略。（ ）

2．“载波侦听”（Carrier Sense）是指网络上各个工作站在发送数据前不需要确认总线上有没有数据传输。（ ）

3．网卡在主机 CPU 的控制下进行数据的发送和接收。（ ）

四、简答题

在 CSMA/CD 中，什么情况下会发生信息冲突？怎么解决？请简述其工作原理？

主题 3　帧格式与操作

学习目标

通过本主题的学习达到以下目标。

知识目标：

- 掌握 MAC 地址的基本概念。
- 掌握以太网帧结构。

技能目标：

- 能够使用网络协议工具捕获并分析以太网帧。

素质目标：

- 培养团结协作探究解决问题的能力。
- 培养“执事敬”“事思敬”的敬业精神。

课前评估

1. 在 Windows 的 DOS 窗口中，使用 ipconfig/all 命令查看到你自己笔记本网卡的 Phisical Address（物理地址）并记录下来，并对其组成情况进行简单描述。

2. IP 地址是__________层上使用的地址，物理地址是__________层使用的地址，这两类地址都具有唯一性。请思考，在 Internet 中能否只使用 IP 地址或 MAC 地址来进行通信？

3. IP 地址如同邮政通信地址（可以改变），物理地址如同人的姓名（一般不可改变）。如果只通过人的姓名你能知道他在哪里吗__________，如果只有邮政通信地址信件能正确投递吗__________。

MAC 地址的基本概念

4.6 MAC 地址的基本概念

4.6.1 MAC 地址的定义

在网络通信中需要通过地址来区分参与通信的各个站点。数据链路层所使用的地址被固化在网络设备的接口中，用于标识网络设备的物理接口。由于它们存在于硬件中，故称为硬件地址或物理地址，又由于 IEEE 802.3 标准中寻址定义在 MAC 子层，所以也称为 MAC 地址。在以太网中，MAC 地址是由 48 位的二进制数或 12 位的十六进制数表示的，被嵌入网络接口卡（Network Interface Card，NIC）的芯片中，一般不能修改。虽然许多 NIC 允许嵌入的 MAC 地址被软件任务所取代，但是这种做法并不受推崇，因为这样可能导致 MAC 地址重复，从而在网络上造成灾难性的后果。图 4-11 所示为在 Windows 的 DOS 窗口中，使用 ipconfig/all 命令查看网卡的 MAC 地址。

```
C:\>ipconfig/all

Ethernet adapter Local Area Connection:

   Connection-specific DNS Suffix  . : example.com
   Description . . . . . . . . . . . : Intel(R) Gigabit Network Connection
   Physical Address. . . . . . . . . : 00-18-DE-C7-F3-F8
   DHCP Enabled. . . . . . . . . . . : Yes
   Autoconfiguration Enabled . . . . : Yes
   IPv4 Address. . . . . . . . . . . : 192.168.1.67(Preferred)
   Subnet Mask . . . . . . . . . . . : 255.255.255.0
   Lease Obtained. . . . . . . . . . : Monday, November 26, 2012 12:14:48 PM
   Lease Expires . . . . . . . . . . : Saturday, December 01, 2012 12:15:02 AM
   Default Gateway . . . . . . . . . : 192.168.1.254
   DHCP Server . . . . . . . . . . . : 192.168.1.254
   DNS Servers . . . . . . . . . . . : 192.168.1.254
```

图 4-11　查看网卡的 MAC 地址

4.6.2　MAC 地址的组成

MAC 地址由两个字段组成：机构唯一标识符（Organizational Unique Identifier，OUI）和扩展标识符（Extended Identifier，EI），其中 OUI 为前 24 位，而 EI 为后 24 位。OUI 标识了 NIC 的制造厂商，EI 部分则唯一地标识了 NIC 网卡，这两部分联合在一起确保了在网络中不存在重复的 MAC 地址。MAC 地址的命名规则如图 4-12 所示，图中给出的 MAC 地址示例 00-60-2F-3A-07-BC（十六进制表示）中的前 24 比特值 00-60-2F 是 Cisco 公司的 OUI。如果某厂商想要生产以太网卡，他们就必须从 IEEE 注册管理委员会（Registration Authority Committee，RAC）组织购买一个 24 位的 ID。

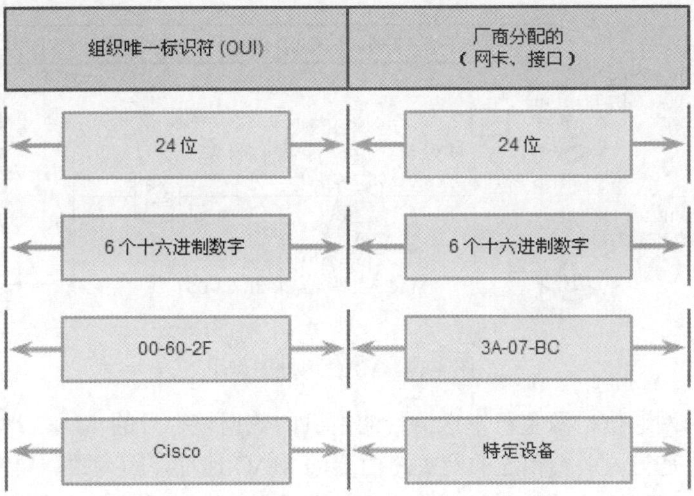

图 4-12　MAC 地址的命名规则

4.6.3　MAC 地址的类型

（1）广播地址：48 位二进制全为 1 的地址，局域网内的所有主机都接收此帧并处理。

（2）多播地址：第一字节的最低位为 1，只有一部分主机接收此帧并处理。

（3）单播地址：第一字节的最低位为 0，仅网卡地址与该目的地址相同的主机处理此帧。

4.6.4　MAC 地址的管理

MAC 地址第一字节的次低有效位—全局管理/本地管理（Global/Local，G/L）位，用于区分是全局地址还是本地地址，若 G/L=0，则为全局管理的物理地址；若 G/L=1，则为本地管理的物理地址。MAC 地址的第一字节的最低有效位—单播/多播（Individual/Group，I/G）位，用于区分是单播地址还是组播地址，I/L=0 为单播地址，I/L=1 为组播地址，如图 4-13 所示。显然，当全球管理时，每一个站点的地址可使用 46 位的二进制数字来表示，其 MAC 地址容量空间为 246 个，并非 248 个。

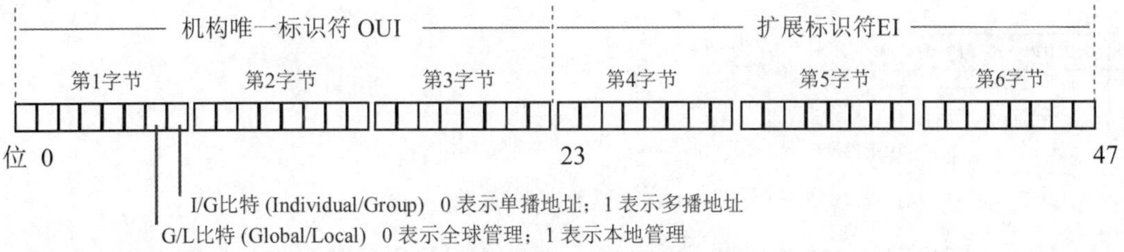

图 4-13　MAC 地址类型

4.6.5 MAC 地址的作用

有了 MAC 地址，数据帧的传递就是有目的的传送。数据帧头中包含源主机和目的主机的 MAC 地址，主机网卡一旦探测到数据帧，将检查此帧中的目的 MAC 地址是否是本机的 MAC 地址，若是则继续收取完整的数据帧，否则放弃。这一作用被称为 NIC 的过滤功能。

任何一个数据帧中的源 MAC 地址和目的 MAC 地址相关的主机必然是相邻的，源主机和目的主机在同一个局域网也是显然的，如图 4-14 所示。

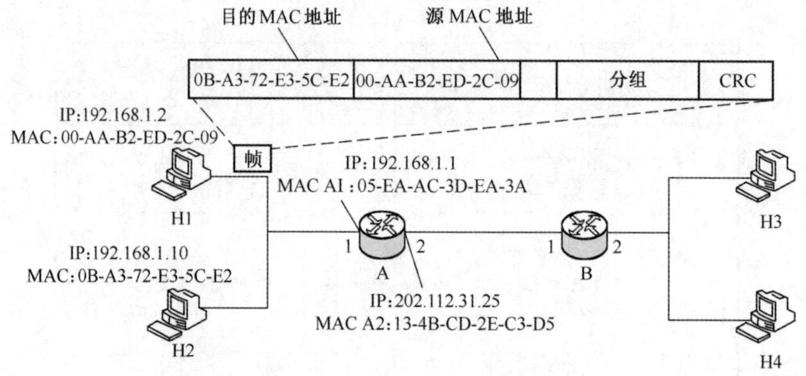

图 4-14 MAC 地址的作用

但是对于跨网通信，源主机发送给目的主机的数据帧中目的 MAC 地址并非目的主机的网卡地址，而是与源主机相连的网关路由器的 MAC 地址，因为数据要发送到目的主机，必须要依靠路由器的选路才能到达目的主机，因此数据帧应先发给与源主机相邻的网关，由网关选择路由。如图 4-14 中的主机 H1 和 H3 通信，此时数据帧封装的目的 MAC 地址就不应该是 H3 主机的 MAC 地址，而是路由器 A 的接口 1 的 MAC 地址 05-EA-AC-3D-EA-3A。

4.7 以太帧结构

以太网帧结构

帧（Frame）是对数据的一种包装或封装，之后这些数据将被分割成一个一个的比特在物理层上传输。由于以太网技术是局域网的主流技术，本书只讨论以太网帧。图 4-15 是一个典型的以太网 II 帧的帧结构。假定该网络层使用的是 IP 协议，实际上使用其他协议也是可以的。

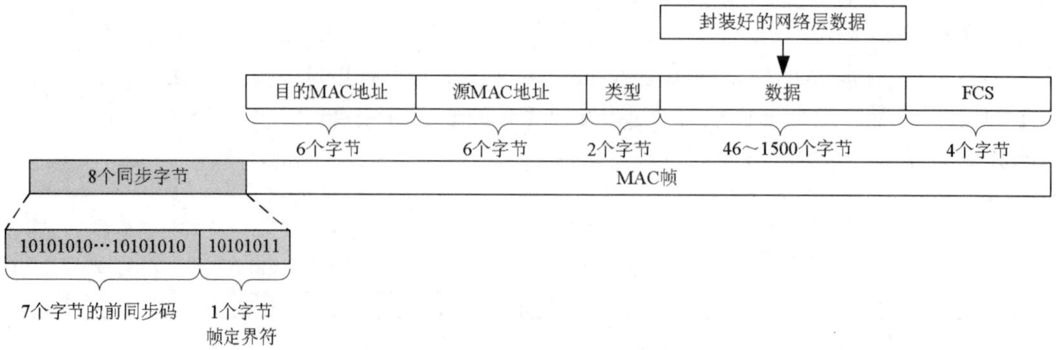

图 4-15 以太网 II 帧的帧结构

（1）前同步码是 7 个字节的 10101010。前同步码字段的曼彻斯特编码会产生 10MHz、持续 5.6μs 的方波，便于接收方的接收时钟与发送方的发送时钟进行同步。这一过程本身的内容没有任何实际意义，可简单理解为通知接口做好数据接收的准备工作。

（2）定界符为 10101011，标志一帧的开始。

（3）目的地址和源地址各为 48 位二进制数，分别指示接收站点和发送站点。

（4）Type 字段：类型，2 个字节，指明可以支持的高层协议，主要是 IP，也可以是其他协议，如 Novell IPX 和 AppleTalk 等。类型字段的意义重大，如果没有它标识上层协议类型，以太网将无法支持多种网络层协议。当类型字段的值为 0x0800（0x 表示后面的数字为十六进制）时，表示上层使用的协议是 IP。

（5）数据字段用于指明数据段中的字节数，其值为 46～1500。当网络层传递下来的数据不足 46 字节时，需在数据字段的后面加入一个整数字节的填充字段，将数据凑足 46 字节，以保证以太网帧的长度不小于 64 字节。

（6）FCS 字段：CRC-32 循环冗余校验，4 个字节。由接收方检测，若有错，丢弃该帧。

动手实践

分析以太网帧

图 4-16 为使用 Wireshark 捕获到的以太网帧，请分析以太网帧，并回答下列问题。

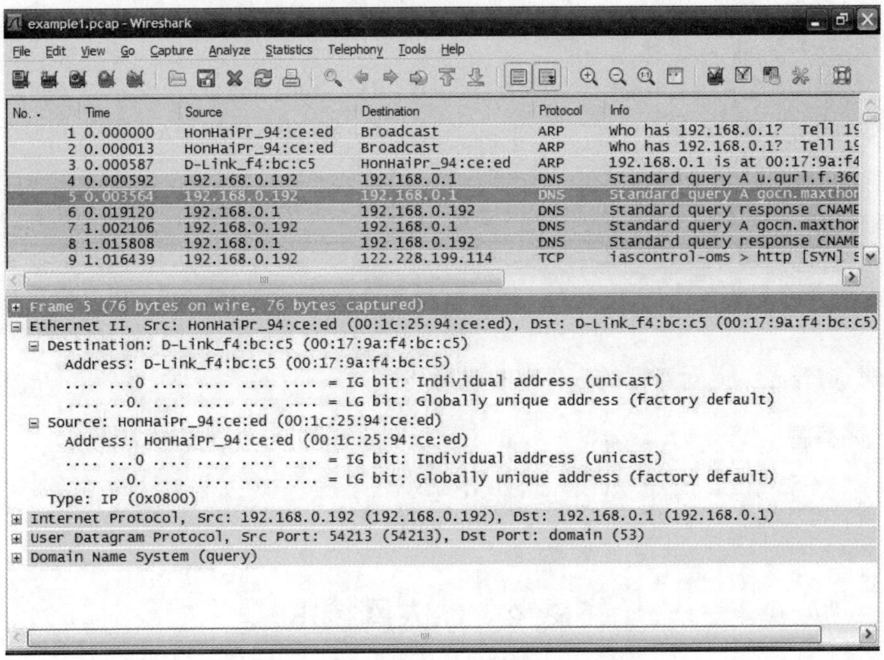

图 4-16　使用 Wireshark 捕获到的以太网帧

（1）此设备 MAC 地址的 OUI 是什么？此设备 MAC 地址的序列号是什么？查找制造此网卡的供应商名称。

（2）以太网帧并没有明确的长度字段，它是如何知道一个帧的开始和结束的呢？以太网帧的最短和最长的长度是多少？

（3）为什么要规定以太网帧长度的上限？

（4）写出以太网帧各个字段的值。

（5）思考以太网使用同步传输技术还是异步传输技术？

课后检测

一、填空题

1．在网络中，网络接口卡的 MAC 地址位于 OSI 参考模型的__________层。

2．MAC 地址也称物理地址，是内置在网卡中的一组代码，由__________个十六进制数组成，总长__________bit。

3．MAC 地址的类型分为__________、__________和__________。

二、选择题

1．下面不属于网卡功能的是（　　）。

A．实现介质访问控制　　B．实现数据链路层的功能

C．实现物理层的功能　　D．实现调制和解调功能

2．以下关于 MAC 地址叙述正确的是（　　）。

A．MAC 地址是一种便于修改的逻辑地址

B．MAC 地址固化在 ROM 中，通常情况下无法改动

C．通常只有主机才需要 MAC 地址，路由器等网络设备不需要

D．MAC 地址长度为 32 位，通常表示为点分十进制形式

3．（　　）MAC 地址是正确的。

A．00-16-5B-4A-34-2H　　B．192.168.1.55

C．65-10-96-58-16　　D．00-06-5B-4F-45-BA

三、判断题

1．MAC 地址容量空间为 2^{48} 个。（　　）

2．任何一个数据帧中的源 MAC 地址和目的 MAC 地址相关的主机必然是相邻的。（　　）

3．帧（Frame）是对数据的一种包装或封装。（　　）

四、简答题

简述什么是 MAC 地址以及 MAC 地址的组成部分？

主题 4　以太网技术

学习目标

通过本主题的学习达到以下目标。

知识目标：

- 了解物理层网络设备的主要功能及其以太网物理层标准。
- 掌握快速以太网技术标准。
- 掌握高速以太网技术标准。

● 掌握交换式以太网的优点。

技能目标：

● 能够借助网络工具对比共享式和交换式以太网的优缺点。

素质目标：

● 树立科学精神，以“工程学”的方法来分析问题和解决复杂网络问题。

课前评估

1．结合前面所学知识，尽可能列举网络在覆盖范围扩展时采用的技术措施。

2．提高网络性能，增强用户体验效果的技术手段有哪些？

3．如果你和你的朋友之间通信终端的距离在 100m 到 300m 之间，请给出能够满足正常通信的以太网设计方案。

4.8　以太网的组网规范

任何网络设备都有自己的特性和适用范围，只有在规定的范围内使用才能正常发挥其功能。实践证明，网络物理层的传输介质与设备在组网的过程中都有一定的条件限制，违背这些组网规范就会降低网络的性能，甚至造成严重的网络故障。下面分别讨论常见的物理层传输介质与设备在组网中的规范。

4.8.1　以太网的命名原则

IEEE 802.3 定义了一种缩写符号来表示以太网的某一标准实现：*n*-信号-物理介质。其中，*n* 表示以兆位每秒为单位的数据传输速率（如 10Mb/s、100Mb/s、1000Mb/s 等）；信号表示基带（Base）或宽带（Broad）类型；物理介质：表示网络的布线特性（同轴电缆以网络的分段长度表示 5-500m，2-185m；T 表示采用双绞线；C 表示采用同轴电缆；F 表示传输介质是光纤；X 表示编码方式：100Mb/s 网络中使用 4B5B 编码，1000Mb/s 网络中使用 8B10B 编码等）。

4.8.2　物理层组网设备介绍

物理层的设备主要包括中继器和集线器。利用这些设备组建以太网时，需遵循“5-4-3”规则。

1．中继器

中继器具有对物理信号进行放大和再生的功能，可将输入端口接收的物理信号经过放大和整形后从输出端口送出，如图 4-17 所示。中继器具有典型的单进单出结构，因此当网络规模增加时，可能会需要许多单进单出结构的中继器来放大信号。在这种需求背景下，集线器应运而生。

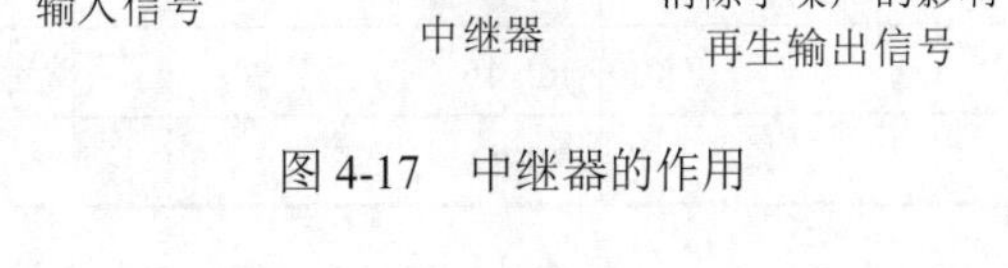

图 4-17　中继器的作用

2. 集线器

集线器是网络连接中最常用的设备，它在物理上被设计成集中式的多端口中继器，其多个端口可为多路信号提供放大、整形和转发功能。集线器除了中继器的功能外，多个端口还提供了网络线缆连接的一个集中点，并可增加网络连接的可靠性。集线器是最早使用的设备，它具有低价格、容易查找故障、网络管理方便等优点，在小型的局域网中被广泛应用。

3. “5-4-3”组网规则

下面讨论物理层设备在组网过程中应遵循的“5-4-3”组网规则。

“5-4-3”规则的内容：在一个 10Mb/s 以太网中，任意两个工作站之间最多可以有 5 个网段、4 个中继器，同时 5 个网段中只有 3 个网段可以用于安装计算机等网络设备，如图 4-18 所示。网段是指计算机与网络设备、网络设备与网络设备之间形成的链路，计算机与计算机之间的链路不是网段。

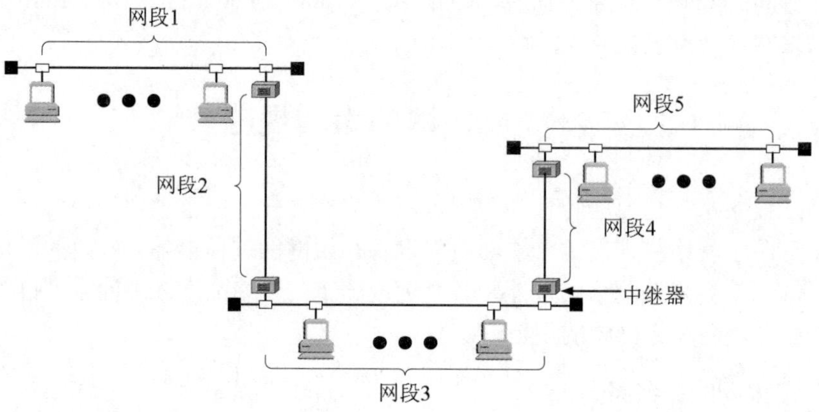

图 4-18 “5-4-3”组网规则

4.8.3 以太网物理层标准

IEEE 802.3 标准先后为不同的传输介质制订了不同的物理层标准，有 10Base-5、10Base-2、10Base-T 和 10Base-F 等，目前 10Base-5 和 10Base-2 标准以太网基本淘汰。常见以太网物理层标准的比较如表 4-1 所示。

表 4-1 常见以太网物理层标准的比较

特性	10Base-T	10Base-F
IEEE 规范	802.3i	802.3j
数据速率	10Mb/s	10Mb/s
信号传输方式	基带	基带
网段的最大长度	100m	2000m
最大网络跨度	500m	4000m
网络介质	UTP	单模、多模光纤
网段上的最大工作站数目	1024 台	没限制
拓扑结构	星型	星型
介质挂接方法	网卡	网卡
网线上的连接端	RJ-45	光纤
线缆电阻	100Ω	……

4.9　快速以太网技术

提高以太网的带宽，是解决网络规模与网络性能之间矛盾的方案之一，一般把数据传输速率为100Mb/s的局域网称为快速局域网。对于目前已大量存在的以太网来说，需要保护用户已有的投资，因此高速以太网必须和传统以太网兼容，即使高速以太网可以不采用CSMA/ CD，但是它必须保持局域网的帧结构、最大与最小帧长度等基本特征。在物理层提高数据速率时，必然要在使用的传输介质和信号编码方式方面有所变化。

4.9.1　100Mb/s以太网标准

100Mb/s以太网保留了10Mb/s以太网的特征，两者有相同的介质访问控制方法CSMA/CD、相同的接口与相同的组网方法，而不同的只是把以太网每比特发送时间由100ns降低到10ns。100Mb/s以太网有4种标准，其性能比较如表4-2所示。

表4-2　4种100Mb/s以太网的性能比较

特性	100Base-TX	100Base-T4	100Base-FX	100Base-T2
传输介质	UTP Cat 5，STP	3类以上UTP	单模/多模光纤	3类以上UTP
接头	RJ-45	RJ-45	ST、SC	RJ-45
最长介质段	100m	100m	150m、412m、2000m、10km	100m
拓扑结构	星型	星型	星型	星型
所需传输线数目	2对	4对	1对	2对
发送线对数目	1对	3对	1对	1对
集线器数量	2	2	不支持集线器组网	2
全双工支持	是	不	是	是
信号编码方式	4B/5B	8B/6T	4B/5B	PAM5X5
信号频率	125MHz	25MHz	125MHz	25MHz

4.9.2　100Mb/s以太网应用举例

在网络设计中，快速以太网通常采用快速以太网集线器作为中央设备，使用非屏蔽5类双绞线以星型连接的方式连接网络节点（工作站或服务器）以及另一个快速以太网集线器和10Base-T的共享集线器，其连接如图4-19所示。

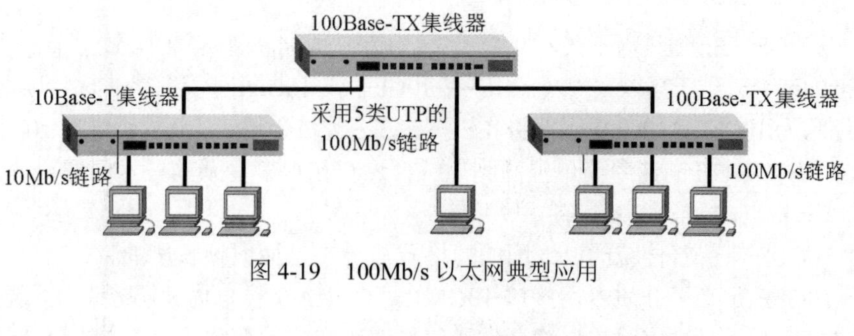

图4-19　100Mb/s以太网典型应用

4.10　1000Mb/s以太网技术

1997年2月3日，IEEE确定了1000Mb/s以太网的核心技术，1998年6月正式通过千兆以太网标准 IEEE 802.3z，1999 年 6 月，正式批准 IEEE 802.3ab 标准（即 1000Base-T），把双绞线用于 1000Mb/s 以太网中。1000Mb/s 以太网标准的制定基础是：以 1Gb/s 的速率进行半双工、全双工操作；使用 802.3 以太网帧格式；使用 CSMA/CD 访问方式。

4.10.1 1000Mb/s 以太网标准

表 4-3 所示为 4 种 1000Mb/s 以太网之间的性能比较。

表 4-3 4 种 1000Mb/s 以太网的性能比较

特性	1000Base-SX	1000Base-LX	1000Base-CX	1000Base-T
编码技术	8B/10B	8B/10B	8B/10B	PAM-5
传输介质	MMF	MMF/SMF	STP	5 类 UTP
线对	1	1	1	4
接口	SC	SC	DB9	RJ-45
最长介质段	260m/550m	550m/5000m	25m	100m
拓扑结构	星型	星型	星型	星型

4.10.2 1000Mb/s 以太网应用举例

在网络设计中，通常用一个或多个千兆以太网交换机构成主干网，以保证主干网的带宽；用快速以太网交换机构成楼内局域网。组网时，采用层次结构将几种不同性能的交换机结合使用，千兆以太网的组网结构如图 4-20 所示。

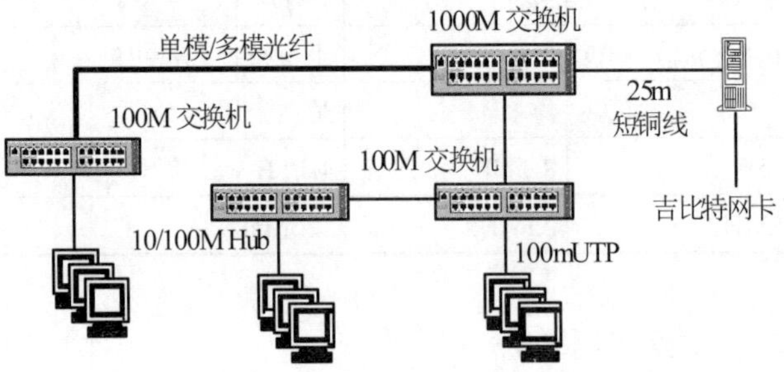

图 4-20 1000Mb/s 以太网典型应用

4.11 10G 以太网技术

在 GE 标准 802.3z 通过后不久，1999 年 3 月 IEEE 成立高速研究组，致力于十千兆以太网技术与标准的研究。十千兆以太网（10GE 或 10GbE 或 10GigE）又称为吉比特以太网，很多文献将它缩写为 10GbE。10GbE 标准由 IEEE 802.3ae 委员会制订，正式标准在 2002 年完成。

10GbE 并非将 GE 的速率简单提高到 10 倍，还存在很多复杂的技术问题要解决。10GbE 主要具有以下特点。

（1）10GbE 保留着传统的以太网的帧格式与最小、最大帧长度的特征。

（2）10GbE 定义了介质专用接口 10GMII，将 MAC 层与物理层分隔开。这样，物理层在实现 10Gbps 速率时使用的传输介质和信号编码方式的变化不会影响 MAC 子层。

（3）10GbE 只工作在全双工方式，如在网卡与交换机之间使用两根光纤连接，分别完成发送与接收的任务，因此不再采用 CSMA/CD 协议，这就使 10GbE 的覆盖范围不受传统以太网的冲突窗口限制，因此传输距离只取决于光纤通信系统的性能。

（4）10GbE 的应用领域已经从局域网逐渐扩展到城域网与广域网的核心交换网络之中。

（5）10GbE 的物理层协议分为局域网物理层标准与广域网物理层标准两类。

4.12 交换式以太网

4.12.1 交换式以太网的基本概念

对共享式以太网而言，受到 CSMA/CD 介质访问控制协议的制约，整个网络都处于冲突域中，网络带宽为所有站点共同分割，当网络规模不断扩大时，网络中的冲突就会大大增加，造成网络整体性能下降，因此集线器的带宽成了网络的瓶颈。

交换式以太网采用了以太网交换机为核心的技术。交换机连接的每个网段都是一个独立的冲突域，它允许多个用户之间同时进行数据传输；每个节点独占端口带宽，随着网络用户的增加，网络带宽也随之增加，因而交换式以太网从根本上解决了网络带宽问题。

共享式以太网和交换式以太网的工作原理与两者之间的主要区别如图 4-21 所示。

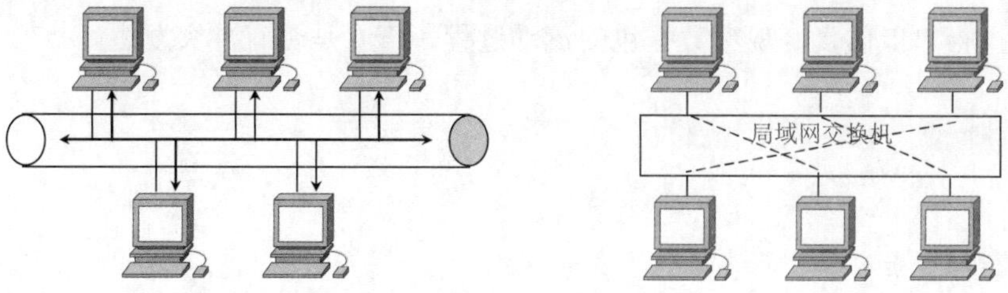

（a）共享式以太网　　（b）交换式以太网

图 4-21　共享式以太网与交换式以太网的主要区别

4.12.2 交换式以太网的应用实例

在实际应用中，通常将一台或多台快速交换以太网交换机连接起来，构成园区的主干网，再下连交换以太网交换机或自适应交换以太网交换机，组成全交换的快速交换式以太网。通常，用以太网交换机构成星型结构，主干交换机可以连接共享式快速以太网设备，交换机的普通端口连接客户端计算机，上行端口连接数据传输量很大的服务器，其连接结构如图 4-22 所示。

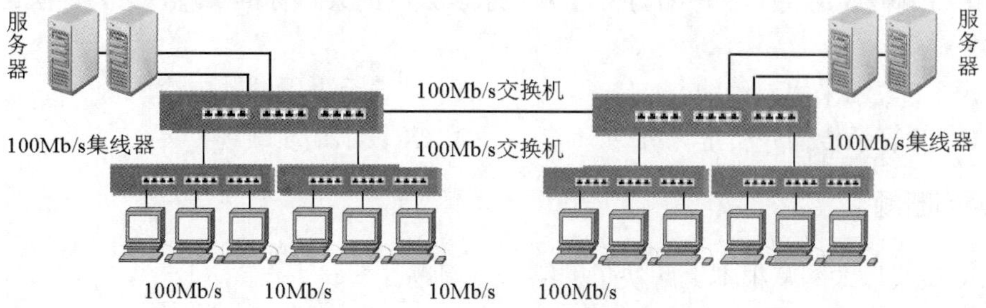

图 4-22　快速交换式以太网应用

动手实践

探索交换式以太网的优势

本节利用 Packet Tracer 的仿真，直观地观察交换式以太网的优势，主要步骤如下：

（1）搭建交换式以太网拓扑图，如图 4-23 所示。

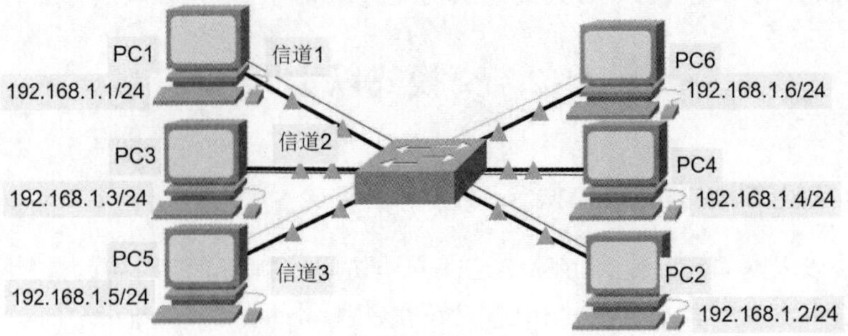

图 4-23　交换式以太网拓扑图

（2）设置 PC 机 IP 地址。

（3）进入仿真模式，设置捕获 ICMP 数据包。

（4）在 PC1 上 ping PC2 的 IP 地址；在 PC3 上 ping PC4 的 IP 地址；在 PC5 上 ping PC6 的 IP 地址。

（5）执行单步仿真，观察数据包的流动过程，查看是否有冲突发生。

课后检测

一、填空题

1．在 IEEE 802.3 标准中，先后为不同的传输介质制定了不同的物理层标准，有 10Base-5、__________、__________和 10Base-F 等。

2．100Mb/s 以太网保留了 10Mb/s 以太网的特征，两者不同的只是把以太网每比特发送时间由 100ns 降低到__________。

3．10GbE 的物理层协议分为__________与广域网物理层标准两类。

二、选择题

1．对于采用集线器连接的以太网，其网络逻辑拓扑结构为（　　）。

A．总线结构　　B．星型结构　　C．环型结构　　D．以上都不是

2．IEEE 802.3 定义了一种缩写符号来表示以太网的某一标准实现，下列说法错误的是（　　）。

A．T 表示采用双绞线　　B．C 表示采用同轴电缆

C．F 表示传输介质是光纤　　D．X 表示铜质线缆

三、判断题

1．交换式以太网从根本上解决了网络带宽问题。（　　）

2．10GbE 将 GE 的速率提高到 10 倍。（　　）

3．共享式以太网受到 CSMA/CD 介质访问控制协议的制约，整个网络都处于一个冲突域中。（　　）

四、简答题

某个公司目前的网络结构如图 4-22 所示，它采用了具有中央集线器的以太网，由于网络节点的不断扩充，各种网络应用日益增加，网络性能不断下降，因此，该网络急需升级

和扩充，请问：

（1）为什么该网络的性能会随着网络节点的扩充而下降？分析技术原因。

（2）如果要将该网络升级为快速以太网，并克服集线器之间的“瓶颈”，应该使用什么样的集线器？

主题 5　交换式局域网

学习目标

通过本主题的学习达到以下目标。

知识目标：

- 理解交换机的工作原理。
- 掌握交换机的数据转发方式。
- 了解交换机与集线器的区别。
- 掌握交换机之间的连接方式。

技能目标：

- 能够借助网络模拟工具探究交换机的工作原理。

素质目标：

- 培养责任担当意识和树立团结协作精神。

课前评估

1．与集线器相比，交换机能有效隔离冲突的原因是__________。

2．交换机的背板带宽决定了交换机的交换带宽，其定义是交换机接口处理器、接口卡和数据总线之间单位时间能够交换的最大数据量。背板带宽的计算方法：端口数×相应端口速率（全双工模式乘以 2）。若一台交换机有 24 个 100Mbps 和 2 个 1000Mbps 端口，则其最大背板带宽是__________。

3．以太网性能的演进如图 4-24 所示，请写出（1）~（8）的名称。

10Mbps	→	100Mbps	→	1000Mbps	→	10Gbps及以上
协议:(1)		协议:(3)		协议:(5)		协议:(7)
双工模式:(2)		双工模式:(4)		双工模式:(6)		双工模式:(8)

图 4-24　以太网性能的演进

4.13　交换机的工作原理

交换机的工作原理

交换机是工作在 OSI 参考模型的第二层上的网络设备，其主要任务是将接收到的数据快速转发到目的地，当交换机从某个端口接收到一个数据帧时，它将按照图 4-25 所示的流程进行操作。

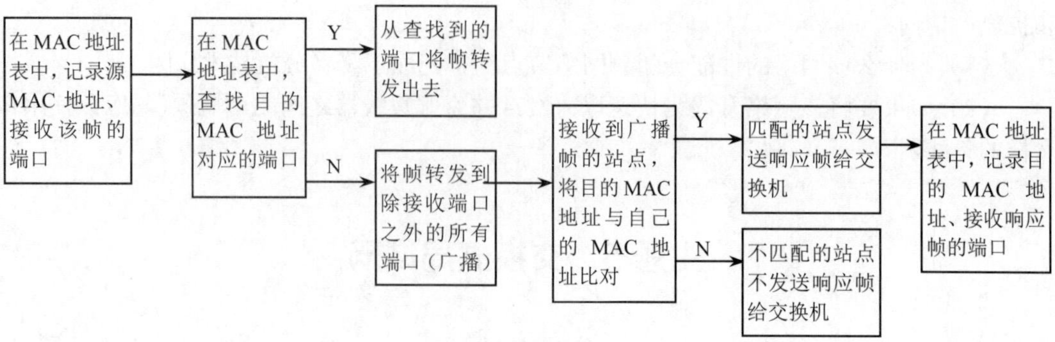

图 4-25 交换机工作流程

（1）交换机在自己的转发表（也称为 MAC 表或交换表）中添加一条记录，记录下发送该帧的站点 MAC 地址（源 MAC 地址）和交换机接收该帧的端口，通常称这种行为是交换机的“自学习功能”。

（2）依据帧的“目的 MAC 地址”，在转发表中查找该 MAC 地址对应的端口。

（3）如果在转发表中找到 MAC 地址对应的端口，则将该帧从找到的端口转发出去，此种行为称为交换机的“转发功能”。

（4）如果在转发表中没有找到“目的 MAC 地址”，交换机将该帧广播到除接收端口之外的所有端口，称这种行为为交换机的“泛洪功能”。

（5）接收到广播帧的站点将“目的 MAC 地址”与自己的 MAC 地址相比较，如果匹配，则发送一个响应帧给交换机，交换机在转发表中记录下“目的 MAC 地址”和交换机接收相应帧的端口。

（6）交换机将接收数据帧从接收响应帧的端口转发出去。

另外，如果交换机发现帧中的源 MAC 地址和目的 MAC 地址都在转发表中，并且两个 MAC 地址对应的端口为同一个端口，则说明两台计算机是通过集线器连接到同一端口，不需要该交换机转发该数据帧，交换机将不对该数据帧做任何转发处理，称这种行为为交换机的“过滤功能”。

4.14 交换机数据转发方式

以太网交换机的数据交换与转发方式可以分为直通交换、存储转发交换和无碎片（免碎片）交换 3 类，如图 4-26 所示。

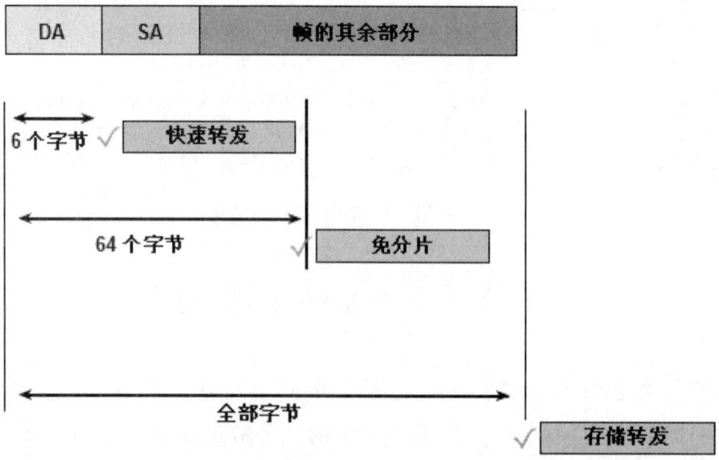

图 4-26 交换机转发方式比较

4.14.1　直通交换

在直通交换方式中，交换机边接收边检测。一旦检测到目的地址字段，就立即将该数据转发出去，而不管这一数据是否出错，出错检测任务由节点主机完成。这种交换方式的优点是交换延迟时间短，缺点是缺乏差错检测能力，不支持不同输入/输出速率的端口之间的数据转发。

4.14.2　存储转发交换

在存储转发方式中，交换机首先要完整地接收站点发送的数据，并对数据进行差错检测。如果接收数据是正确的，则根据目的地址确定输出端口号，将数据转发出去。这种交换方式的优点是具有差错检测能力，并能支持不同输入/输出速率端口之间的数据转发，缺点是交换延迟时间相对较长。

4.14.3　免碎片交换

免碎片交换将直通交换与存储转发交换结合起来，它通过过滤掉无效的碎片帧来降低交换机直接交换错误帧的概率。在以太网的运行过程中，一旦发生冲突，就要停止帧的继续发送并发送帧冲突的加强信号，形成冲突帧或碎片帧。碎片帧的长度小于 64B，在改进的直通交换模式中，只转发那些帧长度大于 64B 的帧，任何长度小于 64B 的帧都会被立即丢弃。显然，无碎片交换的时延要比其他交换方式的时延大，但它的传输可靠性得到了提高。

4.15　交换机与集线器的区别

4.15.1　工作层次不同

集线器工作在第一层（物理层），而交换机至少工作在第二层，更高级的交换机可以工作在第三层（网络层）和第四层（传输层）。

4.15.2　数据传输方式不同

集线器的数据传输方式是广播（Broadcast），而交换机的数据传输是有目的的，数据只对目的节点发送，只有在自己的 MAC 地址表中找不到目的地址的情况下使用广播方式发送。

4.15.3　带宽占用方式不同

集线器所有端口共享集线器的总带宽，而交换机的每个端口都具有自己的带宽，这样交换机每个端口的带宽比集线器端口可用带宽要高许多，这也决定了交换机的传输速度比集线器要快许多。

4.15.4　传输模式不同

集线器只能采用半双工通信的方式进行传输，而交换机则采用全双工通信的方式来传输数据，因此在同一时刻交换机可以同时进行数据的接收和发送，这不但使数据的传输速度大大加快，而且在整个系统的吞吐量方面，交换机比集线器至少要快一倍以上，因为它可以同时进行接收和发送，实际上还远不止一倍，因为一般来说交换机的端口带宽比集线器高许多倍。

4.16 交换机的连接方式

常见的交换机连接方式有两种：级联和堆叠。

4.16.1 级联

级联是最常见的连接方式，即使用网线将两个交换机连接起来，分为普通端口 RJ-45 和使用 Uplink 端口级联两种情况。当普通端口之间相连时，使用交叉双绞线；当一台交换机使用 Uplink 端口，另一台交换机使用普通端口相连时，使用直通双绞线，如图 4-27 所示。

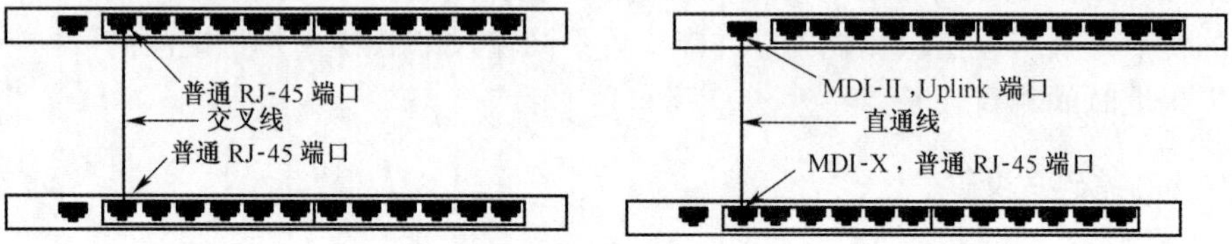

图 4-27 交换机的级联

4.16.2 堆叠

提供堆叠接口的交换机之间可以通过专用的堆叠线连接起来，扩大级联带宽。堆叠的带宽是交换机端口速率的几十倍，例如，一台 100M 交换机，堆叠后两台交换机之间的带宽可以达到几百兆甚至上千兆。堆叠的方法有菊花链和主从式。菊花链堆叠方式如图 4-28 所示，主从式堆叠方式如图 4-29 所示。

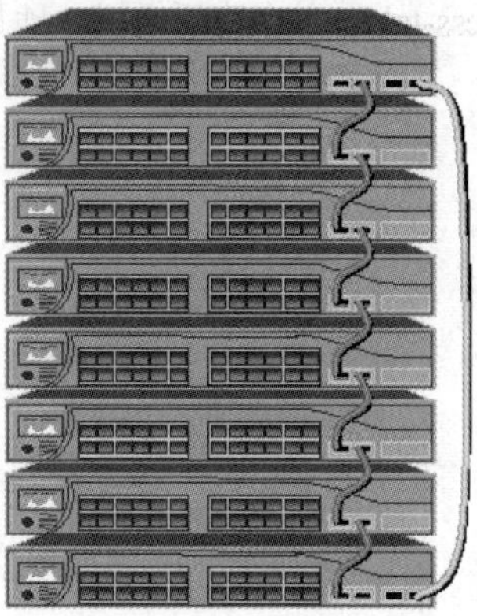

图 4-28 菊花链堆叠方式

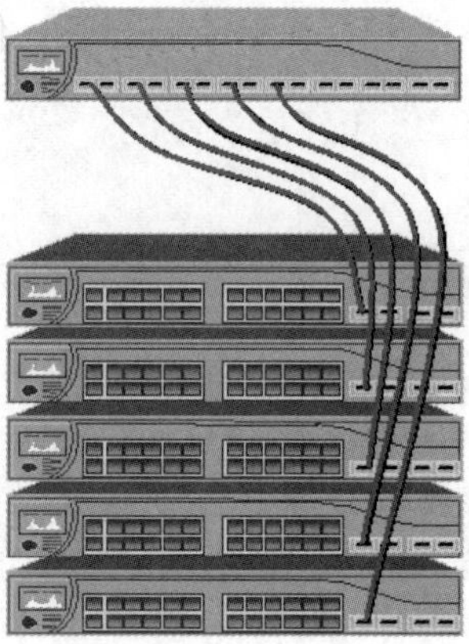

图 4-29 主从式堆叠方式

4.16.3 级联和堆叠的区别

1. 连接方式不同

级联是两台交换机通过两个端口互联，而堆叠是交换机通过专门的背板堆叠模块相连。堆叠可以增加设备总带宽，而级联不能增加设备的总带宽。

2. 通用性不同

级联可通过光纤或双绞线在任何网络设备厂家的交换机之间进行连接，而堆叠只在自己厂家的设备之间，且设备必须具有堆叠功能才可实现。

3. 连接距离不同

级联的设备之间可以有较远的距离（一百米至几百米），而堆叠的设备之间距离十分有限，必须在几米以内。

动手实践

演示交换机工作原理

本节使用 Packet Tracer 研究交换机的工作过程，搭建以太网帧分析拓扑图，如图 4-30 所示，主要操作步骤如下：

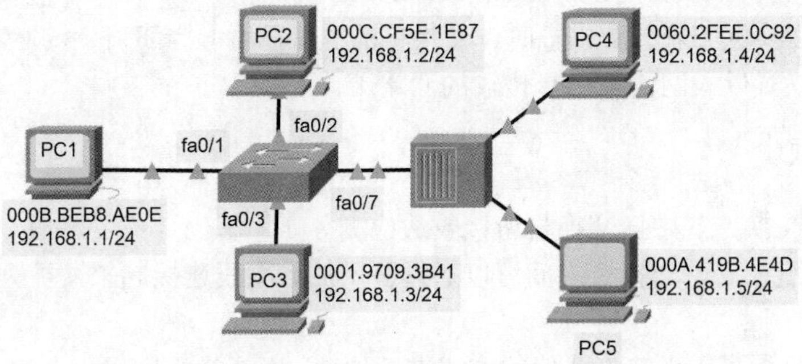

图 4-30　以太网帧分析拓扑图

（1）为各 PC 设置 IP 地址。

（2）为了看清交换机的工作过程，在交换机上执行 clear mac-address-table 命令，清除学习到的 MAC 地址与端口信息。

（3）进入仿真模式，设置数据捕获 ICMP 数据包。

（4）在 PC1 上 ping PC2 的 IP 地址，执行单步仿真过程，注意观察数据包的运行过程。

（5）数据包到达交换机后，使用 show mac-address-table 命令查看 MAC 地址表信息，交换机是否在 fa0/1 端口学习到 PC1 的 MAC 地址。

（6）继续单步执行，观察数据包的运行过程，是否广播。

（7）继续单步执行，观察哪个 PC 接受了数据包。

（8）继续单步执行，接收数据包的 PC 会回送一个数据包给交换机，此时使用 show mac-address-table 命令查看 MAC 地址表信息，交换机是否在 fa0/2 端口学习到 PC2 的 MAC 地址。

（9）按照同样的方法，使得交换机学习到 PC4 和 PC5 的 MAC 地址，观察它们都从哪一个端口学习到的。

（10）在 PC4 上 ping PC5 的 IP 地址，观察数据包的流动，在学习端口上执行了什么操作。

课后检测

一、填空题

1. 交换式局域网的核心设备是__________。
2. 以太网交换机的数据转发方式可以分为__________、__________和__________。

二、选择题

1. 交换式局域网增加带宽的方法是在交换机端口节点之间建立（　　）。

　A. 并发连接　　B. 点一点连接　　C. 物理连接　　D. 数据连接

2．以太网交换机中的端口/MAC 地址映射表（　　）。

A．是由交换机的生产厂商建立的

B．是交换机在数据转发过程中通过学习动态建立的

C．是由网络管理员建立的

D．是由网络用户利用特殊的命令建立的

3．在交换式以太网中，（　　）是正确的。

A．连接于两个端口的两台计算机同时发送，仍会发生冲突

B．计算机的发送和接收仍采用 CSMA/CD 方式

C．当交换机的端口数增多时，交换机的系统总吞吐量下降

D．交换式以太网消除信息传输的回路

三、判断题

1．在直通交换方式中，交换机边接收边检测。（　　）

2．提供堆叠接口的交换机之间可以通过公用的堆叠线连接起来，扩大级联带宽。（　　）

3．集线器只能采用半双工通信的方式进行传输，而交换机则采用全双工通信的方式来传输数据。（　　）

四、简答题

简述交换机的功能及工作原理，并指出交换机与集线器之间的区别。

主题 6　虚拟局域网

学习目标

通过本主题的学习达到以下目标。

知识目标：

- 了解冲突域和广播域的概念。
- 掌握不同网络设备隔离冲突域和广播域的效果。
- 掌握虚拟局域网技术的概念、优点及分类。

技能目标：

- 能够使用虚拟局域网技术隔离广播域。

素质目标：

- 树立创新意识。

课前评估

1．计算机网络中需要广播通信，不能去除广播，但如果网络中存在过量的广播包，会极大地影响网络性能，如消耗网络的__________和主机的__________。

2. 在日常生活中，如果很多人在一个大的房间开会，很难做到有秩序地沟通交流，可能存在场面失控。为了解决这个问题，可以把这个房间的参会人员逻辑上分成若干个小组，每个小组沟通交流时不会影响到其他小组的交流情况。在计算机网络中，为了避免广播域过大带来的负面影响，也采用了类似的思路，将一个大的广播域分割成若干个小的广播域，这是如何实现的呢？请提出你的解决方案。

4.17　冲突域与广播域

冲突域与广播域

冲突和广播是计算机网络中的两个基本概念，是学习交换式局域网的基础，同时也是掌握集线器、交换机等设备工作特点的必备知识。

4.17.1　冲突和冲突域

（1）冲突是指在以太网中，当两个数据帧同时被发送到物理传输介质上，部分或完全重叠时，就发生了数据冲突。冲突是影响网络性能的重要因素。

（2）冲突域是指一个网络范围内同一时间只能有一台设备发送数据，若有两台以上设备同时发送数据，就会发生数据冲突，如图4-31所示。冲突域被认为是OSI中的第一层概念，因此集线器、中继器连接的所有节点被认为是同一冲突域，而第二层设备如交换机和第三层设备路由器、第三层交换机则可划分为冲突域。

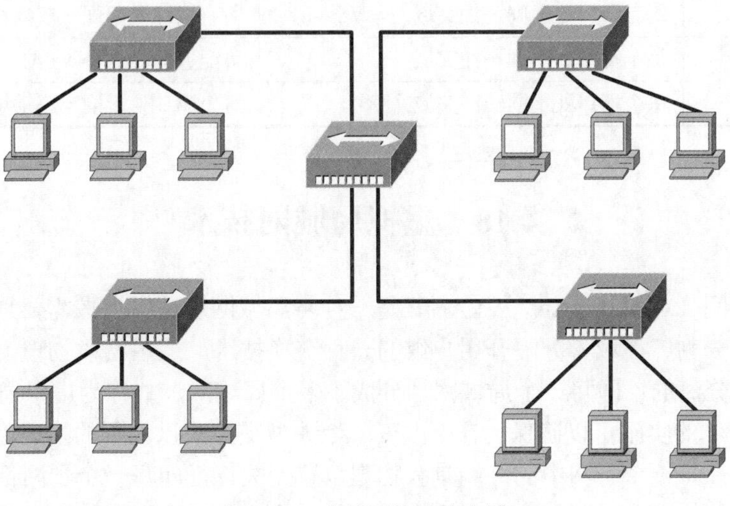

图4-31　集线器构成冲突域

4.17.2　广播和广播域

（1）广播是由广播帧构成的数据流量，在网络传输中告知网络中的所有计算机接收此帧并处理它。过量的广播操作，网络带宽的利用率及终端的负荷都将成为问题。更为严重的是，广播传输方式将MAC帧传输给网络中的每一个终端，将引发MAC帧中数据的安全问题。

（2）广播域是指在一个网络范围内，任何一台设备发出广播帧，区域内的所有设备都能接收到该广播帧。默认状态下，通过交换机连接的网络是一个广播域，交换机的每一个端口都是一个冲突域，所有端口在同一个广播域内，如图4-32所示。广播域被认为是OSI中的第二层概念，因此集线器、交换机等第一、二层设备连接的节点被认为是同一广播域，而路由器、三层交换机则可划分为广播域。

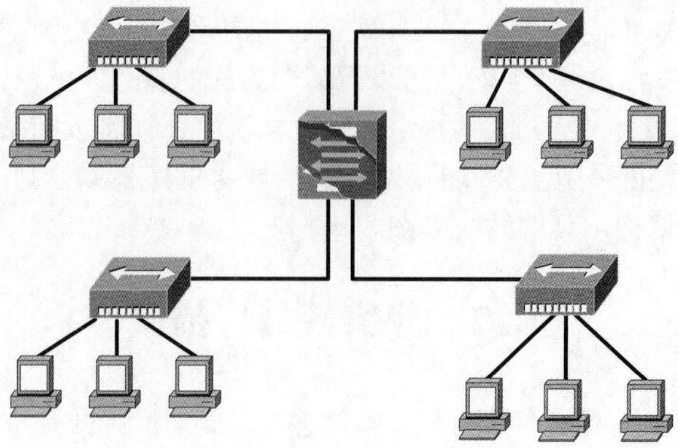

图 4-32　交换机构成广播域

4.17.3　冲突域与广播域比较

冲突域和广播域之间最大的区别在于：任何设备发出的 MAC 帧均覆盖整个冲突域，而只有以广播形式传输的 MAC 帧才能覆盖整个广播域。集线器、交换机、路由器分割冲突域与广播域比较情况如表 4-4 所示。

表 4-4　集线器、交换机、路由器分割冲突域与广播域比较

设备	冲突域	广播域
集线器	所有端口处于同一冲突域	所有端口处于同一广播域
交换机	每个端口处于同一冲突域	可配置的（划分 VLAN）广播域
路由器	每个端口处于同一冲突域	每个端口处于同一广播域

4.18　虚拟局域网技术

虚拟局域网（Virtual LAN，VLAN）是一种将局域网从逻辑上按需要划分为若干个网段，在第二层分割广播域，分隔开用户组的一种交换技术。这些网段物理上是连接在一起的，逻辑上是分离的，即将一个局域网划分成了多个局域网，故称为虚拟局域网。

VLAN 技术的实施可以确保：在不改变一个大型交换式以太网的物理连接的前提下，任意划分子网；每一个子网中的终端具有物理位置无关性，即每一个子网都可以包含位于任何物理位置的终端；子网划分和子网中终端的组成可以通过配置改变，且这种改变对网络的物理连接不会提出任何的要求，如图 4-33 所示。

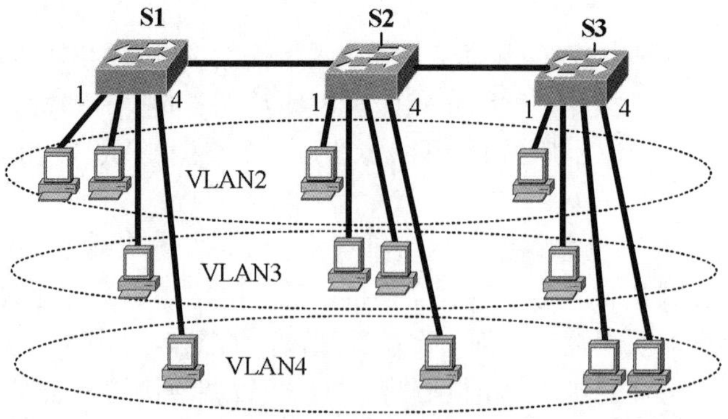

图 4-33　VLAN 连接示意图

4.18.1　VLAN 的优点

1. 控制广播流量

默认状态下，一个交换机组成的网络，所有交换机端口都在一个广播域内。VLAN 技术可以控制广播域的大小，采用 VLAN 技术可将某个（或某些）交换机端口划到某一个 VLAN 内。每个 VLAN 都是一个独立的广播域，在同一个 VLAN 内的端口处于相同的广播域。

2. 简化网络管理

当用户的物理位置变动时，不需要重新布线、配置和调试，只需保证在同一个 VLAN 内即可，这样可以减轻网络管理员在移动、添加和修改用户时的开销。

3. 提高网络安全性

不同 VLAN 的用户未经许可是不能相互访问的。可以将重要资源放在一个安全的 VLAN 内，通过三层交换机设置安全访问策略允许合法用户访问，限制非法用户访问。

4. 提高设备利用率

每个 VLAN 就是一个逻辑网段。通过交换机合理划分不同的 VLAN，将不同应用放在不同的 VLAN 内，实现在一个物理平台上运行多种相互之间相对独立的应用，而且各应用之间不会相互影响。

4.18.2　VLAN 的分类

在应用上，各公司对 VLAN 的具体实现方法有所不同，基于端口的 VLAN 和基于 MAC 地址的 VLAN 是两种常见的分类。

1. 基于端口的 VLAN

基于端口的 VLAN 划分是最简单、最有效，也是使用最多的一种划分 VLAN 的方法。在一台交换机上，可以按需求将不同的端口划分到不同的 VLAN 中，如图 4-34 所示。在多台交换机上，也可以将不同交换机上的几个端口划分到同一个 VLAN 中，每一个 VLAN 可以包含任意的交换机端口组合。

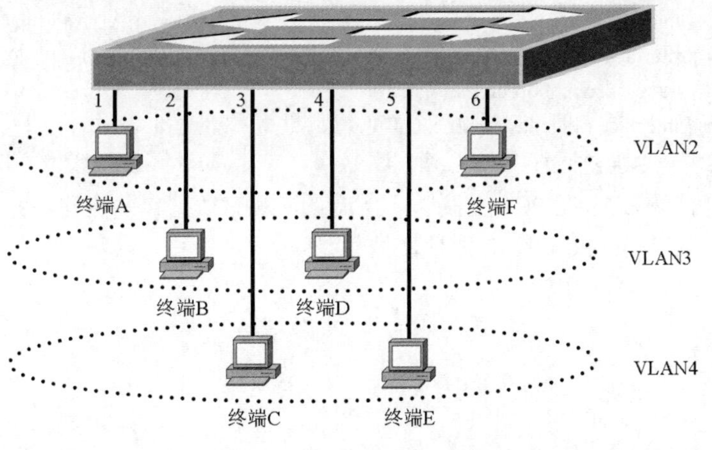

图 4-34　基于端口 VLAN 划分

2. 基于 MAC 的 VLAN

建立终端与 VLAN 之间的绑定，必须建立终端标识符与 VLAN 之间的绑定，最常用作终端标识符的是 MAC 地址。因此，可以建立 MAC 地址与 VLAN 之间的绑定，交换机不是根据终端接入交换机的端口确定该终端属于的 VLAN，而是通过接收到的 MAC 帧的源 MAC 地址确定发送该 MAC 帧的终端所属的 VLAN。

动手实践

使用 VLAN 隔离广播域

本节使用 Packet Tracer 网络模拟器，通过使用 VLAN 技术实现广播域的隔离，所采用的网络拓扑图如图 4-35 所示，主要操作步骤如下：

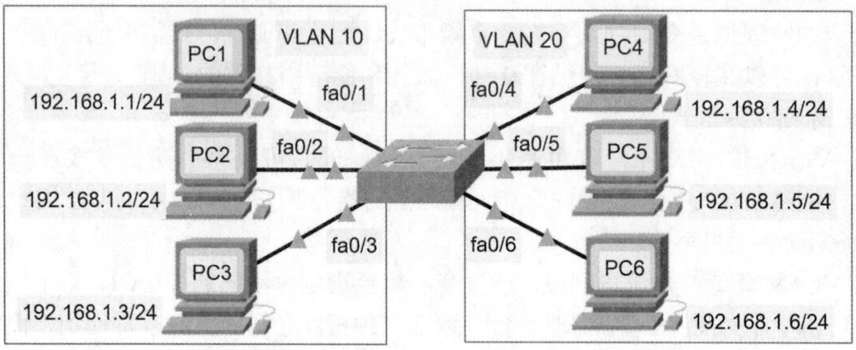

图 4-35　以太网帧分析广播域隔离网络拓扑图

（1）配置 PC 的 IP 地址。

（2）在交换机上创建并划分 VLAN。

在交换机上划分 VLAN 的具体内容如下：

```
Switch>                                              //进入用户模式
Switch>enable                                        //进入特权模式
Switch #                                             //特权模式提示符
Switch #config terminal                              //进入全局配置模式
Switch (config)#                                     //全局配置模式提示符
Switch (config)#hostname SW2-1                       //设置交换机名称为 SW2-1
SW2-1(config)#vlan 10                                //定义一个 VLAN，编号为 10
SW2-1(config)#vlan 20                                //定义一个 VLAN，编号为 20
SW2-1(config)#interface range fastethernet 0/1-3     //指定批量端口
SW2-1(config-if-range)#swichport access vlan 10      //将批量端口分配给 VLAN10
SW2-1(config)# interface range fastethernet 0/4-6    //指定批量端口
SW2-1(config-if-range)#swichport access vlan 20      //将批量端口分配给 VLAN20
```

（3）进入仿真模式，在 PC1 上发送广播流量，观察数据包的流向，并记录结果。

（4）在 PC1 上 ping PC4 的 IP 地址，结果是__________。

课后检测

一、填空题

1．冲突是指在以太网中，当两个数据帧同时被发送到物理传输介质上，并完全或部分__________时。

2．在应用上，VLAN 分为基于__________的 VLAN 和基于__________的 VLAN 两种。

3．交换机上的每个端口属于一个__________域，不同的端口属于不同的__________，交换机上所有的端口属于同一个__________域。

二、选择题

1．以下关于 VLAN 优点的描述正确的是（　　）。

A．控制广播流量　　B．简化网络管理

C．提高网络安全性　　D．以上都对

2．有关 VLAN 的概念，下面说法不正确的是（　　）。

A．VLAN 是建立在局域网交换机上的以软件方式实现的逻辑分组

B．可以使用交换机的端口划分虚拟局域网，且虚拟网可以跨越多个交换机

C．使用 IP 地址定义的虚拟网与使用 MAC 地址定义的虚拟网相比，前者性能较高

D．VLAN 中的逻辑工作组各节点可以分布在同一物理网段上，也可以分布在不同的物理网段上

三、判断题

1．虚拟局域网的网段物理上是连接在一起的，逻辑上是分离的。（　　）

2．任何设备发出的 MAC 帧均能覆盖整个广播域。（　　）

3．默认状态下，通过交换机连接的网络是一个广播域。（　　）

四、简答题

什么是虚拟局域网技术？它有哪几种划分方法？有什么优点？

主题 7　无线局域网

学习目标

通过本主题的学习达到以下目标。

知识目标：

- 了解有线局域网和无线局域网的区别。
- 掌握无线局域网技术标准。
- 掌握常见无线局域网组件的主要功能。

技能目标：

- 能够组建家庭无线局域网。

素质目标：

- 引导坚定“四个自信”和发扬自力更生、艰苦奋斗的作风。

课前评估

1．写出禁用和启用无线网卡的操作步骤。

2．通过“无线网络连接状态”窗口，查看你所连接的无线路由器的服务集标识符（SSID）是__________，无线连接的速度是__________。

3. 在“无线网络连接状态“窗口单击详细信息，无线网卡的MAC地址为__________。

4. 在“无线网络属性”窗口，单击“安全”选项卡，安全类型是__________，加密类型是__________。

4.19 无线局域网简介

无线局域网（Wireless Local Area Network，WLAN）与有线网络的用途十分类似，最大的区别在于使用的传输介质不同，WLAN用电磁波取代了网线。通常情况下，有线网络依赖同轴电缆、双绞线或光缆作为主要的传输介质，但在某些场合要受到布线的限制，存在布线改线工程量大、线路容易损坏、网络中各节点移动不便等问题，WLAN就是为了解决有线网络以上问题而出现的。

4.19.1 WLAN的常见标准

（1）IEEE 802.11a：使用5GHz频段，最高传输速度为54Mb/s，与802.11b不兼容。

（2）IEEE 802.11b：使用2.4GHz频段，最高传输速度为11Mb/s。

（3）IEEE 802.11g：使用2.4GHz频段，最高传输速度为54Mb/s，可向下兼容802.11b。

（4）IEEE 802.11n：使用2.4GHz和5GHz频段，数据速率范围150Mb/s到600Mb/s，向后兼容IEEE 802.11a/b/g。

（5）IEEE 802.11ac：使用5GHz频段，数据速率范围450Mb/s到1300Mb/s，向后兼容IEEE 802.11a/n。

（6）IEEE 802.11ad：使用2.4GHz、5GHz和60GHz频段，理论数据速最高达7Gb/s，向后兼容现有WLAN设备。

4.19.2 WLAN常用组件

组建WLAN所需的组件主要包括无线NIC、无线接入点（Access Point，AP）、无线路由器等，其中无线网卡是必需的设备，而其他的组件则可以根据不同的网络环境选择使用。例如，WLAN与以太网连接时需要用到无线AP，WLAN接入Internet时需要用到无线路由器，接收远距离传输的无线信号或者扩展网络覆盖范围时需要用到无线天线。

1. 无线网卡

无线网卡的作用类似于以太网的网卡，作为无线网络的接口，实现与无线网络的连接。

2. 无线AP

无线AP的作用类似于以太网中的集线器。当网络中增加一个无线AP之后，即可成倍地扩展网络覆盖直径，也可使网络中容纳更多的网络设备。通常情况下，一个AP最多可以支持80台计算机的接入，推荐接入数量为30台。

3. 无线路由器

无线路由器是无线AP与宽带路由器的结合，如图4-36所示。其中，AP实现着有线与无线网络互联，交换机互联AP、终端和路由器，路由器实现ADSL、Cable Modem和小区宽带的无线共享接入。如果不购置无线路由器，就必须在无线网络中设置一台代理服务器才可以实现Internet连接共享。

在通常情况下，无线路由器通常拥有4个以太网接口，如图4-37所示，用于直接连接传统的台式计算机。当然，如果网络规模较大，也可以用于连接交换机，为更多的计算机提供Internet连接共享。

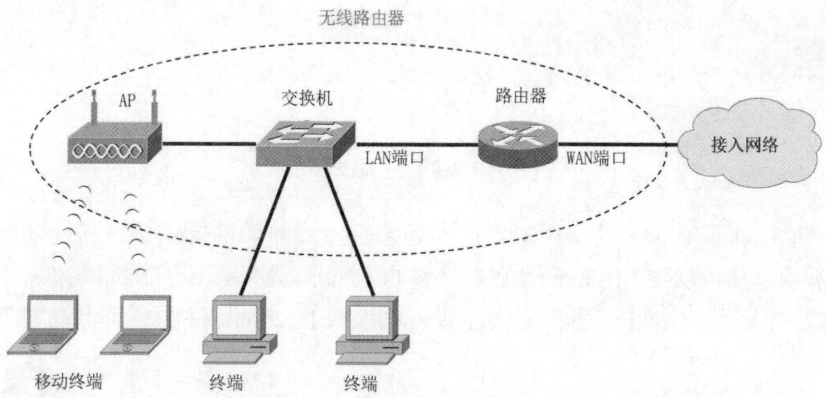

图 4-36　无线路由器的构成

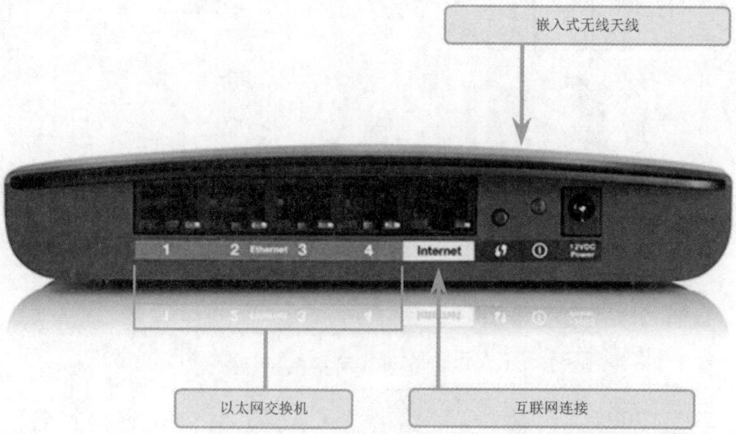

图 4-37　无线路由器外观图

4. WLAN 的实现

简单地讲，无线局域网的组建步骤如下：

（1）将无线 AP 通过网线与网络接口相连，如 LAN 或 ADSL 宽带网络接口等。

（2）为配置了无线网卡的笔记本电脑或台式计算机提供无线网络信号，当搜索到该无线网络并连接之后，计算机就可以在有效的信号覆盖范围内登录局域网或 Internet 了。

WLAN 组网示意图如图 4-38 所示。

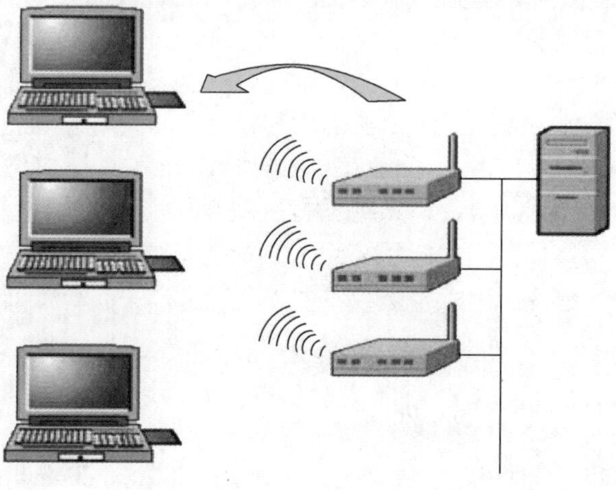

图 4-38　WLAN 组网示意图

动手实践

配置家庭无线局域网

本节利用 Packet Tracer 网络模拟器，实现家庭无线局域网的构建，采用的网络拓扑图如图 4-39 所示。从 ADSL Modem 至 ISP 服务器，ADSL Modem 下方的网络由用户自行负责构建，实现家庭用户通过有线和无线连接方式接入 Internet。主要操作步骤如下：

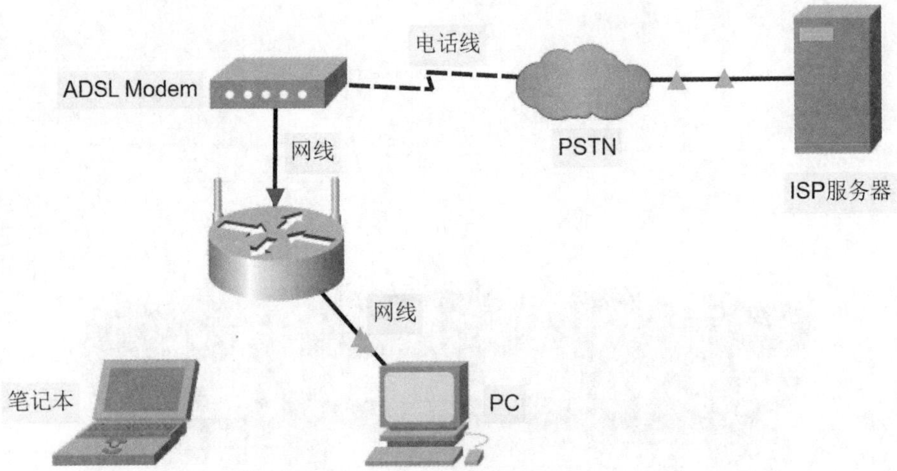

图 4-39　家庭无线网络拓扑示意图

（1）使用合适的网线将终端、无线路由器和 ADSL Modem 连接起来。

（2）配置 PC 的 IP 地址为 192.168.0.2，掩码为 255.255.255.0。

（3）打开 PC 的 Web 浏览器，在地址栏中输入“http://192.168.0.1”，按 Enter 键后弹出登陆界面，输入默认的用户名与密码 admin，进入无线路由器的图形化配置界面。

（4）配置 Internet 连接方式和用户网络 IP 地址分配方式，如图 4-40 所示。将滚动条拉至最下方，单击“保存”按钮，使配置生效。

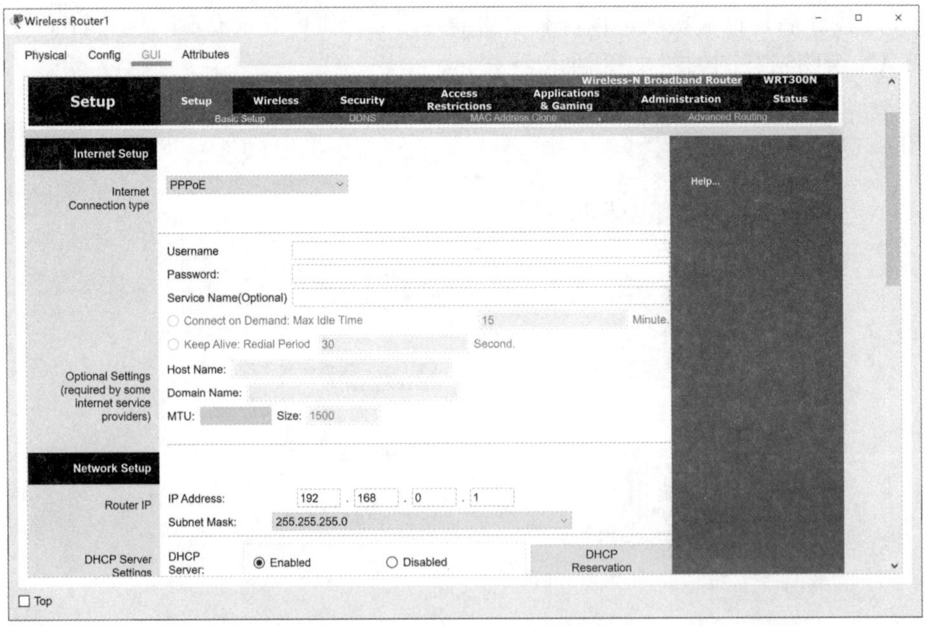

图 4-40　配置 Internet 连接方式和用户网络 IP 地址分配方式

（5）切换至“Wireless”选项卡，配置无线网络，如图 4-41 所示。配置需要保存才能生效。

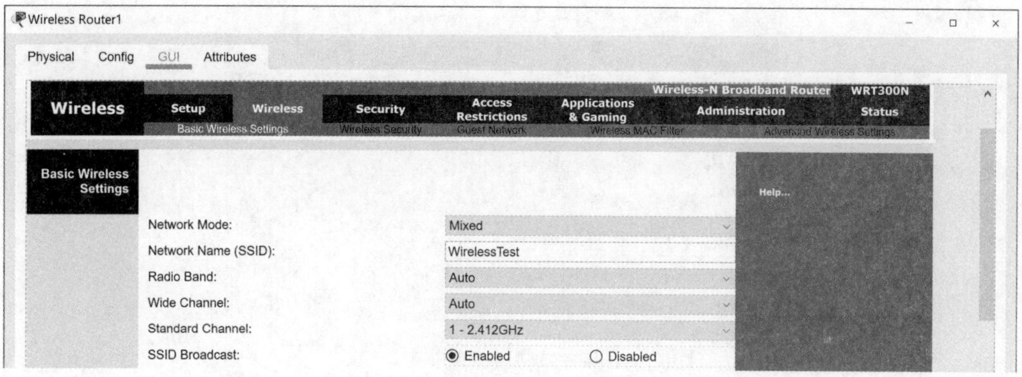

图 4-41　配置无线网络

（6）切换至“Wireless Security”选项卡，配置接入无线网络安全认证，这里安全模式选择为“WPA2 Personal”，密码设置为 1234567890，其他为默认值，如图 4-42 所示。配置需要保存才能生效。

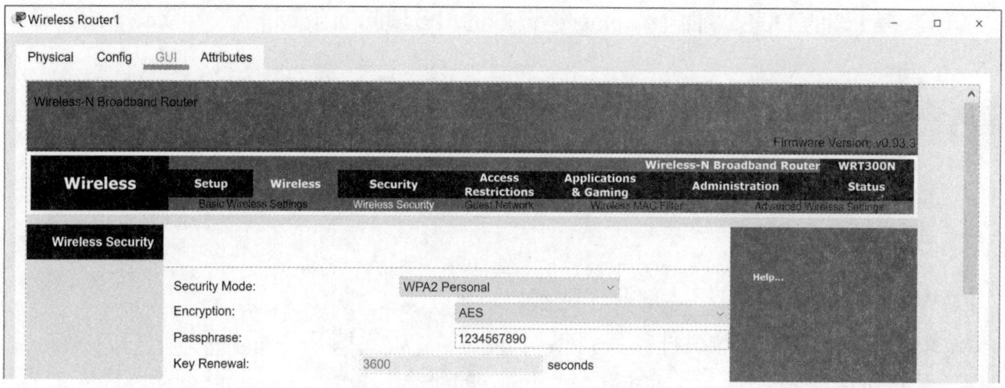

图 4-42　配置接入无线网络安全认证

（7）为笔记本添加无线网卡。

（8）在笔记本上设置无线连接，如图 4-43 所示。

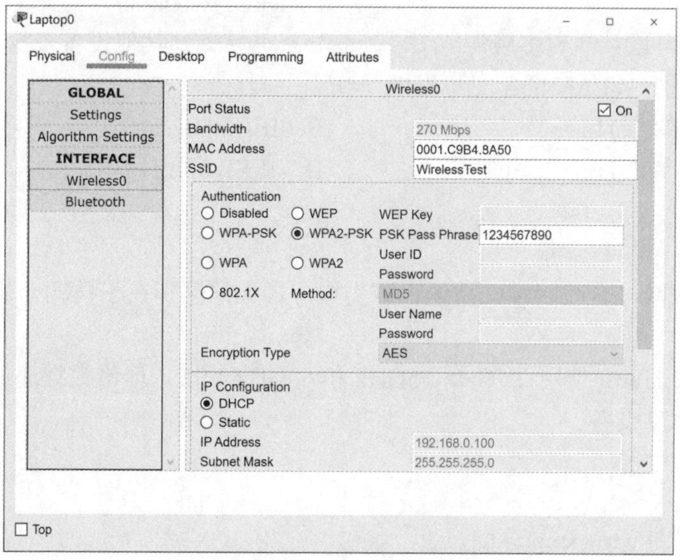

图 4-43　设置无线连接

（9）设置 PC 的 IP 地址获取方式为 DHCP，如图 4-44 所示。

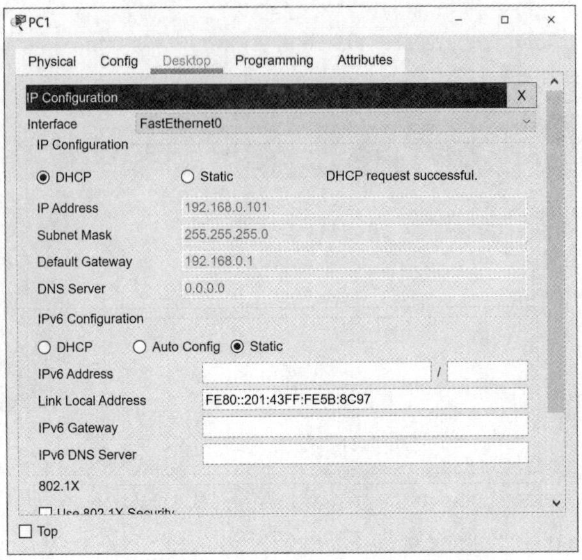

图 4-44　设置 PC 的 IP 地址获取方式

（10）在 PC 的 DOS 界面下，ping 笔记本的 IP 地址，结果是（　　）。

课后检测

一、填空题

1．WLAN 利用__________取代了网线。
2．组建 WLAN 所需的组件主要包括__________、无线接入点、__________等。
3．无线路由器是__________与__________的结合。

二、选择题

1．无线网络与有线网络相比有（　　）优势。
A．速度　　B．减少安装时间
C．用户可以共享更多资源　　D．不易受到其他设备干扰

2．下列不属于 WLAN 的常见标准的是（　　）。
A．IEEE 802.11a　　B．IEEE 802.11b
C．IEEE 802.11c　　D．IEEE 802.11g

三、判断题

1．无线局域网与有线网络的用途十分类似，最大的区别在于传输介质的使用不同。（　　）

2．IEEE 802.11ac：使用 2.4GHz、5GHz 和 60GHz 频段，理论数据速最高达 7Gb/s，向后兼容现有 WLAN 设备。（　　）

四、简答题

简述 VLAN 和 WLAN 的异同。

模块 5　扩展网络立体空间——网络互联技术

学习情景

IEEE 802.X 实现的任何一种网络均能正确进行通信，但是不同的网络因各自环境条件的不同，在实现技术上存在很大的差别，这些网络是异构的，形成了相互隔离的网络“孤岛”。随着计算机技术、计算机网络技术和通信技术的飞速发展，以及计算机网络的广泛应用，单一网络环境已经不能满足社会各行各业的人员对信息的需求，需要将多个相同或不同的计算机网络互联成规模更大、功能更强、资源更丰富的网络系统，以实现更广泛的资源共享和信息交流。Internet 的巨大成功以及人们对 Internet 的热情都充分证明了计算机网络互联的重要性。

网络互联涉及许多要解决的问题：在网络间提供互联的链路；在不改变所有互联网络体系结构的前提下，采用网间互联设备来协调和适配网络之间存在的各种差异。IP 协议是一个面向 Internet 的网络层协议，在设计之初就考虑了各种异构的网络和协议，使得异构网络的互联变得容易，它屏蔽了互联的网络在数据链路层、物理层协议与技术实现的差异问题，向传输层提供统一的 IP 分组。路由器（Router）是在网络层上实现网络互联的重要设备，为数据的传输指出一条明确的路径。

学习提示

本模块围绕如何实现多网络之间的互联和通信这一主线，将计算机网络的连接和通信范围扩展到多个网络环境，包含网络互联概述、IP 数据报格式、定长子网掩码划分方法、变长子网掩码划分方法、IPv6 地址、互联网络设备、静态路由、动态路由协议 8 个主题，重点讨论了 IP 协议的基本概念、IP 数据报文格式、划分子网的方法、路由器的工作原理和路由选择协议等内容。

主题 1　网络互联概述

学习目标

通过本主题的学习达到以下目标。

知识目标：

- 了解网络互联的概念及层次。
- 掌握 IPv4 协议的特点。
- 掌握 ICMP、ARP 的作用。

技能目标：

- 能够使用常见网络命令工具解决实际问题。

素质目标：

- 树立和谐包容，尊重规则的理念。
- 增强法律意识，认识遵纪守法是每个公民应尽的义务。

课前评估

1. 网络已经成为人们日常生活中的一部分，互联网在改变我们通信及生活方式的同时，也推动着各行各业的发展。请读者了解互联网在过去25年里发生的变化，探究其未来的发展趋势，进一步思考使用网络平台还能做哪些方面的事情？

2. 在生活中，人们不再局限于与同一个网络中的用户间通信，还希望可以与其他网络中的用户进行通信，产生联系，因此需要进行网络互联，将两个以上的通信网络通过一定的方法，用一种或多种网络通信设备相互连接起来，构成更大的网络系统。请思考网络互联的动力来源于什么？

3. 人们对未来网络技术的应用前景的描述是“Everything over IP，IP over Everything”，你是如何理解这一观点的？

5.1 网络互联概述

由多个异构网络相互连接而成的计算机网络一般称为互联网络，其实可以认为是网络的网络。网络互联是通过网络互联设备来实现的，在网络互联设备内部不仅可以执行各子网的协议，成为子网的一部分，更主要的是实现不同子网协议之间的转换，包括协议数据格式的转换、地址映射、速率匹配、网间流量控制等。参照ISO的OSI/RM，协议转换的过程可以发生在任何层次，相应的互联设备分别被称为中继器、交换机、路由器和网关，如图5-1所示。

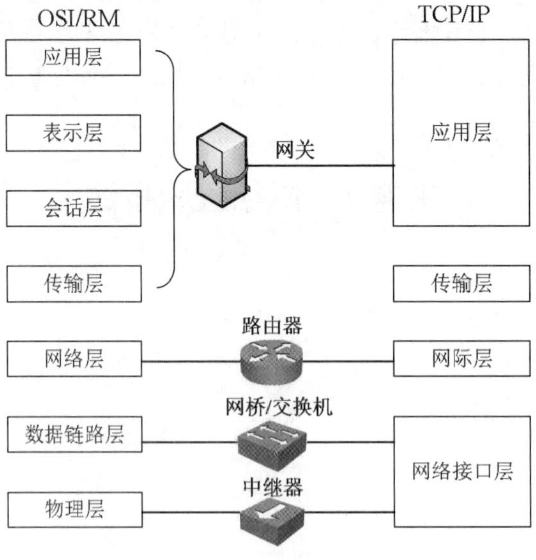

图5-1 网络互联设备所在层次

Internet是一个互联网络（简称网际网络或因特网）的全球集合。图5-2是将Internet看作互联的局域网和广域网集合示例。Internet的全球化速度已超乎所有人的想象，社会、商业、政治以及人际交往的方式正紧随这一全球性网络的发展而快速更新。

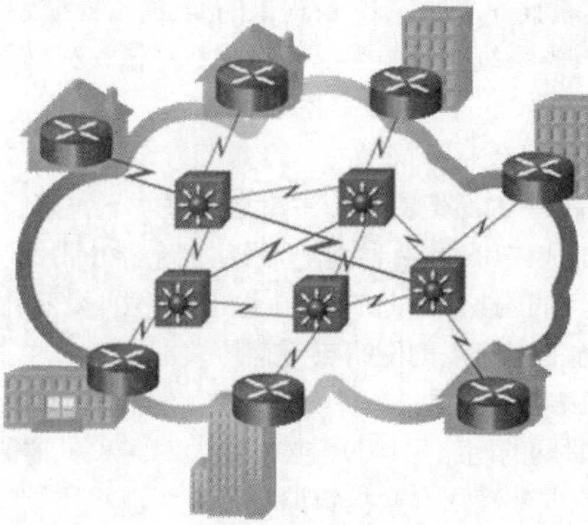

图 5-2　将 Internet 看作互联的局域网和广域网集合示例

5.2　IP 简介

IP 协议简介

IP 协议是 TCP/IP 协议簇中最重要的两个协议之一，也是最重要的因特网标准协议之一，与 IP 配套使用的还有 4 个协议。

- 地址解析协议（Address Resolution Protocol，ARP）。
- 反向地址解析协议（Reverse Address Resolution Protocol，RARP）。
- 网际控制报文协议（Internet Control Message Protocol，ICMP）。
- 网际组管理协议（Internet Group Management Protocol，IGMP）。

图 5-3 给出了这 4 个协议和 IP 之间的关系。在这一层中，ARP 和 RARP 在 IP 的下面，因为 IP 经常要使用这两个协议。ICMP 和 IGMP 在 IP 的上面，因为它们要使用 IP。

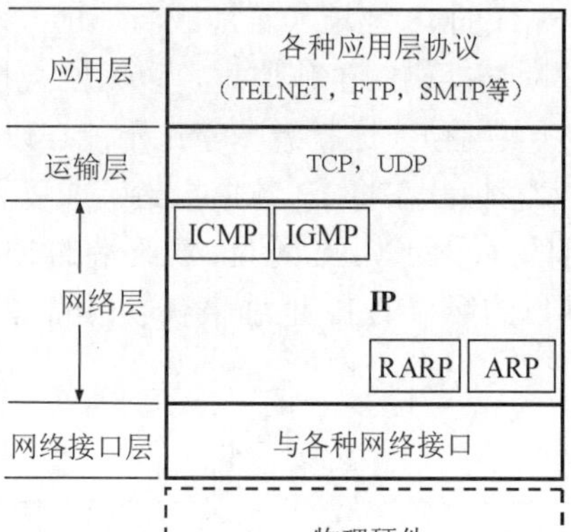

图 5-3　IP 及其配套协议之间的关系

1. IP 协议提供的是一种“尽力而为（Best-Effort）”的服务

（1）IP 协议是一种无连接、不可靠的分组传送服务协议。这意味着 IP 不能保证数据报的可靠投递，IP 本身没有能力证实发送的报文是否被正确接收。数据报可能在线路延迟、路由错误、数据报分片和重组等过程中受到损坏，但 IP 不能检测这些错误。在错误发生时，IP 也没有可靠的机制来通知发送端或接收端。

（2）面向无连接的传输服务。IP 协议不管数据报沿途经过哪些节点，甚至也不管数据报起始于哪台计算机，终止于哪台计算机。从源节点到目的节点的每个数据报可能经过不同的传输路径，而且在传输过程中数据报有可能丢失，也有可能正确到达。

（3）尽最大努力投递服务。尽管 IP 层提供的是面向非连接的不可靠服务，IP 并不会随意地丢弃数据报，只有当系统的资源用尽，接收数据错误或网络故障等状态下，IP 才被迫丢弃报文。

2. IP 是点－点的网络层通信协议

网络层需要在 Internet 中为通信的两个主机之间寻找一条路径，而这条路径通常是由多个路由器、点－点链路组成。IP 要保证数据分组从一个路由器到另一个路由器，通过多跳路径从源节点到目的节点。因此，IP 是针对源主机－路由器、路由器－路由器、路由器－目的主机之间的数据传输的点－点的网络层通信协议。

3. IP 屏蔽了互联网络间的差异

IP 作为一个面向互联网的网络层协议，必然要面对各种异构的网络和协议。如局域网、广域网和城域网等，它们的物理层和数据链路层协议可能也不同，但通过 IP，网络层向传输层提供统一的 IP 分组，网络层不需要考虑互联的不同类型的物理网络在帧结构与地址上的差异，使得各种异构网络的互联变得更容易。

5.3 ARP

在网络层使用统一的 IP 地址屏蔽了下层网络的差异性，但这种“统一”实际上是将下层的物理地址隐藏起来，而不是用 IP 地址代替它。事实上，物理地址是必不可少的，因为只有通过物理地址才能找到节点设备的接口。基于这个原因，在使用 IP 地址时，有必要在它与物理地址之间建立映射关系，这样才可以将数据最终送到物理设备的接口上。

ARP 的作用

5.3.1 ARP 的作用

以太网内传输 IP 分组过程如图 5-4 所示。在图 5-4 中，假定终端 A 和服务器 B 通过交换机连接在同一网络上，即便如此，终端 A 访问服务器 B 时所给出的地址也不是服务器 B 的 MAC 地址，往往是服务器 B 的 IP 地址（若是域名地址，也要经过解析，最终得到的也只能是 IP 地址）。根据以太网交换机的工作原理，以太网交换机只能根据以太网帧的目的 MAC 地址和转发表来转发以太网帧，这就意味着：不能在以太网上直接传输 IP 数据报，必须将 IP 数据报封装成以太网帧；在将 IP 数据报封装成以太网帧前，必须先获取连接在同一个网络上的源终端和目的终端的 MAC 地址。源终端的 MAC 地址可以直接从安装的网卡中读取，问题是如何根据目的终端的 IP 地址来获取目的终端的 MAC 地址。

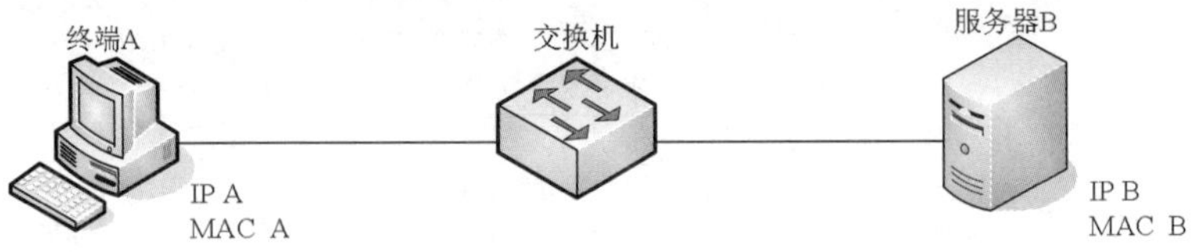

图 5-4 以太网内传输 IP 分组过程

5.3.2 ARP 的工作过程

将 IP 地址映射到物理地址的实现方法有多种，每种网络都可以根据自身的特点选择适合自己的映射方法。ARP 是以太网经常使用的地址映射方法，它充分利用了以太网的广播能力。在图 5-4 中，终端 A 获取了服务器 B 的 IP 地址 IP B 后，广播一个以太网帧，该以太网帧的结构如图 5-5 所示，它的源 MAC 地址为终端 A 的 MAC 地址 MAC A，目的 MAC 地址为广播地址 FF-FF-FF-FF-FF-FF，以太网帧的数据字段包含终端 A 的 IP 地址 IP A 和 MAC 地址 MAC A，同时包含服务器 B 的 IP 地址 IP B，IP B 为需要解析的地址。该以太网帧被称为 ARP 请求帧，它要求 IP 地址为 IP B 的网络终端回复它的 MAC 地址。

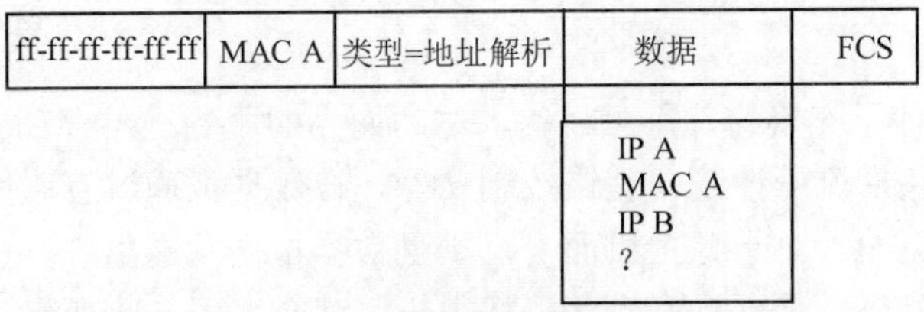

图 5-5　用于地址解析的以太网帧

由于该帧的目的地址为广播地址，同一网络内所有终端都能接收到该帧，每一个接收到该以太网帧的终端首先检查自己的 ARP 缓冲区，如果 ARP 缓冲区中没有发送终端的 IP 地址和 MAC 地址对，将发送终端的 IP 地址和 MAC 地址对（IP A 和 MAC A）记录在 ARP 缓冲区中，然后比较以太网帧中给出的目标 IP 地址是否和自己的 IP 地址相同。如果不相同，则丢弃；如果相同，则回复自己的 MAC 地址，ARP 地址解析过程如图 5-6 所示。

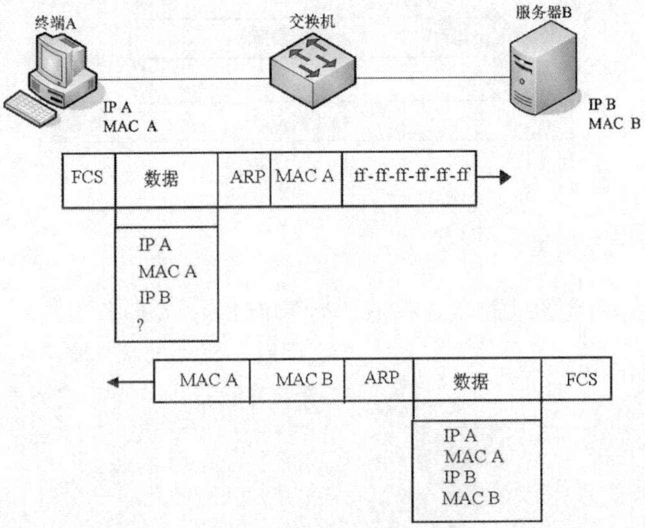

图 5-6　ARP 地址解析过程

通过以上分析可以知道，ARP 的主要用途是在知道下一跳的 IP 地址的前提下，获取下一跳的 MAC 地址。在 Windows 系统的 DOS 界面下，使用 arp 命令能够查看本地计算机或另一台计算机的 IP 地址和 MAC 地址的映射对。arp 命令格式及参数如下：

格式：arp [参数] [主机 IP 地址] [MAC 地址]

参数：

-a：显示本机与该接口相关的 arp 缓存项。

-s：向 arp 缓存中人工加入一条静态项目。

-d：删除一条静态项目。

以下是运行 arp 命令的一个示例，如图 5-7 所示。

```
C:\Documents and Settings\Administrator>arp -a

Interface: 192.168.2.100 --- 0x2
  Internet Address      Physical Address      Type
  192.168.2.1           c8-3a-35-48-aa-c0     dynamic

Interface: 0.0.0.0 --- 0x3
  Internet Address      Physical Address      Type
  192.168.1.100         00-1d-60-9e-49-cf     static
```

图 5-7　ARP 命令运行示例

5.4 ICMP

IP 提供的是一种无连接的、不可靠的、尽力而为的服务，不存在关于网络连接的建立和维护过程，也不包括流量控制与差错控制功能，在数据报通过互联网络的过程中，出现各种传输错误是难免的。对于源主机而言，一旦数据报被发送出去，那么对该数据报在传输过程中是否出现差错，是否顺利到达目标主机等就会变得一无所知。因此，需要设计某种机制来帮助人们对网络的状态有一些了解，包括路由、拥塞和服务质量等问题，ICMP 就是为这个目的而设计的。

虽然 ICMP 属于 TCP/IP 网际层的协议，但它的报文并不直接传送给数据链路层，而是先封装成 IP 数据报后再传送给数据链路层，如图 5-8 所示。

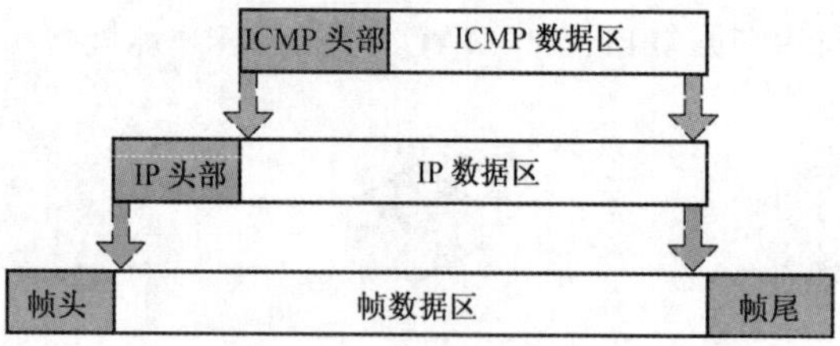

图 5-8　ICMP 消息格式

5.4.1　ICMP 报文类型

ICMP 定义了多种消息类型，这些消息类型可分为差错报告报文和 ICMP 查询报文。差错报告报文又分为终点不可达、超时、参数问题、源端抑制（Source Quench）和重定向（Redirect）路由 5 种。查询报文又分为回应请求与应答、时间标记请求与应答、地址掩码请求与应答、路由器询问与通告等。

5.4.2　ICMP 报头

正如数据链路层帧头包含网络层报头（在此为 IP 报头），IP 报头也包含着 ICMP 报头。这是因为 IP 为整个 TCP/IP 栈提供数据传输服务，那么 ICMP 要传递某种信息被封装在 IP 数据报中是自然而然的事情。表 5-1 显示了 ICMP 报头包含有 5 个字段，共 8 个字节的长度。

表 5-1　ICMP 报头

类型	代码	校验和	标记	队列号
1 字节	1 字节	2 字节	2 字节	2 字节

其中最重要的是类型字段。类型字段通知接收方工作站所包含的 ICMP 数据的类型。如果需要的话，代码字段可进一步限制类型字段。举例来说，类型字段可能表示消息是一个“目的地不能到达”消息；代码字段则可以显示更加详细的信息，如“网络不可到达”或“主机或端口不可到达”等。

ICMP 的典型应用

5.4.3　ICMP 的典型应用

大部分操作系统和网络设备都会提供一些 ICMP 工具程序，方便用户测试网络连接状况。如在 UNIX、Linux、Windows 系统和网络设备都集成了 ping 和 tracert 命令。我们经常使用这些命令来测试网络的连通性和可达性。

1. 测试网络的连通性

回应请求（ICMP Echo）/应答（ICMP Reply）ICMP 报文对用于测试目的主机或路由器的连通性，如图 5-9 所示。请求者（某主机）向特定目的 IP 地址发送一个包含任选数据区的回应请求，要求具有目的 IP 地址的主机或路由器响应。当目的主机或路由器收到该请求后，发出相应的回应应答。

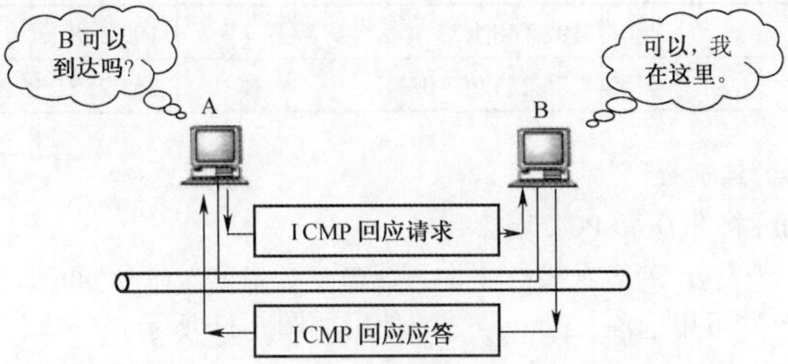

图 5-9　回应请求/应答 ICMP 报文对用于测试网络可达性

2. 实现路由跟踪

tracert 是路由跟踪实用程序，通过向目标发送具有不同 IP 生存周期（TTL）值的 ICMP 回应数据报，tracert 诊断程序确定到目标所采取的路由，要求路径上的每个路由器在转发数据报之前至少将数据报上的 TTL 递减 1。当数据报上的 TTL 减为 0 时，路由器应该将“ICMP 已超时”的消息发回源系统。

tracert 命令格式及常见参数如下：

格式：tracert[参数 1][参数 2]目标主机

参数：

-d：不解析目标主机地址。

-h：指定跟踪的最大路由数，即经过的最多主机数。

-j：指定松散的源路由表。

-w：以毫秒（ms）为单位指定每个应答的超时时间。

该命令的路由跳数默认为 30 跳。以下是运行 tracert 命令的示例，如图 5-10 所示。

```
C:\>tracert 172.16.0.99 -d
 Tracing route to 172.16.0.99 over a maximum of 30 hops
  1  2s    3s    2s    10.0.0.1
  2  75 ms  83 ms  88 ms  192.168.0.1
  3  73 ms  79 ms  93 ms  172.16.0.99
 Trace complete.
C:\
```

图 5-10　tracert 命令运行示例

动手实践

ping 命令的使用

1. 任务实施条件

两台安装 Windows 操作系统的计算机；以太网卡及驱动程序；交叉线 1 条；Wireshark 软件包。两台计算机上的 IP 地址和子网掩码参考表 5-2 来进行设置。

2. 连接计算机并配置 TCP/IP

根据表 5-2 进行 IP 地址的配置。

表 5-2 IP 地址和子网掩码

参数	计算机	
	PC1	PC2
IP 地址	192.168.1.23	192.168.1.1
子网掩码	255.255.255.0	255.255.255.0

3. 测试网络的连通性

（1）使用网线将 PC1 和 PC2 连接起来。

（2）在 PC1 中打开 DOS 命令行界面，在命令行中输入命令 ping/?可以获得 ping 命令的用法和参数的一些可用选项。ping 命令的使用如图 5-11 所示。

```
C:\Users\唐继勇>ping/?
    用法:
     ping [-t] [-a] [-n count] [-l size] [-f] [-i TTL] [-v TOS]
          [-r count] [-s count] [[-j host-list] | [-k host-list]]
          [-w timeout] [-R] [-S srcaddr] [-4] [-6] target_name
   选项:
    -t             Ping 指定的主机，直到停止。若要查看统计信息并继续操作-请键入
Control-Break;若要停止 - 请键入 Control-C。
    -a             将地址解析成主机名。
    -n count       要发送的回显请求数。
    -l size        发送缓冲区大小。
    -f             在数据包中设置“不分段”标志(仅适用于 IPv4)。
    -i TTL         生存时间。
    -v TOS         服务类型(仅适用于 IPv4)。
    -r count       记录计数跃点的路由(仅适用于 IPv4)。
    -s count       计数跃点的时间戳(仅适用于 IPv4)。
    -j host-list   与主机列表一起的松散源路由(仅适用于 IPv4)。
    -k host-list   与主机列表一起的严格源路由(仅适用于 IPv4)。
    -w timeout     等待每次回复的超时时间(毫秒)。
    -R             同样使用路由标头测试反向路由(仅适用于 IPv6)。
    -S srcaddr     要使用的源地址。
    -4             强制使用 IPv4。
    -6             强制使用 IPv6。
```

图 5-11 ping 命令的使用

（3）测试本地主机网络的连通性。在 DOS 命令行中输入 ping 192.168.1.2，输出结果如图 5-12 所示，说明两台计算机之间是__________的。

```
管理员: C:\Windows\system32\cmd.exe
C:\Users\唐继勇>ping 192.168.1.2 ①

② 正在 Ping 192.168.1.2 具有 32 字节的数据:
来自 192.168.1.2 的回复: 字节=32 时间<1ms TTL=128
来自 192.168.1.2 的回复: 字节=32 时间<1ms TTL=128
来自 192.168.1.2 的回复: 字节=32 时间<1ms TTL=128
来自 192.168.1.2 的回复: 字节=32 时间<1ms TTL=128

③ 192.168.1.2 的 Ping 统计信息: ④ ⑤ ⑥
    数据包: 已发送 = 4，已接收 = 4，丢失 = 0 (0% 丢失),
⑦ 往返行程的估计时间(以毫秒为单位):
    最短 = 0ms，最长 = 0ms，平均 = 0ms
```

图 5-12 本地主机上的 ping 命令输出

默认情况下会向目的设备发送 4 个 ping 请求并收到应答信息。具体分析如下：

1）目的地址，设置为本地计算机的 IP 地址。

2）应答信息：

字节—ICMP 数据包的大小，默认值为 32B。

时间—传输和应答之间经过（往返）的时间。

TTL—数据包在网络中的生存时间。其值为目的设备的默认 TTL 值减去路径中的路由器数量。TTL 的最大值为 255，较新的 Windows 计算机的默认值为 128。

3）关于应答的摘要信息。

4）发送的数据包—传输的数据包数量。默认发送 4 个数据包。

5）接收的数据包—接收的数据包数量。

6）丢失的数据包—发送与接收的数据包数量之间的差异。

7）关于应答延迟的信息，以毫秒为测量单位。往返时间越短表示链路速度越快。计算机计时器设置为每 10ms 计时一次。快于 10ms 的值将显示为 0。

课后检测

一、填空题

1．从网络互联的层次上看，主要有__________、__________和__________，分别使用的网络设备为__________、__________和__________。

2．网络层上使用的常见协议有__________、__________、__________和__________。

3．ICMP 报文可以分为__________和__________。

4．ARP 充分利用了以太网的__________，将 IP 地址与 MAC 进行动态联编。

二、选择题

1．（　　）负责将 IP 地址转换成 MAC 地址。

A．TCP　　B．ARP　　C．UDP　　D．RARP

2．IP 提供的服务是（　　）。

A．可靠服务　　B．有确认的服务

C．不可靠无连接数据报服务　　D．以上都不对

3．ping 命令就是利用（　　）来测试网络的连通性。

A．TCP　　B．ICMP　　C．ARP　　D．IP

4．删除 ARP 表项可以通过（　　）命令进行。

A．arp -a　　B．arp -s　　C．arp -t　　D．arp –d

三、判断题

1．主机名与 IP 地址之间的转换是通过 ARP 实现的。（　　）

2．ICMP 报文封装在 IP 包的数据部分。（　　）

3．IP 提供的是一种可靠的、尽力而为的服务。（　　）

4．协议是“水平”的，服务是“垂直”的，协议是在相邻上下层之间起作用的。（　　）

四、简答题

1．ICMP 的作用是什么？如果没有 ICMP，IP 能否正常工作？

2．归纳总结 ping 命令的主要作用。ARP 的主要功能是什么？

主题 2 IP 数据报格式

学习目标

通过本主题的学习达到以下目标。

知识目标：

- 理解 IP 数据报的格式。
- 掌握 IP 数据报分片。

技能目标：

- IP 数据包的捕获与分析。

素质目标：

- 学会灵活运用求同存异的智慧，从而可以获得更多的获得感与幸福感。

课前评估

1. IP 网络中不允许两个节点有相同的 IP 地址，网络中使用__________机制来检测这一冲突。当对终端分配了 IP 地址后，终端可以通过__________测试广播域中是否存在具有相同地址的终端。__________广播一个 ARP 请求帧，该 ARP 请求帧中的源终端地址为__________，表明是未知地址，下一跳地址是终端自身的 IP 地址。如果源终端接收到响应帧，意味着广播域中已经有终端使用了该 IP 地址，终端报错。

2. ping 命令使用__________协议的回送请求、回送应答。客户机传送一个回送请求包给服务器，服务器返回一个__________回送应答包。在默认情况下，发送请求数据包的大小为__________B，屏幕上回显__________个应答包。主要功能是用来测试网络__________。在回显的应答包中包含了 TTL 的信息，其中文含义是__________，这里 TTL 的值并不表示一个时间，因为要确保所有网络设备上的时间完全同步是非常困难的问题，因此采用了一种简化的等效处理方法，其值为目的设备的默认 TTL 值减去路径中的路由器数量。TTL 的默认最大为 255，不同网络设备或操作系统的 TTL 不一样，利用 TTL 这一特性，可以用来识别__________的类型。TTL 这个字段封装在__________协议数据单元中。

5.5 IP 数据报

IP 是 TCP/IP 栈中的两个核心协议之一，它将所有高层的数据都封装成 IP 数据报。IP 数据报的格式能够说明 IP 具有什么功能。在 TCP/IP 栈中，各种数据报格式通常以 4 个字节为单位来描述。IP 数据报的完整格式如图 5-13 所示。从图 5-13 可以看出 IP 数据报由首部和数据两部分组成，首部中的前一部分是固定部分，共 20 字节，是所有 IP 数据报必须有的，后一部分是可变部分。

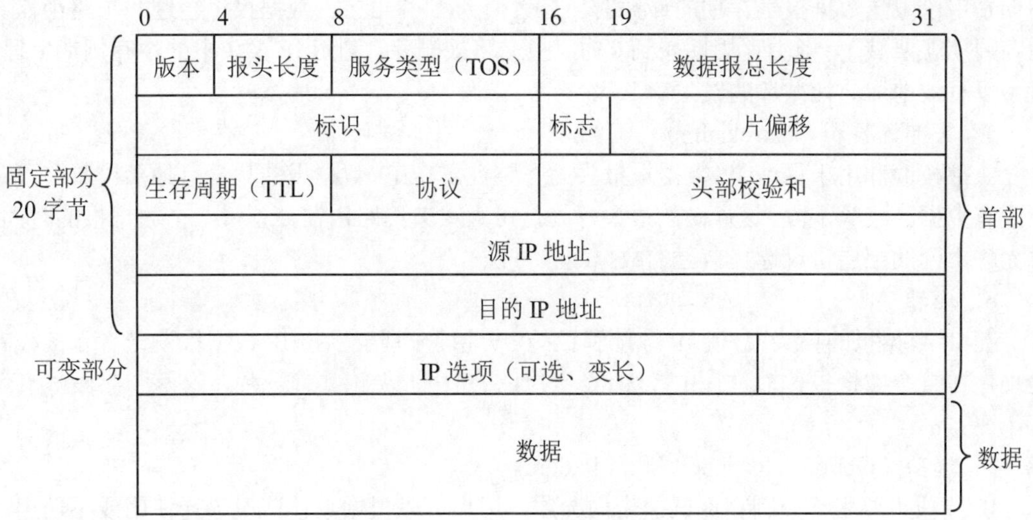

图 5-13　IP 数据报的完整格式

5.5.1　首部字段功能说明

1. 版本与协议类型

在 IP 报头中，版本字段表示该数据报对应的 IP 版本号，不同 IP 版本规定的数据报格式稍有不同，目前使用的 IP 版本号为“4”，通常称为 IPv4。若协议版本号是 6，称为 IPv6。协议字段表示在 IP 数据报所对应的上层协议（如 TCP）或网络层中的子协议（如 ICMP）。

2. 长度（Length）

报头中有两个表示长度的字段，一个为报头长度，一个为总长度。

头长度（Internet Head Length，IHL）表示报头占据了多少个 32bit，或者说多少个 4 个字节的数目。在没有选项和填充的情况下，该值为 5，即 IP 报头的长度为 20 个字节。IP 报头长度值最大为 15，即 60 个字节。

总长度（Total Length）表示整个 IP 数据报的长度（其中包含头部长度和数据区长度）。数据报的总长度以 32 字节为单位。由于该字段的长度为 16 位，因此 IP 数据报的最大值为 $2^{16}-1$ 字节，即 65535 字节。

3. 服务类型（Type of Service，ToS）

服务类型字段规定对本数据报的处理方式，常用于服务质量（Quality of Service，QoS）中，如图 5-14 所示。前 3 位为优先级，用于表示数据报的重要程度，优先级取值从 0（普通优先级）～7（网络控制高优先级）。第 4 位到第 7 位分别为 D、T、R 和 C 位，表示本数据报希望的传输类型。D 表示时延（Delay）需求，T 表示吞吐量（Throughput）需求，R 代表可靠性（Reliability）需求，C 代表花销需求，并且这几位是互相排斥的，只有其中一个位可以被置 1。

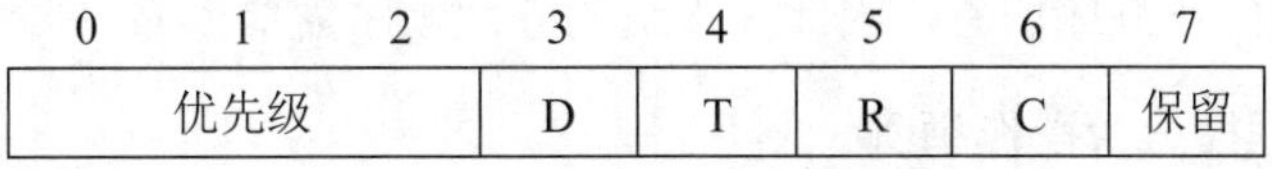

图 5-14　IP 数据报提供的服务类型

4. 生存周期（Time To Live，TTL）

IP 数据报的路由选择具有独立性，因此从源主机到目的主机的传输延迟也具有随机性。如果路由表发生错误，则数据报有可能进入一条循环路径，无休止地在网络中流动。生存周期是用以限定数据报生存期的计数器，最大值为 $2^8-1=255$。数据报每经过一个路由器其生存周期就要减 1，当生存周期减到 0 时，报文将被删除。利用 IP 报头中的生存周期字段，就可以有效地避免死循环的发生。

5. 头部校验和（Checksum）

头部校验和用于保证 IP 数据报报头的完整性。在 IP 数据报中只含有报头校验字段，而没有数据区校验字段。这样做的最大好处是可大大节约路由器处理每一个数据报的时间，并允许不同的上层协议选择自己的数据校验方法。

6. 地址

在 IP 数据报的报头中，源 IP 地址和目的 IP 地址分别表示该 IP 数据报发送者和接收者地址。在整个数据报传输过程中，无论经过什么路由，无论如何分片，这两个字段一直保持不变。

7. 选项（Options）和填充字段（Padding）

IP 选项主要用于控制和测试。作为选项，用户可以根据具体情况选择使用或不使用。但作为 IP 的组成部分，所有实现 IP 的设备必须能处理 IP 选项。在使用选项过程中，有可能造成数据报的头部长度不是 32 位的整数倍的情况，如果这种情况发生，则需要使用填充字段凑齐。

5.5.2 分片与重组

传输网络中允许的数据链路层帧数据字段的最大长度称为最大传输单元（Maximum Transfer Unit，MTU）。例如，以太网的 MTU 为 1500B，光纤分布数据接口（Fiber Distributed Data Interface，FDDI）的 MTU 为 4352B，PPP 的 MTU 为 296B。因此，一个 IP 数据报的长度只有小于或等于一个网络的 MTU，才能在这个网络中进行传输。如果一个 IP 数据报的长度超过传输网络所允许的 MTU，则必须将 IP 数据报进行分片。分片就是将 IP 数据报的数据分为多个数据片。IP 数据报分片的原则是，除最后一个数据片外，其他数据片必须是 8B 的倍数，且加上 IP 首部后尽量接近 MTU。在 IP 数据报报头中，标识、标志和片偏移 3 个字段与控制分片和重组有关。

1. 标识（Identification）

用以标识被分片后的数据报。目的主机利用此域和目的地址判断收到的分片属于哪个数据报，以便数据报重组。所有属于同一数据报的分片被赋予相同的标识值。

2. 标志（Flag）

该字段用来告诉目的主机该数据报是否已经分片，是否是最后一个分片，长度为 3 位。最高位为 0；次高位为 DF（Don't Fragment），该位的值若为“1”表示不可分片，若为“0”表示可分片；第三位为 MF（More Fragment），其值若为“1”代表还有进一步的分片，若为“0”表示接收的是最后一个分片。

3. 片偏移（Offset）

该字段指出本片数据在初始 IP 数据报数据区中的位置，位置偏移量以 8 个字节为单位。由于各分片数据报独立地传输，故其到达目的主机的顺序是无法保证的，而路由器也不向目的主机提供附加的片顺序信息，因此，重组的分片顺序需要依靠片偏移提供。

5.5.3 IP 数据报分片操作举例

一个 IP 数据报在以太网上传输，其中数据部分为 4900 字节（使用固定首部），该以太网的 MTU 的值为 1500 字节。

传输的 IP 数据报的数据部分长度（4900 字节）超过以太网所允许的 MTU 值（1500 字节），因此在通过以太网链路传输之前，需要对 IP 数据报进行分片处理，具体操作方法如下。

1. 确定数据报分片后数据长度 L 的方法

根据 L+20≤1500（MTU）且 L 能被 8 整除两个条件，L≤1480。因为 1480/8=185，且能被 8 整除，所以 L=1480，小于且非常接近规定的 MTU 值。另外 4900/1480=3.3，取整后为 4，即原始数据分为 4 个报片，长度分别为 1480B、1480B、1480B 和 460B。

2. 确定分片后数据报片的偏移量

需要注意的是，计算机中比特的计数是从 0 开始的。就本例而言，数据报片 1 的计数范围是 0～1479，数据报片 2 的计数范围是 1480～2959，数据报片 3 的计数范围是 2960～4439，数据报片 4 的计数范围是 4440～4899。片偏移量由每个分片的起始位置决定，如数据报片 1 的起始位置为 0，故数据报片 1 的偏移量为 0/8=0，其他数据报片处理类似。分片后片偏移量的结果如图 5-15 所示。

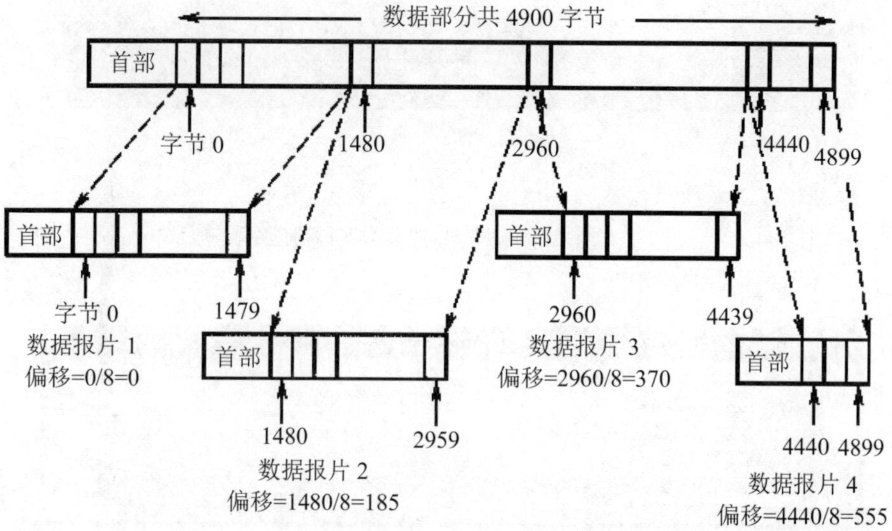

图 5-15　分片后片偏移量的结果

3. 确定分片后数据报片标识字段

原始数据报首部被复制为各数据报片的首部，但必须修改有关字段的值。一个 IP 数据报分片后，每一个分片的标识值都是随机产生的，表示来自于同一个 IP 数据报，这里 IP 数据报的标识值取为 13579。

4. 确定分片后数据报片标志字段

根据 IP 数据报中 MF 和 DF 标志字段的定义可知，除最后一个分片的 MF=0，其他分片的 MF=1；DF 位均为 0，表示还可以继续分片。表 5-3 是各种数据报的首部中与分片有关的字段中的数值。

表 5-3　各种数据报的首部中与分片有关的字段中的数值

	总长度	标识	MF	DF	片偏移
原始数据报	4920	13579	0	0	0
数据报片 1	1500	13579	1	0	0
数据报片 2	1500	13579	1	0	185
数据报片 3	1500	13579	1	0	370
数据报片 4	480	13579	0	0	555

动手实践

IP 数据包的捕获与分析

在一台安装了 Wireshark 软件且能接入 Internet 的计算机上，启动 Wireshark。

1. 选择网络接口

启动 Wireshark 后，在主菜单上单击“Capture”项目下的“Interfaces”，选择要捕获数据包的网络接口，如图 5-16 所示。

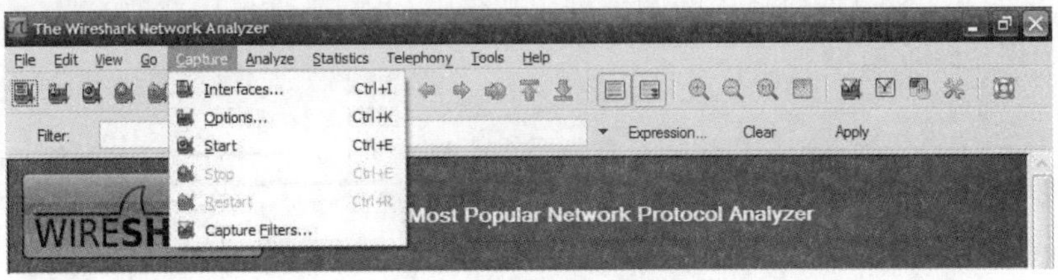

图 5-16 选择网络接口

2. 捕获数据包

（1）在相应的网络接口上单击“Start”按钮，指定在哪个接口（网卡）上抓包，如图 5-17 所示。

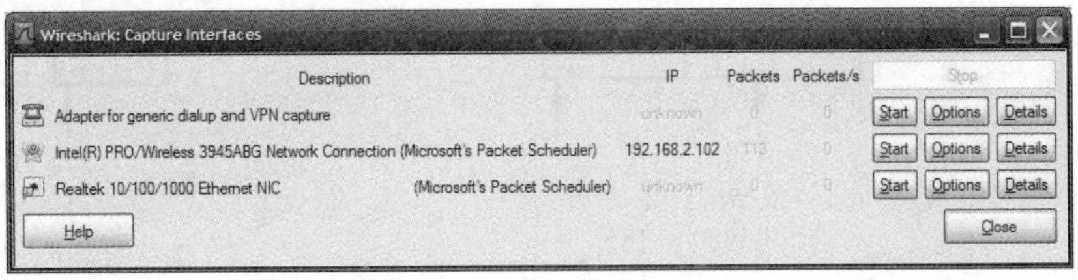

图 5-17 开始捕获数据包

（2）在另一台主机的 DOS 界面下执行 ping 命令运行 Wireshark 软件的计算机的 IP 地址，捕获 IP 数据包界面如图 5-18 所示。

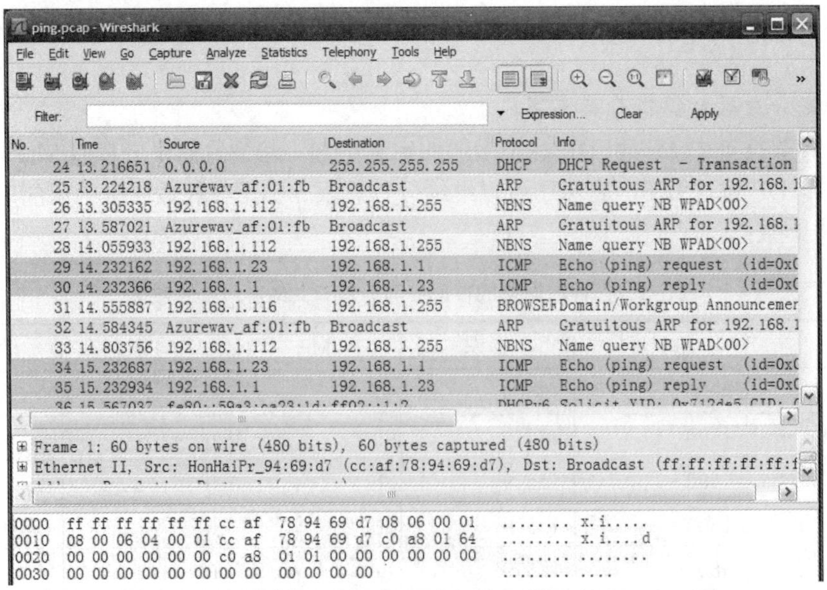

图 5-18 捕获 IP 数据包界面

（3）捕获到了很多与执行 ping 命令无关的数据包，因此执行过滤，选择需要的数据包进行针对性分析。在 Wireshark 的 Filter 栏中输入 icmp，因为 ping 命令是基于 ICMP 实现的，按 Enter 键后出现协议过滤界面，如图 5-19 所示。

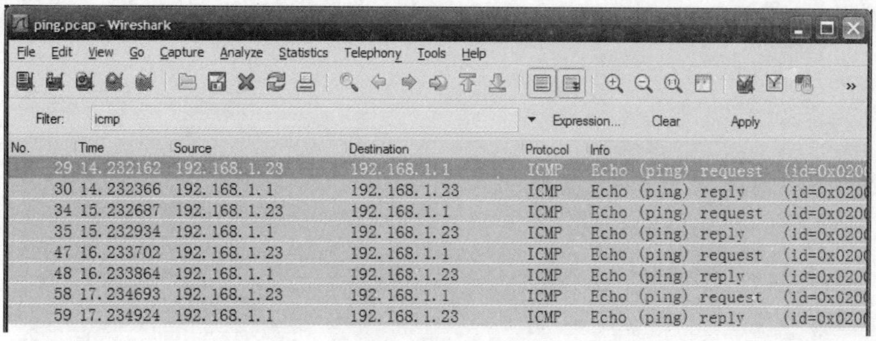

图 5-19　协议过滤

（4）执行协议过滤后，得到了需要的数据，请根据图 5-19 分析以下问题。

1）ICMP 如何探测网络的可达性？

2）在默认情况下，执行 ping 命令，主机屏幕只会回显 4 个报文，为什么捕获的数据报却有 8 个？

（5）双击捕获到的 29 号数据包，展开各协议字段，如图 5-20 所示，并分析：

在默认情况下，执行 ping 命令，发送数据包的大小为 32Bytes，而捕获到的数据包大小为 74Bytes？

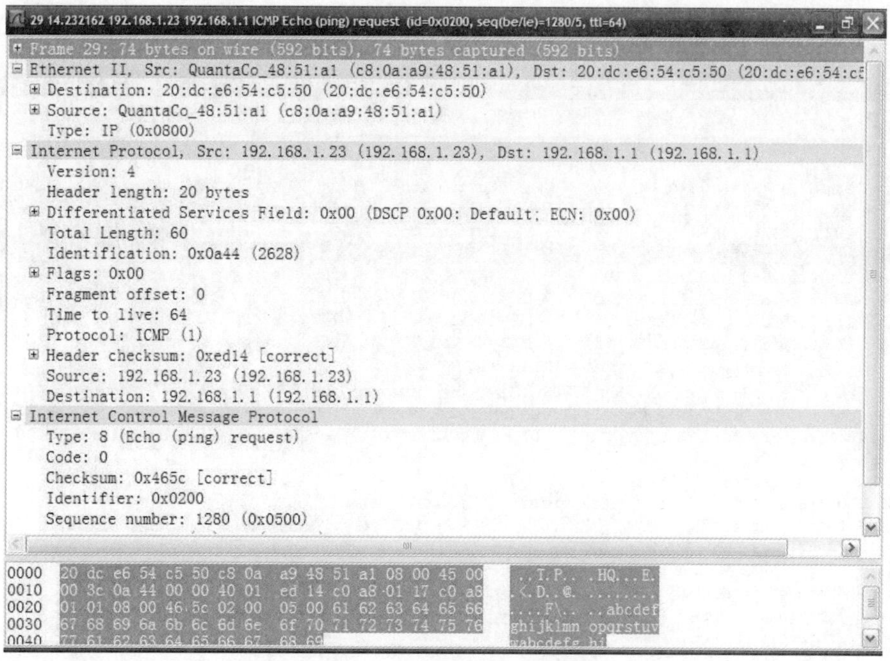

图 5-20　IP 数据包的协议字段

（6）捕获到的数据包由协议的头部和数据两部分构成，真实的数据是封装在 ICMP 报文中的，因此我们需要展开 ICMP 字段对该报文进行解码，才能看见真实的数据内容，如图 5-21 所示。

（7）请读者根据图 5-21 对 ICMP 协议各字段进行分析，在空白处填写相应内容。

该 ICMP 回送请求报文的类型、代码是__________、校验和是__________、标识号是__________、序列号是__________、ICMP 数据是__________。

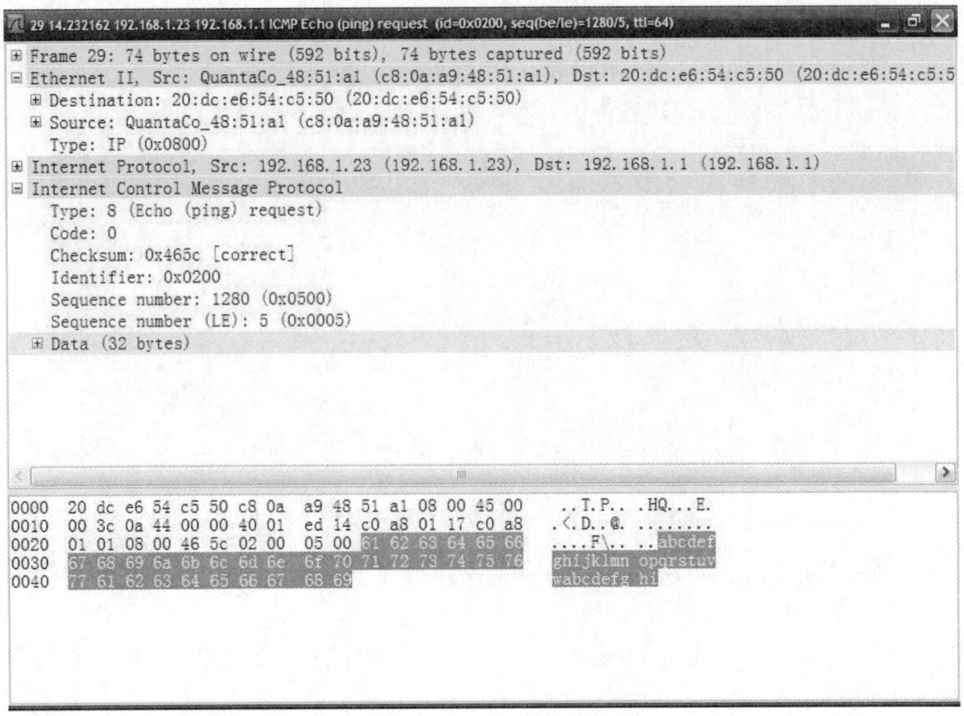

图 5-21 IP 数据包的解码

3. 分析网络体系分层结构

（1）在运行 Wireshark 软件的计算机上打开浏览器，在地址栏中输入 http://www.baidu.com，使用 Wireshark 捕获数据包，如图 5-22 所示。

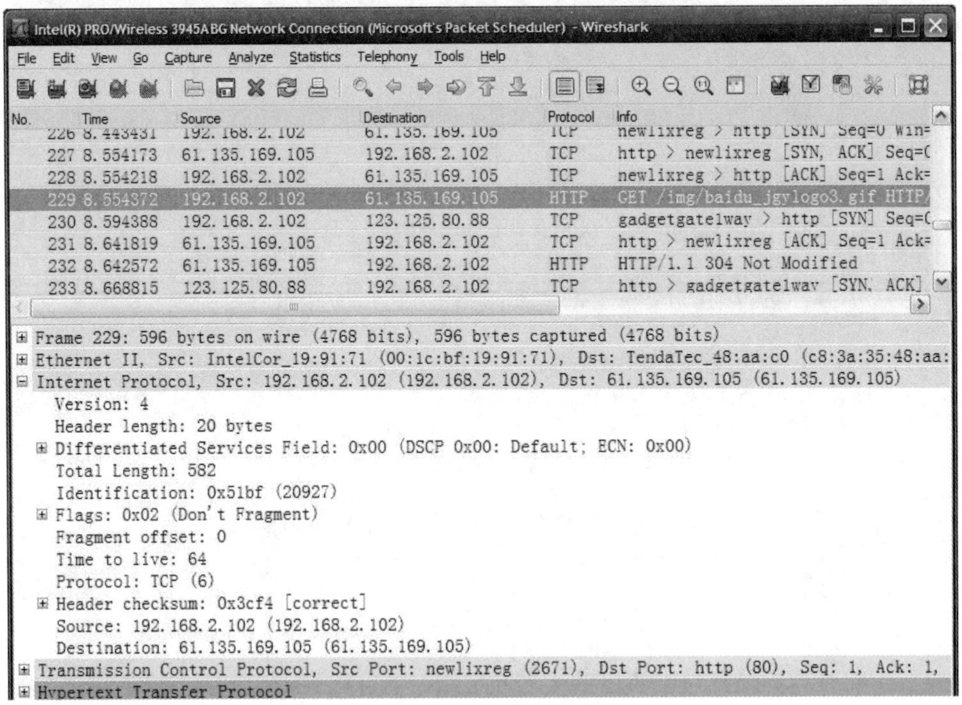

图 5-22 捕获的网络各层协议

（2）从图中可以了解到网络体系结构共分成__________层，每层的名称和协议的名称是__________。

（3）根据图 5-22 简单分析网络层 IP 的组成。

课后检测

一、填空题

1. IP 报头长度字段的值为 10，代表 IP 报头长度为__________Bytes。
2. 以太网的 MTU 为__________Bytes。

二、选择题

1. 在 IP 数据报报文中，标识、标志、片偏移 3 个字段是与控制（　　）有关。
   A. 生存周期　B. 分片与重组　C. 封装　D. 服务类型
2. 当数据报到达目的网络后，要传送到目的主机，需要知道 IP 地址对应的（　　）。
   A. 逻辑地址　B. 动态地址　C. 域名　D. 物理地址
3. 在 IP 首部的字段中，与分片和重组无关的字段是（　　）。
   A. 总长度　B. 标识　C. 标志　D. 片偏移
4. 以下关于 IP 分组的分片与重组的描述中，错误的是（　　）。
   A. IP 分组头中与分片和重组相关的字段是：标识、标志与片偏移
   B. IP 分组规定的最大长度为 65535 字节
   C. 以太网的 MTU 为 1500 字节
   D. 片偏移的单位是 4 字节

三、判断题

1. IP 报头长度字段的值为 12，则 IP 报头长度为 48 字节。（　　）
2. 在 IP 数据报的传递过程中，IP 数据报报头中保持不变的域包括标识和目的地址。（　　）
3. IP 分组中的检验字段检查范围是整个 IP 分组。（　　）
4. IP 数据报总长度的最大值为 65536 字节。（　　）

四、简答题

假设链路的 MTU=1200 字节，若网络层收到上层传递的 4000 个字节，试对其进行分片，并说明每个分片的标识、标志以及分片的偏移？

主题 3　定长子网掩码划分方法

学习目标

通过本主题的学习达到以下目标。

知识目标：

- 了解划分子网的原因。
- 掌握划分子网的概念。
- 理解子网掩码的作用。
- 掌握划分子网的原理。

技能目标：

- 能够结合网络实际需求规划 IP 地址方案。

素质目标：

- 树立生态文明观，合理利用资源，厉行节约，反对浪费。

课前评估

1．在前面的课程中先后介绍了 IP 地址和 MAC 地址的相关知识，我们已经了解到 IP 地址类似于邮政通信地址，是一种长度为__________bit 且采用__________结构的地址，反映了主机在网络中的位置关系；MAC 地址类似于人的名字，是一种长度为__________bit 且采用__________结构的地址，但不能反映主机的位置关系。从这里可以看出，出于通信效率和可行性等方面的考虑，IP 地址用于__________规模网络内的主机之间寻址，MAC 地址用于__________规模网络内的主机之间的寻址，这就是计算机网络中主机之间的通信有了 MAC 地址还必须有 IP 地址的原因。

2．在 ARPANET 的早期，IP 地址的设计出现了不合理的现象。例如，在 A 类 IP 地址中，默认一个网络可以容纳__________台主机；在 B 类 IP 地址中，默认一个网络支持__________台主机。如果直接把 A 类或 B 类 IP 地址分配给一个公司来使用，会带来哪些问题呢，请至少列举 2 点。

如何解决这一问题呢？可能想到的一个解决方案是：将一个大的网络从逻辑上划分成若干个小的网络，如同一个婴儿一口不能吞下一个苹果，需要将一个苹果切割成若干小片一般。在计算机网络中，将大网变化成若干个小网的过程称之为划分子网。划分子网可以带来很多好处，如降低整体网络流量并改善网络性能，让网络管理员实施安全策略，以及确定哪些子网之间允许或不允许通信。网络管理员可以通过下面的依据为设备和服务划分子网：大型楼栋中的各楼层；同公司的各组织单位；设备类型的不同；任何对网络有意义的其他划分，如图 5-23 所示。通过以上的介绍，你能说出划分子网还能带来其他哪些好处吗？

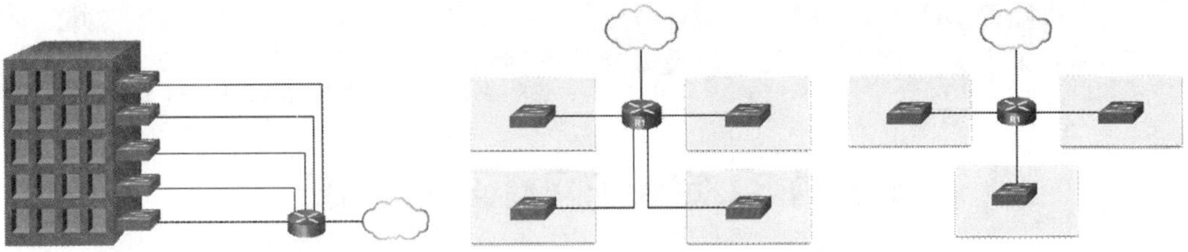

图 5-23　划分子网的依据

5.6　划分子网的概念

一方面公网上可用的 IP 地址越来越少，另一方面在 IP 地址的使用过程中又存在严重的浪费现象。例如，路由器互联时只需要两个 IP 地址，若分配一个标准的 IP 地址给其使用，就会浪费很多的 IP 地址资源，因此在实际应用中，一般以子网（Subnet）的形式将主机分布在若干物理地址上。

5.6.1　划分子网的原因

网络上常常需要将大型的网络划分为若干小网络，这些小网络称为子网。子网的产生能够增加寻址的灵活性，划分子网的作用主要有 3 点：一是隔离网络广播在整个网络的传播，提高信息的传输效率；二是在小规模的网络中，细分网络，起到节约 IP 地址资源的作用；三是进行多个网段划分，提高 IP 地址使用的灵活性。

5.6.2　划分子网的定义

我们已经知道，IP 地址具有层次结构，标准的 IP 地址分为网络号和主机号两层。这两级编址可以提供基础网络分组，便于将数据包路由到目的网络。路由器根据 IP 地址的网络部分转发数据包，一旦确定了网络位置，地址的主机部分就可以标识目的设备。但是，随着网络不断扩大，许多组织将数百甚至数千台主机添加到其网络中，两级分层结构就显得不足。

为了创建子网，需要从原有 IP 地址的主机位中借出连续的若干高位作为子网络标识，于是 IP 地址从原来两层结构的“网络号+主机号”变成了三层结构的“网络号+子网络号+主机号”形式，如图 5-24 所示。可以这样理解，经过划分后的子网因为其主机数量减少，已经不需要原来那么多位作为主机标识，人们可以借用多余的主机位作为子网标识。

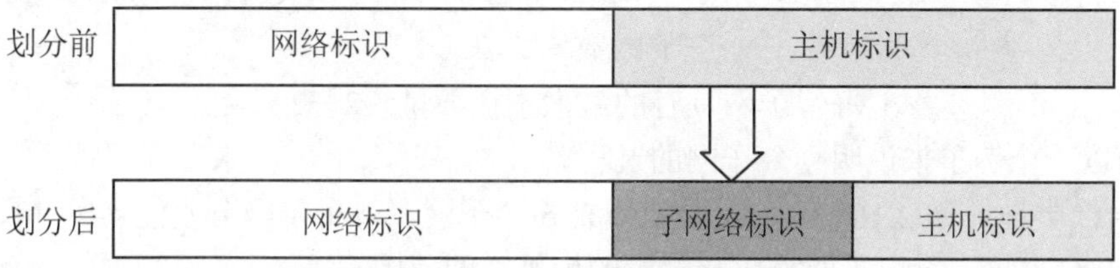

图 5-24　划分子网的示意图

5.7　子网掩码的概念

一个标准的 IP 地址，无论采用二进制形式还是点分十进制形式都可以从数值上直观地判断它的类别，指出它的网络号和主机号。但是，当包括子网号的三层结构 IP 地址出现后，一个很现实的问题是如何从 IP 地址中提取子网号。为了解决这个问题，人们提出了子网掩码（Subnet Mask）的概念。

5.7.1　子网掩码的表示方法

子网掩码采用与 IP 地址相同的位格式，由 32 位长度的二进制位构成，也被分为 4 个 8 位组并采用点分十进制来表示。子网掩码通常与 IP 地址配对出现，它将 IP 地址中网络号（包含子网号）对应的所有位设置为“1”，主机号对应的所有位设置为“0”。为了表达方便，在书写上还可以采用更加简单的“X.X.X.X/Y”方式来表示 IP 地址与子网掩码对。其中，每个 X 分别表示与 IP 地址中的一个 8 位组对应的十进制值，而 Y 表示子网掩码中与网络标识对应的位数。例如，IP 地址为 102.2.3.3，默认掩码为 255.0.0.0，可表示为 102.2.3.3/8。

5.7.2　子网掩码的作用

下面举一个例子，说明子网掩码的第一个作用：提取给定 IP 地址的子网号。

如给定的 IP 地址为 192.168.1.203，子网掩码为 255.255.255.224，试求取这个 IP 地址的子网络号和主机号。

首先，将 IP 地址与子网掩码的十进制形式转化为二进制形式，再做“与”运算，得到的结果即为子网号，过程如下：

11000000	10101000	00000001	110 01011	（192.168.1.203）
11111111	11111111	11111111	111 00000	（255.255.255.224）
11001010	10101000	00000001	110 00000	（192.168.1.192）

求得的子网号为 192.168.1.192。可以看出，一个 IP 地址为 192.168.1.203 的主机，在子网 192.168.1.192 中主机编号为 11，这是子网掩码的第一个作用。

由于 IP 地址的长度固定为 32 位，如果子网号所占的位数越多，拥有的子网数越多，可分配给主机的位数就越少，所分配给主机的 IP 地址数量就越少。反之，子网号所占的位数越少，拥有的子网数就越少，可分配给主机的位数就越多，所分配给主机的 IP 地址数量就越多。因此，可以使用子网掩码来划分子网，这是子网掩码的第二个作用。划分子网的关键是所需子网数量和最大子网所需主机数量之间的平衡。

5.8 定长子网掩码划分方法

定长子网掩码划分方法

当借用 IP 地址主机部分的高位作为子网编号时，就可以在某类地址中划分出更多的子网。设主机部分借用 n 位给子网，剩下 m 位作为主机号（$n+m$=主机标识部分的位数，若为 A 类网络，则 $n+m=24$；若为 B 类网络，则 $n+m=16$；若为 C 类网络，则 $n+m=8$），则有

$$子网数 \leqslant 2^n-2（个） \quad (5\text{-}1)$$

$$每个子网具有的最大主机数量 \leqslant 2^m-2（台） \quad (5\text{-}2)$$

下面以一个例子来说明划分子网的过程。

一个 C 类地址 192.168.10.0 需要划分成 6 个子网，每个子网分别能容纳 14、24、7、12、2、30 台主机，给出子网掩码和对应的地址空间范围。

因为需要 6 个子网，子网中最大主机数为 30 台，所以根据公式（5-1）有：$6 \leqslant 2^n-2$；根据公式（5-2）有：$30 \leqslant 2^m-2$；且 $n+m=8$（因为 C 类 IP 地址的主机位数是 8）。所以取 $n=3$，$m=5$，能够满足 6 个子网，子网最大主机数为 30 台的需要。

经过划分子网后，新的子网掩码的网络位数变为默认掩码位数 24 位加上 n（这里 n 取 3）即 27，如表 5-4 所示。表示成点分十进制，其值为 225.255.255.224。

表 5-4 划分子网后掩码变化

默认子网掩码（C 类）	从主机标识部分所借 n 位子网掩码	剩下 m 位作为主机标识
11111111.11111111.11111111.	111	00000

很显然原有的网络位并没有发生变化，因此经过划分子网后的 IP 地址的二进制形式可以写成 11000000.10101000.00001010. xxxyyyyy 形式，其中 xxx 为子网位，yyyyy 为主机位。根据网络地址的概念，在写出子网地址的时候，变化的是 xxx，为 0、1 的三位组合，yyyyy 置 00000，子网划分的具体过程如表 5-5 所示。

表 5-5 子网划分的具体过程

子网地址	网络位	子网位（x x x）	主机位（y y y y y）	子网序号
192.168.10.0	11000000 10101000 00001010	**000**	00000	子网 0
192.168.10.32	11000000 10101000 00001010	**001**	00000	子网 1
192.168.10.64	11000000 10101000 00001010	**010**	00000	子网 2

续表

子网地址	网络位	子网位（xxx）	主机位（yyyyy）	子网序号
192.168.10.96	11000000 10101000 00001010	**011**	00000	子网 3
192.168.10.128	11000000 10101000 00001010	**100**	00000	子网 4
192.168.10.160	11000000 10101000 00001010	**101**	00000	子网 5
192.168.10.192	11000000 10101000 00001010	**110**	00000	子网 6
192.168.10.224	11000000 10101000 00001010	**111**	00000	子网 7

接下来写出每一个子网可用的 IP 地址范围。此时变化的部分不再是 xxx 子网位了，而是 yyyyy 主机位，如我们要写出第一个子网 192.168.10.32 可用的 IP 地址范围，具体过程如表 5-6 所示。

表 5-6 第一个子网可用的 IP 地址范围

子网地址	网络位	子网位（xxx）	主机位（yyyyy）	子网 1IP 地址序号
192.168.10.32	11000000 10101000 00001010	**001**	00000	子网 1 网络地址（192.168.10.32）
			00001	第一个可用 IP 地址（192.168.10.33）
			00010	第二个可用 IP 地址（192.168.10.34）
			00011	第三个可用 IP 地址（192.168.10.35）
			…	…
			11110	最后一个可用 IP 地址(192.168.10.62)
			11111	子网 1 的广播地址（192.168.10.63）

由表 5-6 可知，每一个子网的第一个地址是子网地址，最后一个地址是广播地址，都不能用作主机地址，故每一个子网可用的 IP 地址数量都要去掉 2 个。经过子网划分后，每一个子网的可用 IP 范围和子网广播地址的分配情况如表 5-7 所示。

表 5-7 所有子网的 IP 地址范围和子网广播地址的分配情况

子网地址	广播地址	主机地址	子网广播地址的分配情况
192.168.10.32	192.168.10.63	192.168.10.33～192.168.10.62	分配给具有 14 台主机的子网
192.168.10.64	192.168.10.95	192.168.10.65～192.168.10.94	分配给具有 24 台主机的子网
192.168.10.96	192.168.10.127	192.168.10.97～192.168.10.126	分配给具有 7 台主机的子网
192.168.10.128	192.168.10.159	192.168.10.129～192.168.10.158	分配给具有 12 台主机的子网
192.168.10.160	192.168.10.191	192.168.10.161～192.168.10.190	分配给具有 2 台主机的子网
192.168.10.192	192.168.10.223	192.168.10.193～192.168.10.222	分配给具有 30 台主机的子网

这里去除了第一个子网（称为全 0 子网）和最后一个子网（称为全 1 子网），因为早期 RFC 950 禁止使用全 0 和全 1 子网，全 0 和全 1 子网可能给以有类方式工作的主机和路由器带来问题。全 0 子网与主类网络地址（按标准的 IP 地址进行分类的网络地址）相冲突，因为此时分不清究竟是子网地址还是主类网络地址；全 1 子网广播地址与称为直接广播地址的特殊地址相冲突。但是 RFC 1812 允许在无类域间路由（Classless Inter Domain Routing，CIDR）兼容环境中使用全 0 和全 1 子网，CIDR 兼容环境是一个现代路由选择协议，不存在以上问题。因此，在使用全 0 和全 1 子网之前，要确定用户的主机和路由器能支持它们。

动手实践

设计子网划分方案

设计子网划分方案时，需要考虑以下 6 个方面的问题。

（1）需要划分多少个子网。

（2）每个子网中需要安置多少台主机。

（3）符合网络要求的子网掩码是什么。

（4）每个子网的网络地址是什么。

（5）每个子网的广播地址是什么。

（6）每个子网可用的 IP 地址范围是什么。

某学校需要新建两个网络专业机房，每个机房安置了 49 台计算机，使用 C 类 IP 地址 192.168.1.0/24。为了便于管理，请运用子网划分技术，对新建的两个机房进行 IP 地址的合理规划。

请根据以上规划思路，将结果填在表 5-8 中。

表 5-8　IP 地址规划

分析：需要向给定 IP 地址的主机位的高位借（　　）位，子网掩码为（　　），每个子网的 IP 地址数量为（　　）个。

子网地址	子网中可用 IP 地址范围	子网广播地址

课后检测

一、填空题

1．IP 地址 199.25.23.56 的默认子网掩码是__________。

2．IP 地址是两级层次地址结构，包含__________部分和__________部分。

3．一个 IP 地址 192.168.1.5/30，其掩码采用点分十进制法表示为__________。

二、选择题

1．使用子网的主要目的是（　　）。

A．增加网络带宽　　B．增加主机地址的数量

C．扩大网络规模　　D．合理使用 IP 地址，避免浪费，便于管理

2．把网络 202.112.78.0 划分为多个子网（子网掩码是 255.255.255.192），则各子网中可用的 IP 地址总数是（　　）。

A．254　　B．252　　C．64　　D．62

3．以下地址中，不是子网掩码的是（　　）。

A．255.255.255.0　　B．255.255.0.0

C．255.241.0.0　　D．255.255.254.0

三、判断题

1．255.255.241.0 是一个子网掩码。（ ）

2．子网掩码可以单独存在。（ ）

3．广播地址主机位全为 0，网络地址主机位全为 1。（ ）

4．在定长划分出来的子网中，每一个子网所能容纳的主机数量相同。（ ）

四、简答题

1．什么是子网？什么是子网掩码？子网掩码的作用是什么？

2．设有一个网络地址为 192.168.1.0，此网络的子网掩码是 255.255.192.0，请回答以下问题：此网络划分了多少个子网？每个子网可以拥有的主机数量是多少?每个子网的网络地址是多少？每个子网的广播地址是多少？

3．某单位申请到一个 C 类网络地址 192.168.10.0，根据实际要求需划分 5 个子网。请写出每个子网的网络地址、子网掩码、子网的地址范围、广播地址和供主机使用的地址数量。

主题 4 变长子网掩码划分方法

学习目标

通过本主题的学习达到以下目标。

知识目标：

- 了解可变长子网掩码的使用场合。
- 掌握变长子网掩码划分子网的过程。
- 了解无分类域间路由 CIDR 的概念。

技能目标：

- 能够根据网络实际需求规划子网划分方案。

素质目标：

- 理解在资源有限的情况下，要努力通过各种方式提高资源利用率。
- 认识合久必分、分久必合的历史规律。

课前评估

1．随着计算机技术的普及和网络技术的高速发展，单纯的计算机已经不能满足办公、生活和学习的需求，网络已经成为计算机发展的主流，它正以一种全新的方式改变着人们的生活方式。说到网络，IP 地址是不能避免的话题，一个网络要满足通信功能，除了最基本的物理连接之外，首要的就是配置 IP 地址，其次是配置通信协议，请指出手工配置 IP 地址涉及的通信参数有哪些？

2．大家知道，目前上网的人和物越来越多，必然存在 IP 地址不够用的情况，为了提高 IP 地址的可用性，同时提高网络效率和安全性，划分子网不失为一种临时性的解决方案，IP 地址采用__________、__________和__________三级层次结构。

3．定长子网掩码划分方法类似于日常生活中将一张正方形纸片对折若干次后的结果，每个子网使用的子网掩码都是__________的，每个子网的 IP 地址数量是__________，该方法能否节省 IP 地址资源？是否可以进一步提高 IP 地址资源的利用率？请举例说明。

5.9 变长子网掩码的基本概念

传统子网划分为每个子网分配了相同数量的地址，如果所有子网对主机数量的要求相同，则这些固定大小的地址块的利用效率就会很高。但是，绝大多数情况并非如此。

5.9.1 定长子网掩码划分方法的不足

虽然定长子网掩码划分方法满足了最大主机数量的需要，并将地址空间划分为足够的子网，但是大量 IP 地址未被使用，造成了地址浪费。例如，5.8 节的例子中，对地址 192.168.10.0 进行子网划分，从最后一个二进制八位数的主机部分借用 3 位，以满足其 6 个子网的要求，其中每个子网最多可容纳 30 台主机即 30 个可用地址，而部分子网中仅仅使用到 14、7、12、2 个地址，这些子网中就会产生 16、23、18、28 个未使用地址。同时，这样还减少了可用子网的总数，从而限制了未来的发展。因此，对示例场景采用传统子网划分方案，效率并不高，而且比较浪费，而这种低效的地址使用率正是传统子网划分的不足。

5.9.2 变长子网掩码的定义

传统子网划分使用定长子网掩码（Fixed Length Subnet Mask，FLSM），可以创建大小相等的子网，其中每个子网都使用相同的子网掩码，如图 5-25（a）所示。可变长子网掩码（Variable Length Subnet Mask，VLSM）使网络空间能够分为大小不等的部分，如图 5-25（b）所示。通常将这种允许在同一网络范围内使用不同长度子网掩码的情况，称为 VLSM。使用 VLSM，子网掩码将根据特定子网所借用的位数而变化，从而成为 VLSM 的“变量”部分。

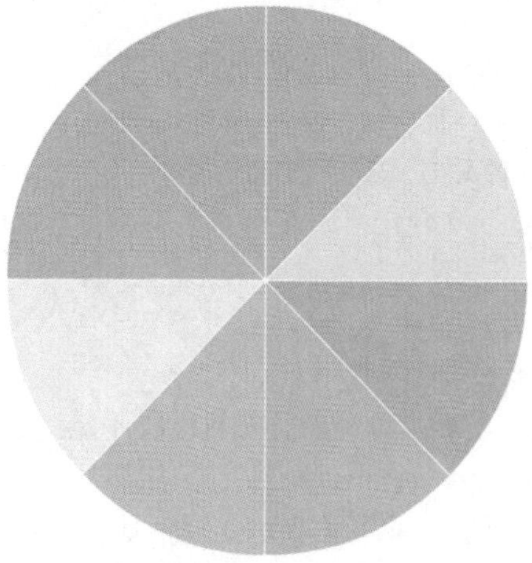

（a）定长子网掩码划分子网

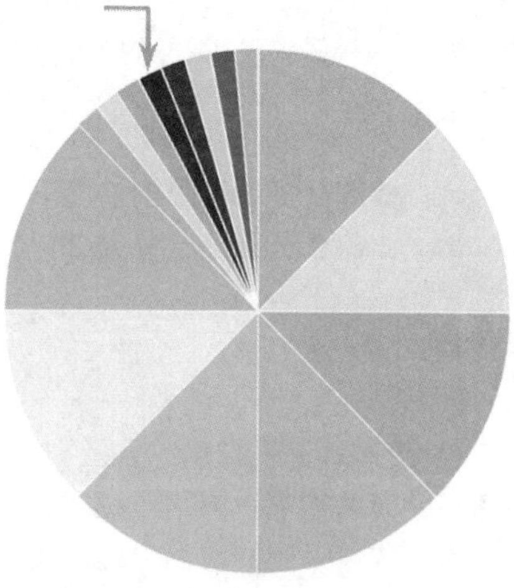

（b）可变长子网掩码划分子网

图 5-25　划分子网的依据

5.9.3 变长子网掩码划分

VLSM 子网划分方法与定长子网掩码划分方法类似，通过借用 IP 地址主机位的高位来创建子网。用于计算每个子网主机数量和所创建子网数量的公式仍然适用。区别在于，子网划分不再是可以一次性完成的活动。使用 VLSM 时，要先对网络划分子网，然后对子网进行子网划分。该过程可以重复多次，最终创建不同大小的子网。需要注意的是，使用变长子网掩码方法划分子网时，根据子网中拥有的主机数目按从大到小的顺序安排，连续分配 IP 地址，直到 IP 地址空间用完。下面仍以 5.8 节所举例子进行说明，本例需要最大化地利用 IP 地址资源。

一个 C 类地址 192.168.10.0/24 需要划分成 6 个子网，每个子网分别能容纳 14、24、7、12、2、30 台主机，请设计一个编址方案，满足上述要求并以最节约的方式规划 IP 地址。

由于每个子网的主机数量不一样，因此采用 VLSM 划分方法，步骤如下：

（1）首先满足主机数量最大的网络需求：1 个具有 30 台主机的子网。

按照 $30\leqslant2^m-2$，求得 $m=5$，且 $n+m=8$，所以 $n=3$，即需要向 IP 地址 192.168.10.0/24 的主机位借 3 位作为子网位，划分的结果如表 5-6 所示的 8 个子网，并且子网掩码均为 255.255.255.224。将 192.168.10.0/27 作为 30 台主机需求的子网。

（2）满足第二大主机数量需求：具有 24 台主机的子网。

在进行第一次划分子网后，每个子网的 IP 地址容量空间为 32，若进一步划分，必然会变成 2 个最大具有 16 个 IP 地址容量空间的子网，显然不能满足 24 个 IP 地址要求，因此，从剩下的 7 个子网中任选 1 个子网作为 24 台主机的子网，这里选择 192.168.10.32 /27 作为 24 台主机需求的子网。

（3）满足 14 台和 12 台主机的 IP 地址需求。

由于 14 和 12 与 16 非常接近，因此我们需要从剩下的 6 个子网中选出 1 个子网做进一步的子网划分，这里将对 192.168.10.64/27 进行 1 位长度的划分子网（相当于子网掩码长度为 28），得到具有 16 个 IP 地址空间的两个子网：192.168.10.64/28（满足 14 台主机的 IP 地址需求）和 192.168.10.80/28（满足 12 台主机的 IP 地址需求）。注意掩码再次发生了变化，从 255.255.255.224 变为 255.255.255.240。

（4）满足 7 台主机的 IP 地址需求。

7 台主机至少需要 7 个 IP 地址，实际所需的 IP 地址空间为 9 个（加上子网地址和广播地址），因此将 192.168.10.96/27（具有 32 个 IP 地址空间）划分成 4 个具有 8 个 IP 地址空间的子网，显然不能满足要求。因为 9 与 16 更接近，可将 192.168.10.64/27 划分成 2 个具有 16 个 IP 地址空间的子网，因此需要对 192.168.10.96/27 进行 1 位长度的划分子网（相当于子网掩码长度为 28），得到具有 16 个 IP 地址空间的两个子网：192.168.10.96/28（满足 7 台主机的 IP 地址需求）和 192.168.10.112/28（满足其他主机的 IP 地址需求）。

（5）满足 2 台主机的 IP 地址需求。

实际需要的 IP 地址空间为 4 个，因此可将 192.168.10.112/28 具有 16 个 IP 地址空间的子网进行子网化。4 个 IP 地址空间需要占用 2 位主机位，言外之意，需要向 192.168.10.112/28 子网的主机位再借 2 位用作子网位，即可以划分成 4 个具有 4 个 IP 地址空间的子网，分别是 192.168.10.112/30（满足 2 台主机的 IP 地址需求）、192.168.10.116/30（备用）、192.168.10.120/30（备用）、192.168.10.124/30（备用）。

至此，所有主机需求的 IP 地址都已分配完成，剩下的 192.168.10.128/27 未进行分配，留作他用。

读者可能会注意到，在上面的例子中，用到了子网位是全 0 或全 1 的子网，即前面提到的不可用子网。这是因为尽管以前在颁布划分子网技术时对全 0 和全 1 的子网做了禁用的规定，但出于提高 IP 地址利用率的考虑，现在的网络厂商所提供的主机及网络设备基本上都能够支持这种所谓“不可用”子网的使用。

下面针对本例的 VLSM 过程做一个小结，如表 5-9 所示。

表 5-9　VLSM 划分过程小结

所需地址个数	子网地址	子网掩码	网络前缀	浪费 IP 地址个数
30	192.168.10.0	255.255.255.224	192.168.10.0/27	2
24	192.168.10.32	255.255.255.224	192.168.10.32/27	8
14	192.168.10.64	255.255.255.240	192.168.10.64/28	2
12	192.168.10.80	255.255.255.240	192.168.10.80/28	4
7	192.168.10.96	255.255.255.240	192.168.10.96/28	9
2	192.168.10.112	255.255.255.252	192.168.10.112/30	2
掩码长度变化：24→27→28→30				

5.10　网络地址转换技术

IP 地址空间内大部分是公有 IP 地址，使用公有 IP 地址的主机可以访问 Internet。与之相对地，使用私有 IP 地址的主机访问范围被限制在组织内部网络，不能访问 Internet。在 A、B、C 3 个主类网络地址空间中，各取出其中的一个子集作为私有 IP 地址空间，A 类私有地址空间为 10.0.0.0～10.255.255.255，B 类私有地址空间为 172.16.0.0～172.31.255.255，C 类私有地址空间为 192.168.0.0～192.168.255.255。

如果组织内部的主机要访问 Internet，需要使用网络地址转换技术。网络地址转换（Network Address Translation，NAT）是 Internet 工程任务组（Internet Engineering Task Force，IETF）公布的标准，允许一个机构以一个公有 IP 地址出现在 Internet 上。它能够帮助解决 IP 地址紧缺问题，而且使得内外网络隔离，提供一定的网络安全保障。它解决问题的办法是：在内部网络（Intranet）中使用私有 IP 地址，通过 NAT 把私有 IP 地址翻译成公有 IP 地址在 Internet 上使用，其具体做法是把 IP 数据报内的地址域用公有 IP 地址来替换，如图 5-26 所示。NAT 功能通常被集成到路由器、防火墙中，也有单独的 NAT 设备。NAT 设备维护一个状态表，用来把私有 IP 地址映射到公有 IP 地址上去。

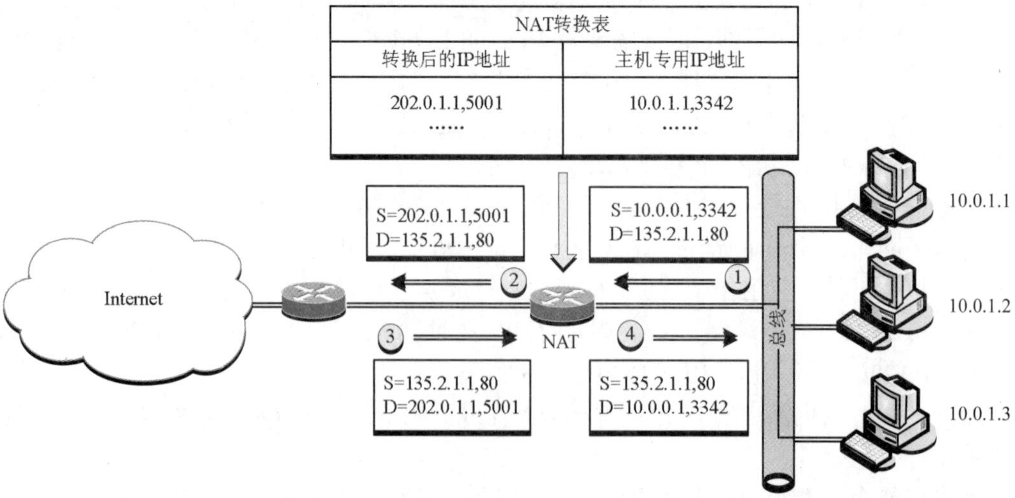

图 5-26　NAT 工作过程

动手实践

最大化利用 IP 地址资源

在图 5-27 所示的网络拓扑结构图中，将使用给定的 192.168.10.0/24 网络地址来设计 VLSM 编址方案。

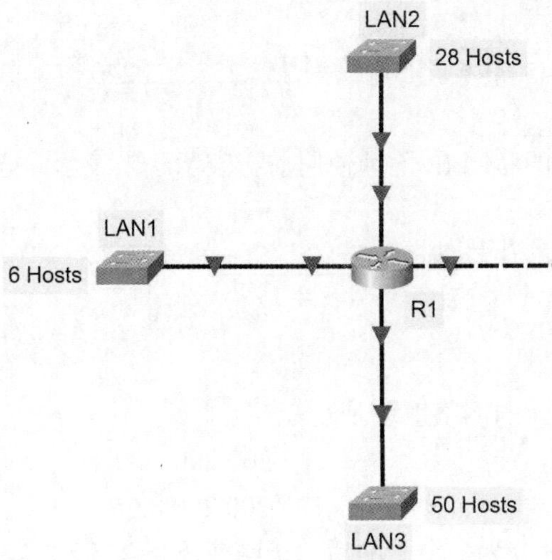

图 5-27　网络拓扑结构图

1. 分析网络要求

确定所需子网的数量，该网络的要求如下：

（1）LAN1 要求使用__________个 IP 地址。

（2）LAN2 要求使用__________个 IP 地址。

（3）LAN3 要求使用__________个 IP 地址。

（4）R1 和 R2 之间互联需要__________个 IP 地址。

（5）网络拓扑中需要__________个子网。

2. 确定每个子网的子网掩码信息

（1）LAN1 使用子网掩码__________满足所需 IP 地址的数量。

（2）LAN2 使用子网掩码__________满足所需 IP 地址的数量。

（3）LAN3 使用子网掩码__________满足所需 IP 地址的数量。

（4）R1 和 R2 之间互联使用子网掩码__________满足所需 IP 地址的数量。

3. 记录 VLSM 子网

完成 VLSM 规划结果列表 5-10，列出子网名称、网络地址、子网掩码、第一个可用的 IP 地址以及广播地址。

表 5-10　VLSM 规划结果列表

子网名称	网络地址	子网掩码（前缀表示法）	第一个可用的 IP 地址	广播地址

4. IP 地址资源的利用率

通过 VLSM 划分子网后，已占用 IP 地址数量为__________个，留着将来备用的 IP 地址数量为__________个，IP 地址资源的利用率为__________。

课后检测

一、填空题

1．当 IP 地址为 210.198.45.60，子网掩码为 255.255.255.240 时，其对应的网络地址是__________，广播地址是__________。

2．将 A 类、B 类、C 类的私网 IP 地址使用前缀表示法来表示，分别为__________、__________和__________。

3．NAT 是将__________转化或翻译为__________的过程。

二、选择题

1．IP 地址 200.200.8.68/24 的网络地址是（　　）。

A．200.200.8.0　　B．200.200.8.32

C．200.200.8.64　　D．200.200.8.65

2．把网络 202.112.78.0 划分为多个子网后，子网掩码是 255.225.255.192，则各子网中的可用主机数是（　　）。

A．254　　B．252

C．64　　D．62

3．某公司申请到一个 C 类 IP 地址，但要连接 6 个分部，最大的分部有 26 台计算机，则子网掩码应设为（　　）。

A．255.255.255.0　　B．255.255.255.128

C．255.255.255.192　　D．255.255.255.224

三、判断题

1．变长子网划分可以使 IP 地址的利用率达到 100%。（　　）

2．变长划分出来的每一个子网的子网掩码相同。（　　）

3．192.168.1.0/24 使用掩码 255.255.255.240 划分子网，其可用子网数为 14。（　　）

4．172.16.10.32/24 代表的是网络地址。（　　）

四、简答题

1．子网掩码 255.255.255.0 代表什么意思？如果某一网络的子网掩码为 255.255.255.128，那么该网络能够连接多少台主机？

2．某公司有工程部、市场部、财务部和办公室四个部门，每个部门分别需要 5、17、28 和 40 台计算机。假设使用 C 类网络地址 192.168.161.0，请运用子网划分技术对公司 IP 地址进行合理的规划。需要划分多少个子网，每个子网拥有的 IP 地址数是多少？子网掩码是多少？各部门网络中的主机 IP 地址范围？每个子网的网络地址和广播地址是是多少？

主题 5　IPv6 地址

学习目标

通过本主题的学习达到以下目标。

知识目标：

- 了解 IPv6 地址。
- IPv6 协议、IPv6 地址的表示。

技能目标：

- 能够配置 IPv6 地址。

素质目标：

- 抓住机遇，树立责任担当意识。

课前评估

1．理论上，IPv4 最多有__________亿个地址。__________、__________和__________对放缓 IPv4 地址空间的耗尽起了不可或缺的作用。当今的 Internet 与过去几十年比大有不同。当今的 Internet 不仅仅是电子邮件、网页和计算机间的文件传输，还在不断向物联网发展。能够访问 Internet 的设备将不仅仅只有计算机、平板电脑和智能手机。未来安装有传感器和 Internet 预留装置的设备会包括汽车、生物化学设备和家用器械以及自然生态系统等一切事物。IPv4 地址已经无法满足这一增长的需求。

2．到目前为止，全球 IPv4 地址空间已耗尽。考虑到 Internet 用户的不断增加、有限的 IPv4 地址空间和万物互联等问题，是时候向 IPv6 进行过渡了。IPv6 地址不但拥有更大的__________位地址空间，提供__________个地址，还修复了 IPv4 协议的一些限制，如__________和__________等，并开发了额外的增强功能。需要注意的是，过渡到 IPv6 不是一朝一夕可以完成的，因此，IPv4 和 IPv6 共存会花费数年时间。

5.11　IPv4 协议的主要问题

在 Internet 快速发展的过程中，IPv4 协议存在的局限性逐渐凸显出来。IPv4 的局限性以及需要改进的原因如下。

1．地址空间的局限性

IPv4 地址为 32 位长，地址空间可能具有多于 40 亿的地址编码。有人可能会认为 Internet 很容易容纳数以亿计的主机，但是这只适用于 IP 地址以顺序化分布的情况，即第一台主机的地址为 1，第二台主机的地址为 2，依此类推。而 IPv4 地址是采用分类的层次结构划分的，造成地址空间浪费严重。

2．缺乏对安全性的支持

长期以来人们认为安全问题在网络协议的低层并不重要，都是把网络安全问题交给高层处理。例如，安全套接字层（Secure Sockets Layer，SSL）和安全超文本传输协议（Secure

Hyper Text Transfer Protocol，SHTTP），就是分别在运输层和应用层增强网络的安全性。这些技术均不能从根本上解决网络安全问题。

3. 缺乏对服务质量的支持

IPv4 网络提供尽力交付的服务，缺乏对多媒体信息传输的有效支持，不提供服务质量保证。例如，带宽、时延、误码率和抖动等。目前网络中主要是音频和视频信息流的传输，尽管已经提出了资源预留协议（Resource Reservation Protocol，RSVP）、综合服务（InteServ）、区分服务（DifiServ）、支持实时传输的实时传输协议（Real Transfer Protocol，RTP）和实时传输通信协议（Real Transfer Communication Protocol，RTCP），但是这些附加的协议又增加了构建网络的复杂性和成本。

4. IPv4 路由问题

由于 IPv4 路由表的长度随着网络数量的增加而变长，路由器在表中查询正确路由的时间就越长。现在的 Internet 拥有大量的网络，在骨干路由器上通常携带超过 10 万个不同网络地址的显式路由表项，查询路由的延时将影响到网络的性能，这种影响远比地址空间的匮乏更加严重，必须寻找采用分级地址寻址来汇聚和简化选路的方法。

5.12 IPv6 协议的改进措施

IPv6 相对于 IPv4 来说，主要有以下 5 方面的改进。

1. 扩展的地址空间和结构化的路由层次

IP 地址长度由 IPv4 的 32 位扩展到 128 位，全局单点地址采用支持无分类域间路由的地址聚类机制，可以支持更多的地址层次和更多的节点数目，并且使自动配置地址更加简单。

2. 简化了报头格式

IPv4 报头中的一些字段被取消或是变成可选项，尽管 IPv6 的地址是 IPv4 的 4 倍，IPv6 的基本报头只是 IPv4 报头长度的 2 倍。IPv6 取消了对报头中可选项长度的严格限制，增加了灵活性。

3. 简单的管理，支持即插即用

通过实现一系列的自动发现和自动配置功能，IPv6 简化了网络节点的管理和维护。已实现的典型技术包括最大传输单元发现（MTU Discovery）、邻接节点发现（Neighbor Discovery）、路由器通告（Router Advertisement）、路由器请求（Router Solicitation）、节点自动配置（Auto-configuration）等。

4. 增加了网络的安全性

在制订 IPv6 技术规范的同时，产生了 IPSec（IPSecurity），用于提供 IP 层的安全性。目前，IPv6 实现了认证头（Authentication Header，AH）和封装安全载荷（Encapsulated Security Payload，ESP）两种机制。前者实现数据的完整性及对 IP 包来源的认证，保证分组确实来自源地址所标记的节点；后者提供数据加密功能，实现端到端的加密。

5. 提供网络服务质量（QoS）能力

报头中的“标签”字段用于鉴别同一数据流的所有报文，因此路径上所有路由器可以鉴别一个流的所有报文，实现非默认的服务质量或实时的服务等特殊处理。

5.13 IPv6 协议数据单元

IPv6 协议数据单元称为分组，由固定首部（Base Header）和有效载荷（Payload）组成，有效载荷又包括扩展首部（Extension Header）和数据部分。

1. IPv6固定首部

IPv6固定首部有40字节，包含8个字段，如图5-28所示。

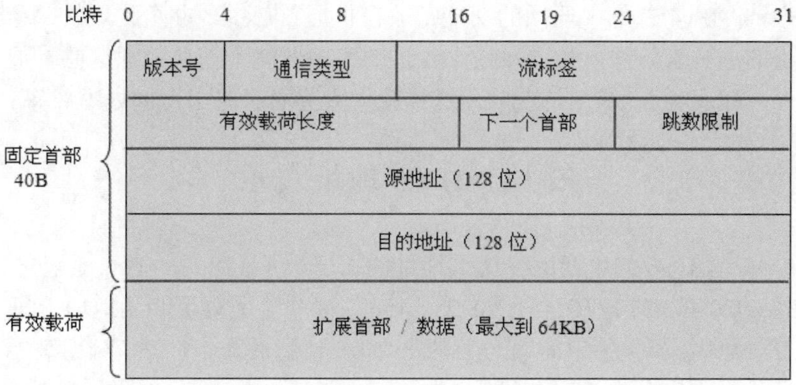

图5-28 IPv6协议基本首部格式

IPv6固定首部8个字段的作用描述如下：

（1）版本（Version）占4位。它指明了协议的版本，对IPv6该字段是6。

（2）通信量类（Traffic Class）占8位。这是为了区分不同的IPv6数据报的类别或优先级。目前正在进行不同的通信量类性能的实验。

（3）流标号（Flow Label）占20位。IPv6的一个新机制是支持资源预分配，并且允许路由器把每一个数据报与一个给定的资源分配相联系。IPv6提出流（Flow）的抽象概念，即互联网络上从特定源点到特定终点（单播或多播）的一系列数据报（如实时音频或视频传输），而在这个“流”所经过的路径上的路由器都保证指明的服务质量。所有属于同一个流的数据报都具有相同的流标号，因此流标号对实时音频/视频数据的传送特别有用。对于传统的电子邮件或非实时数据，流标号则没有用处，把它置为0即可。

（4）有效载荷长度（Payload Length）占16位。它指明IPv6数据报除基本首部以外的字节数（所有扩展首部都算在有效载荷之内）。这个字段的最大值是64KB（65535字节）。

（5）下一个首部（Next Header）占8位。它相当于IPv4的协议字段或可选字段。当IPv6数据报没有扩展首部时，“下一个首部”字段的作用和IPv4的协议字段一样，它的值指出了基本首部后面的数据应交付给IP上面的哪一个高层协议（如6或17分别表示应交付给TCP或UDP）。当出现扩展首部时，“下一个首部”字段的值就标识后面第一个扩展首部的类型。

（6）跳数限制（Hop Limit）占8位。用来防止数据报在网络中无限期地存在。源点在每个数据报发出时即设定某个跳数限制（最大为255跳）。每个路由器在转发数据报时，要先把“跳数限制”字段中的值减1。当跳数限制的值为0时，就要把这个数据报丢弃。

（7）源地址占128位，即数据报的发送端的IPv6地址。

（8）目的地址占128位，即数据报的接收端的IPv6地址。

2. IPv6扩展首部

IPv6分组在基本首部后面允许有0个或多个扩展首部，在后面是数据。有多个可选扩展首部的IPv6分组的一般格式如图5-29所示。

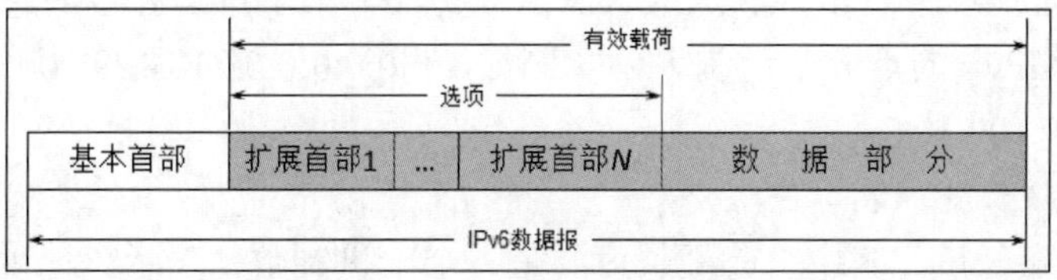

图5-29 IPv6协议扩展首部格式

大家知道，IPv4 的数据报如果在其首部中使用了选项，那么沿数据报传送的路径上的每一个路由器都必须对这些选项一一进行检查，这就降低了路由器处理数据报的速度。然而实际上很多的选项在中途的路由器上是不需要检查的（因为不需要使用这些选项的信息）。IPv6 把原来 IPv4 首部中选项的功能都放在扩展首部中，并把扩展首部留给路径两端的源点和终点的主机来处理，数据报途中经过的路由器就不需要处理这些扩展首部（只有一个首部例外，即逐跳选项扩展首部），这样就大大提高了路由器的处理效率。

IPv6 地址表示

5.14　IPv6 地址表示

我们已经知道，IPv6 的主要改变就是地址的长度成了 128 位，IPv6 地址一共有 2^{128} 个，即 340,282,366,920,463,374,607,431,768,211,456，这个地址数足够让地球上每人拥有上千个 IP 地址。IPv6 使用冒号将 IP 地址分割成 8 个 16 比特的数组，每个数组表示成 4 位十六进制数。IPv6 地址不区分大小写，可用大写或小写书写。一般有 4 种文本表示形式，具体如下。

1. 首选的格式

把 128 比特划分成 8 段，每段 16 比特，用十六进制表示，并使用冒号等间距分隔，如图 5-30 所示。例如，F00D:4598:7304:3210:FEDC:BA98:7654:3210。

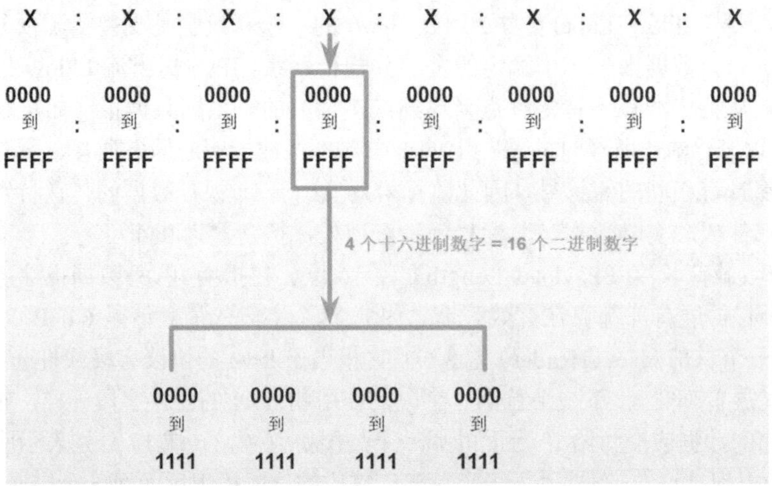

图 5-30　IPv6 地址表示

2. 压缩格式

在某些 IPv6 的地址形式中，很可能包含了长串的“0”。为了书写方便，可以允许“0”压缩，即一连串的 0 用一对冒号来取代。例如，地址 1080:0:0:0:8:8000:200C:417A 可以表示为 1080::8:8000:200C:417A。但要注意，为了避免出现地址表示的不清晰，一对冒号（::）在一个地址中只能出现一次。

3. 内嵌 IPv4 的 IPv6 地址

当涉及 IPv4 和 IPv6 的混合环境时，为了实现 IPv4 与 IPv6 互通，IPv4 地址会嵌入到 IPv6 地址中，此时地址常表示为 X:X:X:X:X:X:d.d.d.d，前 96 比特采用冒分十六进制表示，后 32 比特则使用 IPv4 的点分十进制表示。例如，0:0:0:0:0:0:218.129.100.10 或者以压缩形式表示为::218.129.100.10。

4. “地址/前缀长度”表示法

IPv6 地址/前缀长度，其中“前缀长度”是一个十进制数，表示该地址的前多少位是地址前缀。例如，F00D:4598:7304:3210:FEDC:BA98:7654:3210，其地址前缀是 64 位，就可以表示为 F00D:4598:7304:3210:FEDC:BA98:7654:3210/64。当使用 Web 浏览器向一台 IPv6 设备发起 HTTP 连接时，必须将 IPv6 地址输入浏览器，而且要用方括号将 IPv6 地址括起来。为什么呢？这是因为浏览器在指定端口号时，已经使用了一个冒号。因此，如果不用方括号将 IPv6 地址括起来，浏览器将无法识别哪个是 IPv6 地址，哪个是端口号。下面是这种情况的一个例子，方括号内部是 IPv6 地址，外面的:80 是端口号。http://[2001:0db8:3c4d:0012:0000:0000:1234:56ab]:80/default.html，显然，如果可以的话，人们更愿意使用网站的域名来访问 Web 站点，如 http://www.91xueit.com，所以在 IPv6 的网络中 DNS 变得尤为重要。

5.15 IPv6 地址类型

RFC2373 中定义了 3 种 IPv6 地址类型，即单播地址（Unicast）、多播地址（Multicast）、任播地址（Anycast）。

1. 单播地址（Unicast）

单播地址是点对点通信时使用的地址，此地址仅标识一个接口，路由器负责把对单播地址发送的数据报送到该接口上。单播地址的形式有全球单播地址（Global Unicast Address）、未指定地址（Unspecified Address）、环回地址（Loopback Address）等。IPv6 全球单播地址格式如图 5-31 所示。

图 5-31 IPv6 全球单播地址格式

全球路由前缀（global routing prefix）：典型的分层结构，根据 ISP 来组织，用来分配给站点（site），站点是子网的集合。

子网 ID（Subnet ID）：站点内子网的标识符，由站点的管理员分层构建。

接口 ID（Interface ID）：用来标识链路上的接口。在同一子网内是唯一的。

2. 多播地址（Multicast）

多播地址标识一组接口。当数据报的目的地址是多播地址时，路由器尽量将其发送到该组的所有接口上。信源利用多播功能只须生成一次报文即可将其分发给多个接收者。多播地址以 11111111 即 ff 开头。

3. 任播地址（Anycast）

任播地址标识一组接口，它与多播地址的区别在于发送数据报的方法。向任播地址发送的数据报并未分发给组内的所有成员，而是发往该地址标识的“最近的”接口。任播地址从单播地址空间中分配，可使用单播地址的任何格式。因而，从语法上，任播地址与单播地址没有区别。当一个单播地址被分配给多于一个接口时，就将其转化为任播地址。被分配具有任播地址的节点必须得到明确的配置，从而知道它是一个任播地址。

动手实践

配置 IPv6 地址

在图 5-32 所示的网络拓扑图中，根据规划的 IPv6 地址，在 PC 上配置 IPv6 地址，并使两个 PC 主机之间能相互连通。

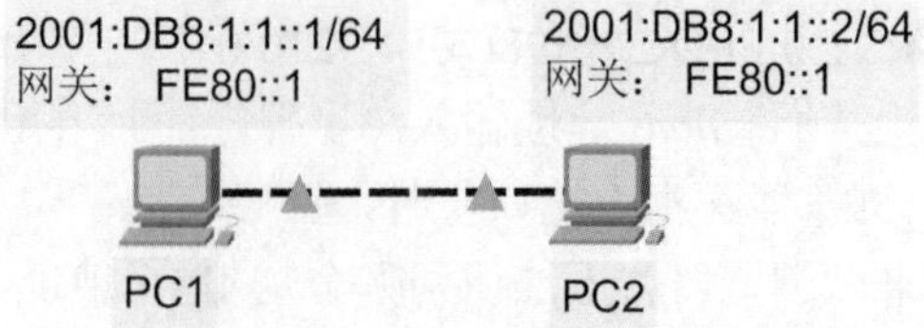

图 5-32 IPv6 地址配置拓扑图

（1）打开 PC1 的配置界面，单击 Desktop（桌面）选项卡 > IP Configuration（IP 配置）。

（2）将 IPv6 Address（IPv6 地址）设置为 2001:DB8:1:1::1，前缀为/64。

（3）将 IPv6 Gateway（IPv6 网关）设置为本地链路地址 FE80::1。

（4）在 PC2 上重复（1）~（3）步，配置规划的 IPv6 地址。

（5）在 PC1 的命令行窗口，执行 ping 2001:db8:1:::2 命令，测试是否 ping 通。

课后检测

一、填空题

1．IPv6 的地址容量空间为__________。

2．IPv6 有 3 种地址类型，分别是__________、__________和__________。

3．采用压缩格式 0:0:0:0:0:0:0:0 等于__________，这是 IPv4 中 0.0.0.0 的等价物，当向 DHCPv6 服务器请求地址时，源地址就是 0:0:0:0:0:0:0:0。0:0:0:0:0:0:0:1 等于__________，这是 IPv4 中 127.0.0.1 的等价物。

二、选择题

1．由 IPv4 升级到 IPv6，对 OSI 参考模型来说是（　　）进行了更改。

A．网络层　　B．数据链路层

C．物理层　　D．应用层

2．目前来看，下面关于 IPv4 的描述（　　）项是错误的。

A．IPv4 地址空间即将耗尽　　B．路由表急剧膨胀

C．能够提供多样的 QoS　　D．网络安全令人担忧

3．下列关于 IPv6 基本报头中有效载荷长度字段的描述错误的是（　　）。

A．字段长度为 16bit

B．有效载荷长度不包含基本报头的长度

C．一个 IPv6 数据报可以容纳 64KB 数据

D．有效载荷长度包含基本报头的长度

4．下列（　　）IPv6 地址是错误地址。

A．::FFFF　　B．::1　　C．::1:FFFF　　D．::1::FFFF

三、判断题

1．IPv6 地址没有广播地址。（　　）

2．IPv6 协议不再有分片操作。（　　）

四、简答题

从报文格式角度出发，比较 IPv4 和 IPv6 数据报格式。

主题 6　互联设备

学习目标

通过本主题的学习达到以下目标。

知识目标：

- 理解路由器的组成，基本组件。
- 掌握路由器的工作原理和路由表的内容。
- 掌握路由器的基本配置方式和管理方式。

技能目标：

- 能够认识路由器的物理部件和安装路由器。

素质目标：

- 明白核心技术无法靠“化缘”获得，必须自力更生自主创新。

课前评估

1. 通过前期所学知识可知，路由器是__________两个或多个网络的硬件设备，在网络间起__________的作用，是读取每一个__________中的地址，然后决定如何转发的专用智能性的网络设备。

2. 在数据传输过程中会使用到两个地址：MAC 地址和 IP 地址，__________地址用于同一物理或逻辑第二层网络上的设备间进行通信，而__________可以在多个网络设备之间进行通信。其中的一个重要操作是 ARP，在知道下一跳的 IP 地址的前提下，获取下一跳的 MAC 地址。那么 IP 数据报在同一个网络或跨网通信转发过程中，IP 地址与 MAC 地址到底哪一个在发生变化？

3. 回顾 IP 数据报的结构和各个字段的含义，路由器用于互联两个或多个独立的相同类型和不同类型的网络，当它收到一个 IP 分组的前 8 位是 01000010，会选择丢弃该分组，为什么？

4. 在网络实训室或借助 Internet 熟悉路由器的外部特征和组件，如电源开关、管理端口、LAN 和 WAN 接口、指示灯、网络扩展槽、内存扩展槽和 USB 端口。图 5-33 为 Cisco 1941 ISR 背板示意。识别思科路由器的各个部分，回答以下问题。

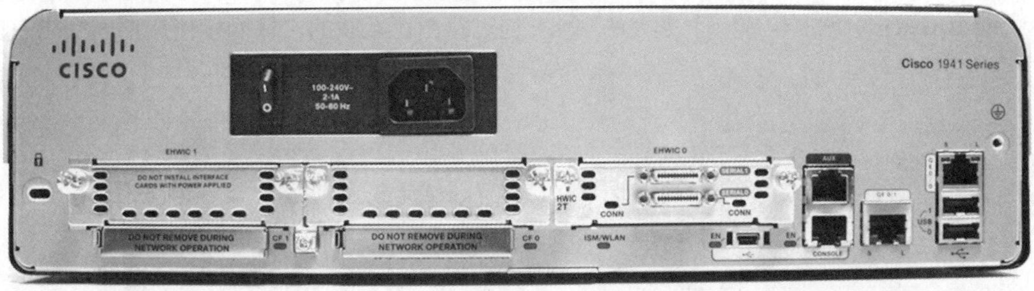

图 5-33　Cisco 1941 ISR 背板示意图

（1）圈出并标记图片中描绘的路由器的电源开关。

（2）圈出并标记管理端口。

（3）圈出并标记路由器的 LAN 接口。图片中路由器有多少个 LAN 接口，接口的技术类型是什么？

（4）圈出并标记路由器的 WAN 接口。图片中路由器有多少个 WAN 接口，接口的技术类型是什么？

5.16 互联设备比较

在组建计算机网络时，应根据实际情况来选择不同的网络互联设备，为了方便使用，现将 4 种互联设备的连接层次和各自的性能特点进行比较，如表 5-11 所示。

表 5-11 4 种互联设备性能特比较

互联设备	互联层次	应用场合	功能	优点	缺点
中继器	物理层	互联相同 LAN 的多个网段	信号放大； 延长信号传送距离	互联容易； 价格低； 基本无延迟	互联规模有限； 不能隔离不需要的流量； 无法控制信息传输
网桥	数据链路层	各种局域网的互联	连接局域网； 改善局域网性能	互联容易； 协议透明； 隔离不必要的流量； 交换效率高	会产生广播风暴； 不能完全隔离不必要的流量； 管理控制能力有限，有延迟
路由器	网络层	LAN 与 LAN 互联 LAN 与 WAN 互联 WAN 与 WAN 互联	路由选择； 过滤信息； 网络管理	适合于大规模复杂网络互联； 管理控制能力强； 充分隔离不必要的流量； 安全性好	网络设置复杂； 价格高； 延迟大
网关	会话层 表示层 应用层	互联高层协议不同的网络； 连接网络与大型主机	在高层转换协议	可以互联差异很大的网络； 安全性好	通用性差； 不易实现

5.17 路由器的基本概念

路由器（Router）工作在 OSI 模型中的网络层，利用网络层定义的“逻辑”上的网络地址（即 IP 地址）来区别不同的网络。路由器用于互联两个或多个独立的相同类型和不同类型的网络，它能对不同网络或网段之间的数据信息进行“翻译”，以使它们能够相互“读懂”对方的数据，从而构成一个更大的网络，通过路由器互联的广域网示例如图 5-34 所示。

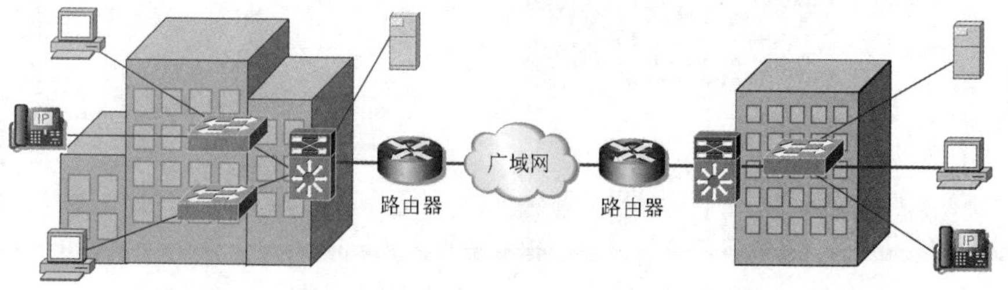

图 5-34 通过路由器互联的广域网

路由器主要完成两项工作，即“寻径”和“转发”。“寻径”是指建立和维护路由表的过程，主要由软件实现；“转发”是指把数据分组从一个接口转到另一个接口的过程，主要由硬件实现。

5.18 路由器的组成部件

路由器是一台具有特殊功能的计算机，它的主要功能不是传统的文字和图像处理，而是路由计算和数据报的转发。路由器除了和传统的计算机有类似的体系结构外，还和计算机一样拥有相应的操作系统。下面来了解路由器的结构。

5.18.1 硬件组成

路由器的硬件组成如图 5-35 所示。

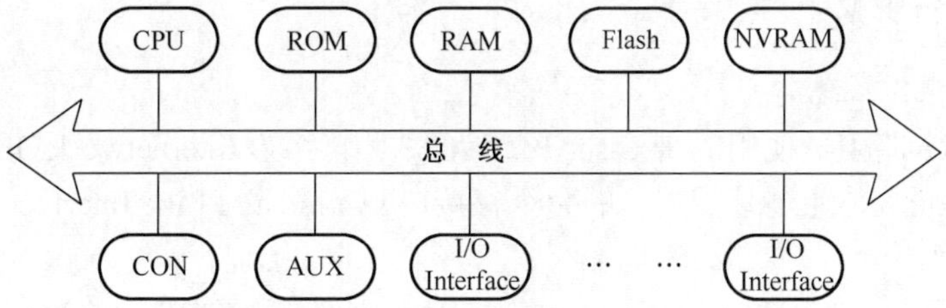

图 5-35 路由器的硬件组成

1. CPU

中央处理单元，和计算机一样，它是路由器的控制和运算部件。

2. RAM/DRAM

内存（Random Access Memory/Dynamic Random Access Memory，RAM/DRAM）是路由器主要的存储部件。RAM 也称为工作存储器，包含动态的配置信息，用于存储临时的运算结果，如路由表、ARP 表、快速交换缓存、缓冲数据报、数据队列、当前配置文件等。

3. Flash Memory

可擦除、可编程的 ROM，用于存放路由器的操作系统，Flash 的可擦除特性允许更新、升级操作系统而不用更换路由器内部的芯片。路由器断电后，Flash 的内容不会丢失。当 Flash 容量较大时，就可以存放多个版本操作系统。

4. NVRAM

非易失性 RAM（Non-volatile RAM），用于存放路由器的配置文件，路由器断电后，NVRAM 中的内容仍然保持。NVRAM 包含的是配置文件的备份。

5. ROM

只读存储器，存储了路由器的开机诊断程序、引导程序和特殊版本的操作系统软件（用于诊断等有限用途），ROM 中软件升级需要更换芯片。

6. 接口（Interface）

接口用于网络连接，路由器就是通过这些接口和不同的网络进行连接的。路由器具有非常强大的网络连接和路由功能，它可以与各种各样的网络进行物理连接，这就决定了路由器的接口技术非常复杂，越是高档的路由器所能连接的网络类型越多，其接口种类也就越多。

（1）AUI 端口。AUI 端口是用来与粗同轴电缆连接的接口，它是一种“D”型 15 针接口，在令牌环网或总线型网络中是一种比较常见的端口。

（2）RJ-45 端口。RJ-45 端口是最常见的双绞线以太网端口。一般为两个，分别标为

Ethernet 0/0 和 Ethernet 0/1。

（3）Console 端口。Console 端口（本地配置端口）使用配置专用连线直接连接至计算机的串口，利用终端仿真程序（如 Windows 下的“超级终端”）进行路由器本地配置。路由器的 Console 端口多为 RJ-45 端口，但使用的线却为反转线。

（4）AUX 接口。用于路由器的远程配置连接。AUX 端口为异步端口，主要用于远程配置，也可用于拔号连接，还可通过收发器与 Modem 进行连接。AUX 端口与 Console 端口通常同时提供，因为它们的用途不一样。

（5）高速同步串口。在路由器的广域网连接中，应用最多的端口还要算“高速同步串口”（Serial）。这种端口主要是用于连接目前应用非常广泛的 DDN、帧中继（Frame Relay）、X.25、PSTN 等网络。在企业网之间有时也通过 DDN 或 X.25 等广域网连接技术进行专线连接。这种同步端口一般要求速率非常高，因为通过这种端口所连接的网络的两端都要求实时同步。

5.18.2 软件组成

1. 路由器操作系统

大部分 Cisco 路由器使用的是 Cisco 网络互联操作系统（Internetwork Operating System，IOS）。IOS 配置通常是通过基于文本的命令行接口（Command Line Interface，CLI）进行的。

2. 配置文件

（1）启动配置文件（Startup-Configure）：也称为备份配置文件，被保存在 NVRAM 中，并且在路由器每次初始化时加载到内存中变成运行配置文件。

（2）运行配置文件（Running-Configure）：也称为活动配置文件，驻留在内存中。当通过路由器的命令行接口对路由器进行配置时，配置命令被实时添加到路由器的运行配置文件中并被立即执行。

5.19 路由器的工作原理

路由器是用来连接不同网段或网络的，它要确定通信的两台主机是否在同一网络中，同时为了保证路由成功，路由器需要依靠路由表进行路由工作。

5.19.1 路由表

路由器将所有关于如何到达目标网络的最佳路径信息以数据库表的形式存储起来，这种专门用于存放路由信息的表被称为路由表（Routing Table）。路由器寻径的依据是经过的每个路由器中的路由表。路由表中的不同表项（Routing Entry）给出了到达不同目标网络所需要历经的路由器接口或下一跳（Next Hop）地址信息。路由表不包含从源网络到目的网络的完整路径信息，它只包含该路径中下一跳地址的相关信息。路径上所有中间路由器之间的路由信息都采用网络地址的形式，而不是特定主机的地址。只有在最终路由器的路由表中，目的地址才指向特定的主机而非某一网络。通过 3 台路由器互联 4 个子网的示例如图 5-36 所示。

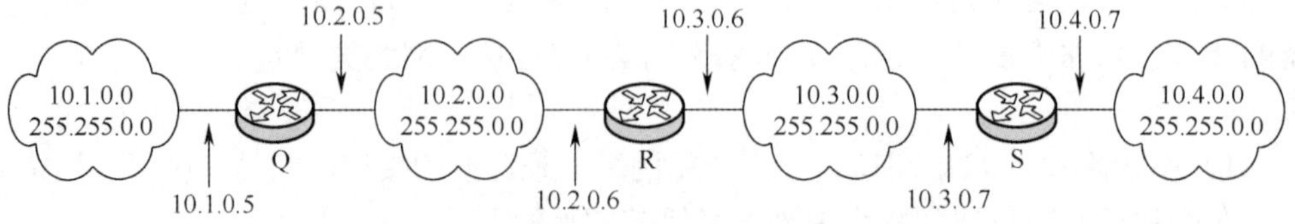

图 5-36 通过 3 台路由器互联 4 个子网的示例

表 5-12 给出了路由器 R 的路由表。如果路由器 R 收到一个目的地址为 10.4.0.16 的 IP 数据报，那么它在进行路由选择时首先将该 IP 地址与路由表第一个表项的子网掩码 255.255.0.0 进行“与”操作，由于得到的操作结果 10.4.0.0 与本表项目的网络地址 10.2.0.0 不相同，说明路由选择不成功，需要对路由表的下一个表项进行相同的操作。当对路由表的最后一个表项操作时，IP 地址 10.4.0.16 与子网掩码 255.255.0.0“与”操作的结果 10.4.0.0 同目的网络地址 10.4.0.0 一致，说明选路成功，于是路由器 R 将报文转发给该表项指定的下一路由器 10.3.0.7（即路由器 S）。当然，路由器 S 接收到该 IP 数据报后也需要按照自己的路由表，决定数据报的去向。

表 5-12　路由器 R 的路由表

子网掩码	要到达的网络	下一路由器
255.255.0.0	10.2.0.0	直接投递
255.255.0.0	10.3.0.0	直接投递
255.255.0.0	10.1.0.0	10.2.0.5
255.255.0.0	10.4.0.0	10.3.0.7

5.19.2　路由器的工作过程

对路由器而言，上述这种根据分组的目标网络号查找路由表以获得最佳路径信息的功能被称为路由（Routing），而将从接收端口进来的数据分组按照输出端口所期望的帧格式重新进行封装并转发（Forward）出去的功能称为交换（Switching）。路由与交换是路由器的两大基本功能。

路由器或主机首先将数据包封装（翻译）成适合链路传输的数据帧（以太网帧、PPP 帧等），当路由器接收到一个数据帧后会解封装此帧，得到源主机发送过来的数据报，根据数据报中的目标网络信息查找路由表，将数据包转发到能够达到目标网络的路由器的接口上后，再将数据包封装成适合下一条链路传输的数据帧后发送到链路上。在其他路由器上执行类似的过程，如此反复，最终将数据包从一台主机上，经路由器“逐跳”转发后到达目标主机。

5.20　路由器的基本配置

以 Cisco 路由器为例来说明路由器的基本配置。

5.20.1　路由器的配置方法

对路由器进行配置，可以通过如图 5-37 所示的几种方法。

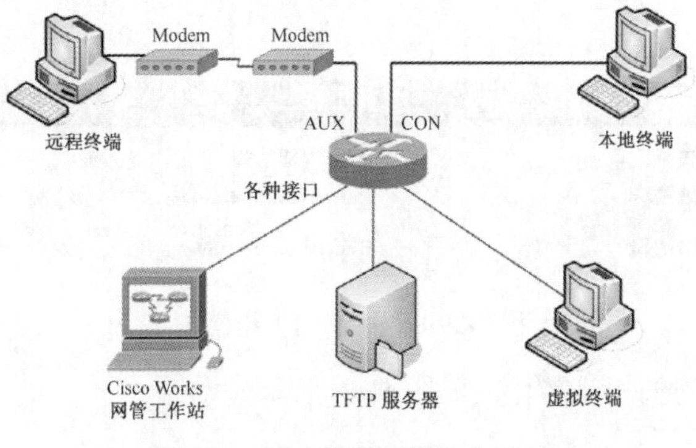

图 5-37　路由器的几种访问方法

1. 控制台端口（Console Port）

通过控制台端口直接对设备进行配置，设备连接方法如图 5-38 所示。

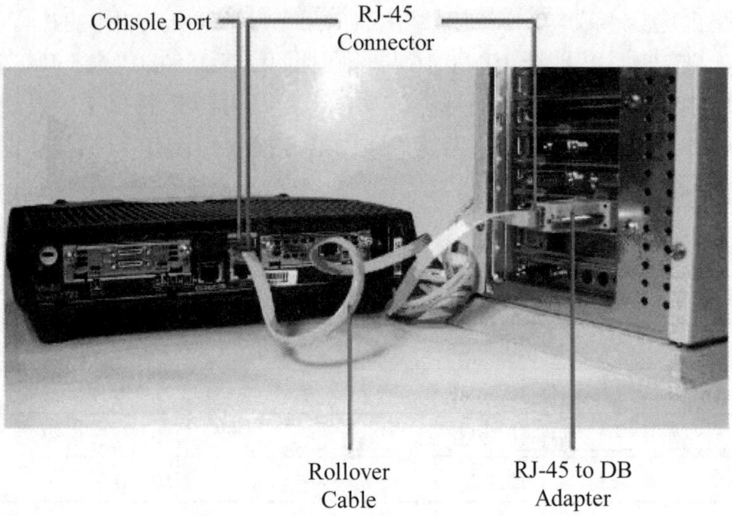

图 5-38　通过控制台端口访问路由器

2. 远程登录（Telnet）

可以通过 Telnet 程序对设置 IP 地址的路由器进行远程配置。例如，如果路由器的 IP 地址被设置为 192.168.1.1，那么可以在 Windows 的 DOS 窗口中的命令提示符下输入“telnet 192.168.1.1”登录到路由器。

此外还可以通过简单文件传输协议（Trivial File Transfer Protocol，TFTP）、基于 Web 页面、远程复制协议（Remote Copy Protocol，RCP）对路由器进行配置和管理。

5.20.2　路由器的工作模式

路由器主要有 3 种基本模式，即用户执行模式（User EXEC）、特权执行模式（Privileged EXEC）和全局配置模式（Global Configuration），这 3 种模式可以对路由器配置进行访问，同时也赋予了一定的编辑路由器配置的功能，如图 5-39 所示。

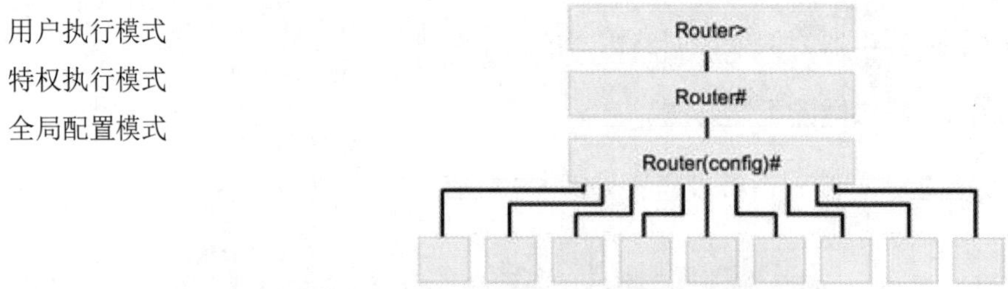

配置模式	提示符
接口	Router(config-if)#
线路	Router(config-line)#
路由器	Router(config-router)#

图 5-39　路由器的工作模式

几种配置模式之间的相互转化，如图 5-40 所示。

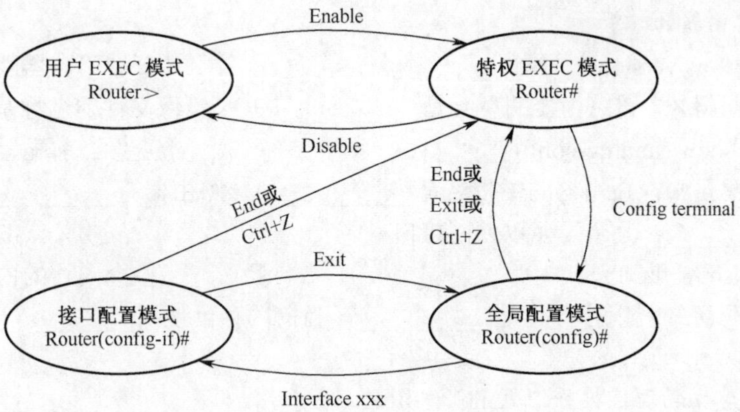

图 5-40　路由器的工作模式转化

动手实践

路由器基础配置

搭建图 5-41 所示的网络拓扑结构，根据规划的 IP 地址，完成路由器和 PC 的基础配置，包括路由器接口 IP 地址和主机名和开启远程访问功能，在 PC 上配置 IP 地址并能 ping 通路由器接口的 IP 地址。

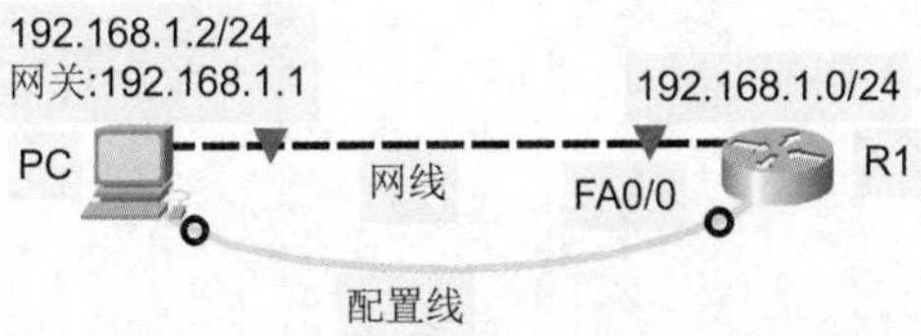

图 5-41　网络拓扑结构

1. 与 R1 建立控制台连接

（1）从可用连接中选择控制台电缆。

（2）单击 PC 并选择 RS 232。

（3）单击 R1 并单击控制台。

（4）单击 PC>Desktop（桌面）选项卡>Terminal（终端）。

（5）单击 OK 按钮并按 Enter 键，开始配置 R1。

2. R1 上的基础配置

（1）Router>　　//用户态模式

（2）Router>enable　　//进入特权模式

（3）Router#　　//特权模式

（4）Router# configure terminal　　//进入全局配置模式

（5）Router(config)#　　//全局配置模式

（6）Router(config)#hostname R1　　//配置主机名为 R1

（7）R1(config)#interface fastEthernet 0/0　　//选定路由器接口 fa0/0

（8）R1(config-if)#ip address 192.168.1.1 255.255.255.0　　//配置路由器接口 IP 地址

（9）R1(config-if)#no shutdown　　//激活接口

（10）R1(config-if)#end　　//回退到特权配置模式

（11）R1#write　　//保存配置

3．验证路由器的配置

（1）R1#show version //查看路由器版本

从输出信息得知，该路由器的型号是__________，IOS 镜像文件的名称是__________。

（2）R1# show running-config //查看当前配置文件信息

从输出信息可知，路由器的主机名是__________，该路由器有__________个快速以太网接口，有__________几个千兆以太网接口。

（3）R1# show flash //检查闪存的内容

从输出信息可知，闪存容量是__________，当前闪存已使用__________MB，IOS 映像的文件名是（ ）。

4．与 R1 建立物理连接并配置 PC 的 IP 地址

（1）从可用连接中选择 Copper Cross-over（铜缆交叉线）电缆。

（2）单击 PC 并选择 FastEthernet0。

（3）单击 R1 并选择 FastEthernet 0/0。

（4）单击 PC>Desktop（桌面）选项卡> IP Configuration（IP 配置），将 IPv4 Address（IPv4 地址）设置为 192.168.1.2，掩码设置为 255.255.255.0，default-gateway（网关）设置为 192.168.1.1。

（5）单击 PC>Desktop（桌面）选项卡> Command Prompt，执行命令 ping 192.168.1.1，观察输出是否能够 ping 通。

课后检测

一、填空题

1．路由器的基本组件有__________、__________、__________、__________和__________。

2．访问路由器的主要方法有__________和__________。

3．路由表中存放着__________、__________和__________等内容。

二、选择题

1．在 IPv4 环境中，路由器根据（ ）在不同的路由器接口之间转发数据报。

A．目的网络地址　　B．源网络地址

C．源 MAC 地址　　D．公认端口目的地址

2．OSI 第三层封装期间添加（ ）。

A．源 MAC 地址和目的 MAC 地址

B．源应用程序协议和目的应用程序协议

C．源端口号和目的端口号

D．源 IP 地址和目的 IP 地址

3．路由器使用网络层地址的（ ）转发数据报。

A．主机部分　　B．广播地址

C．网络部分　　D．网关地址

4．以下（ ）是路由表条目的组成部分。

A．路由器接口的 MAC 地址　　B．第四层目的端口号

C．目的主机地址　　D．下一跳地址

5．图 5-42 中显示的所有设备均为出厂默认设置。图示拓扑代表（　　）个广播域。

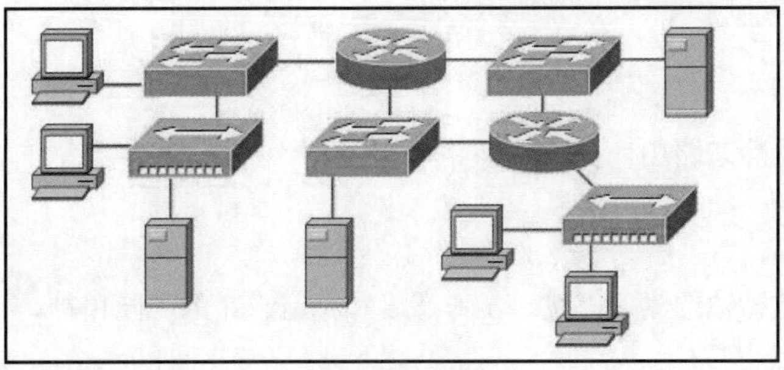

图 5-42　广播域

A．3　　B．4　　C．5　　D．7

6．图 5-43 中，网络管理员发现网络中存在过多广播。网络管理员采用（　　）两个步骤可以解决此问题。

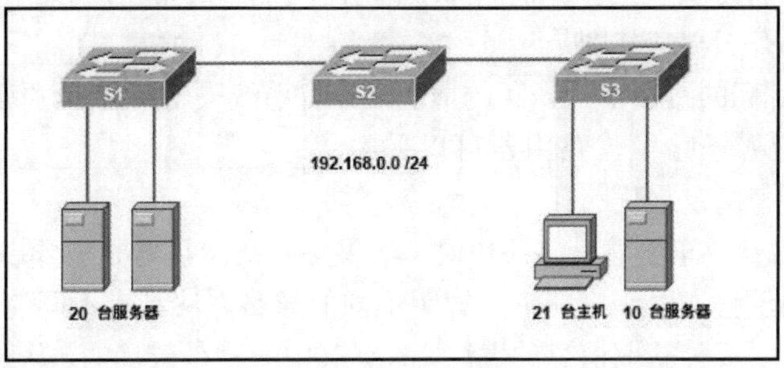

图 5-43　隔离广播域

A．用一台路由器更换 S2　　B．将所有服务器连接到 S1

C．禁用 TCP/IP 广播　　D．对 192.168.0.0/24 网络划分子网

三、判断题

1．路由器采用路由选择表确定最佳路由路径的依据。（　　）

2．在因特网中，IP 分组的传输需要经过中间路由器到达目的主机，通常中间路由器知道 IP 分组到达目的主机需要经过的完整路径。（　　）

3．路由器转发分组的根据是报文的 IP 地址。（　　）

四、简答题

简单描述路由器的工作过程。

主题 7　静态路由配置

学习目标

通过本主题的学习达到以下目标。

知识目标：

- 理解静态路由的概念。

- 掌握静态路由配置方法。
- 掌握静态路由的优缺点和应用场合。

技能目标：

- 能够配置静态路由。

素质目标：

- 培养细致谨慎的学习态度、工作态度和精益求精的工匠精神。

课前评估

1．路由器的路由表用于存放到达目标网络的路由信息，是__________数据报的依据。现实生活中，当我们驱车到一个十字路口，决定走哪个方向时，可以借助交警的手势或者北斗导航系统播报的信息，在计算机网络中路由器中路由表的形成采用了类似的方法，究其路由信息的来源有 3 种，分别是__________、__________和__________。

2．存在达到目标的路径不止一条的情况，导航系统采用距离、时间、是否高速、是否拥堵等策略选择走哪条路径，路由器可以采用__________、__________、__________、__________等策略来决定最优路径。

3．作为对比，一辆车到达十字路口时，如果交警在岗且驾驶员开启了导航系统，此时我们会按照交警的手势通过十字路口，说明不同的导路方法具有不同的优先级。同理，在路由器中同时运行了多种获取信息的算法，只有其中一种是最优的，从路由信息来源上看，__________方法获取路由信息是最优的。

5.21 静态路由

5.21.1 静态路由的概念

静态路由是指网络管理员根据其所掌握的网络连通信息以手工配置方式创建的路由表表项，也称为非自适应路由。静态路由包括直连路由、手工配置静态路由和默认路由。只要网络管理员不对它进行修改，静态路由就不会改变，而当网络的拓扑结构或链路的状态发生变化时，需要网络管理员手工去修改路由表中的相关静态路由信息。静态路由信息在默认情况下是私有的，不会传递给其他的路由器。当然网络管理员也可以通过对路由器进行设置使之成为共享。

静态路由具有实现简单、可靠、开销较小、可控性强、网络安全保密性高等优点，因此广泛用于高度安全性的军事系统和较小的商业网络。静态路由的缺点在于，配置静态路由要求网络管理员对网络的拓扑结构和网络状态有非常清晰的了解。另外，当网络拓扑结构或链路状态发生变化时，路由器中的静态路由信息需要大范围地调整，且更新需要通过手工完成。所以，大型和复杂的网络环境通常不宜采用静态路由，只适用于小而简单的网络，或者出于安全考虑想隐藏网络的某些部分，或者网络管理员想控制数据转发路径等情况。在所有的路由中，静态路由的优先级最高。

5.21.2 直连路由

一旦定义了路由器的接口 IP 地址，并启用了此接口，路由器就自动产生激活接口 IP 所在网段的直连路由信息，即直连路由，也称为接口路由。直连路由是由链路层协议发现的，不需要路由器通过某种算法进行计算获得，也不需要网络管理员维护，减少了维护工作，但不足的是，链路层只能发现接口所在的直连网段的路由，无法发现跨网段的路由。

5.21.3 静态路由配置命令介绍

配置静态路由同样可以达到网络互通的目的，网络管理员可以通过 ip route 命令手工配置路由信息，配置步骤如下：

（1）为路由器每个接口配置 IP 地址。

（2）确定本路由器有哪些直连网段的路由信息。

（3）确定整个网络中还有哪些属于本路由器的非直连网段。

（4）添加所有本路由器要到达的非直连网段相关的路由信息。

手工配置静态路由的命令格式如下：

```
router(config)#ip route 目的网络 子网掩码 下一跳地址/本地出接口
```

例如：

```
router(config)#ip route 192.168.10.0 255.255.255.0 172.168.10.0
```

要删除静态路由，只需要在命令前面加上 no，例如：

```
router(config)#no ip route 192.168.10.0 255.255.255.0 172.168.10.0
```

下面是一个适合使用静态路由的实例。在图 5-44 所示的静态路由配置图中（称这样的网络为末节网络），在路由器 A 上配置到达目标网络 172.16.1.0 的静态路由命令如下：

```
router(config)#ip route 172.16.1.0 255.255.255.0 172.16.2.1
```

或

```
router(config)#ip route 172.16.1.0 255.255.255.0 serial 0
```

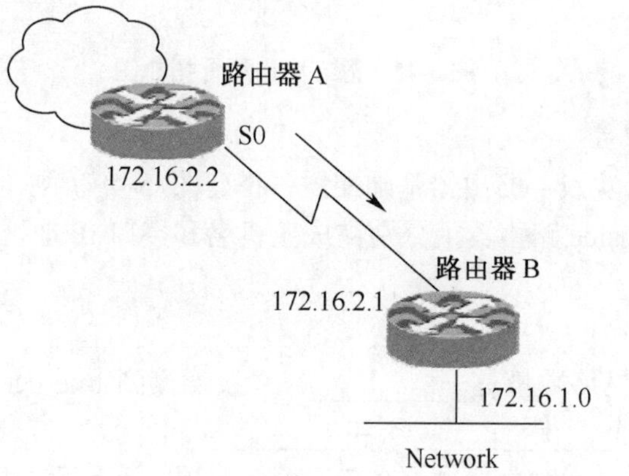

图 5-44 静态路由配置图

5.21.4 默认路由

默认路由是为那些找不到直接匹配的目标网络所指出的转发端口（即路由器没有明确路由可用时采用的路由）。默认路由不是路由器自动产生的，需要管理员人为设置，所以可以把它看作是一条特殊的静态路由。默认路由在存根网络（即只有一个出口的网络）中应用得最多。

在路由表中，默认路由是以到未知的目标网络 0.0.0.0/0 的路由形式出现，在路由决策中，最后才匹配该地址，它是在没有其他最佳路由时的最终选择。一台路由器只能指定一条默认路由。

配置默认路由的命令格式如下：

```
router(config)#ip route 0.0.0.0 0.0.0.0 下一跳地址/本地出接口
```

例如：

```
router(config)#ip route 0.0.0.0 .0.0.0.0 172.16.10.0          /*配置默认路由*/
router(config)#no ip route 0.0.0.0 .0.0.0.0 172.16.10.0       /*删除默认路由*/
```

动手实践

配置静态路由

在图 5-45 所示的网络拓扑结构中，Internet 路由器模拟因特网，Outside 路由器是某组织的一个出口路由器，Inside 路由器用于连接组织内部网络，配置静态路由确保组织内部连通，组织内部的主机能够访问 Internet。

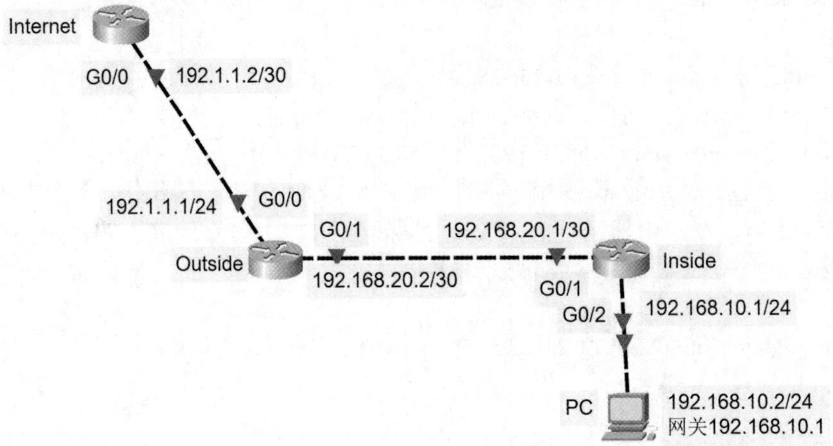

图 5-45　静态路由配置拓扑图

1. 路由器基础配置

参考主题 6 动手实践—路由器基础配置，搭建图 5-45 所示的网络拓扑图，在路由器 Internet、Outside 和 Inside 路由器上分别完成主机名和接口 IP 地址的配置，并正确配置 PC 的 IP 地址。

2. 网络结构分析

根据拓扑图，总网络数量是__________，直接连接到 Internet、Outside 和 Inside 的网络分别是__________个、__________个和__________个。

一般情况下，Internet 路由器由 ISP 负责管理配置，不是我们操控的范围，因此不考虑在其上配置路由的情况。Outside 是出口路由器，同时连接了组织的内部网络和 ISP 网络，因此首先需要考虑达到内部网络非直连网段__________的路由，其次出口路由器上不能承载达到 Internet 上所有网络的路由，还需要在 Outside 出口路由器上配置一条达到 Internet 的__________路由。

为了确保组织内部终端 PC 能够访问 Internet，在 Inside 路由器上需要一条指向 Internet 的__________路由。

3. 配置静态路由

（1）Outside 静态路由配置，具体如下：

```
Outside(configure)# ip route 192.168.10.0 255.255.255.0 192.168.20.1
Outside(configure)# ip route 0.0.0.0 0.0.0.0 192.1.1.1
```

（2）Inside 静态路由配置，具体如下：

```
Outside(configure)# ip route 0.0.0.0 0.0.0.0 192.168.20.2
```

4．配置结果验证

在路由器Outside上，执行ping 192.168.10.2命令，观察输出结果能否ping通；在PC上执行ping 192.1.1.1命令，观察输出结果能否ping通。

课后检测

一、填空题

1．静态路由的主要优点是__________、__________、__________、__________等。

2．配置静态路由的命令为__________。

二、选择题

1．以下关于静态路由说法正确的是（　　）。

A．静态路由都是由网络管理员手动配置的，比较简单，开销比较小

B．主机A与主机B之间有两条通路可达，管理员选择其中之一配置了静态路由，当这条链路出现故障时，路由器可自动选择另外一条链路完成报文转发

C．静态路由具有双向性，只需要配置一个方向即可双向互通

D．静态路由的特例是默认路由，它常用在末梢网络中

2．关于静态路由说法不正确的是（　　）。

A．无需人工干预　　B．节约带宽

C．适合小规模网络　　D．暴露网络拓扑

3．下列关于推荐使用静态路由场合的说法错误的是（　　）。

A．为了提高网络的安全性

B．为了节省广域网的带宽

C．当只有一条到达目标设备的路径时

D．任何时候都不推荐使用静态路由选择

4．默认路由的作用是（　　）。

A．提供优于动态路由协议的路由

B．给本地网络服务器提供路由

C．从ISP提供路由到一个末节网络

D．提供路由到一个目的地，这个目的地在本地网络之外并且在路由表中没有它的明细路由

三、判断题

1．静态路由和直连路由的配置相同。（　　）

2．出于安全的考虑想隐藏网络的某些部分，可以使用静态路由。（　　）

3．在一个小而简单的网络中，常使用静态路由，因为配置静态路由会更为简捷。（　　）

四、简答题

1．简述静态路由的主要优点。

2．写出配置默认路由的命令。

主题 8 动态路由协议

学习目标

通过本主题的学习达到以下目标。

知识目标：

- 了解动态路由协议的概念和工作过程。
- 了解动态路由协议的度量值及其分类。
- 了解 RIP 的特点和应用场合。
- 掌握 OSPF 协议工作过程及应用场合。

技能目标：

- 能够配置 OSPF 动态路由协议。

素质目标：

- 培养友善、互助、协作的精神。

课前评估

1. 静态路由要求网络管理员对整个网络的拓扑结构有深入的了解，因其是静态的，除非管理员干预，否则不会发生变化，所以网络安全保密性相对较高。那么，静态路由是不是只能用于小规模网络环境中？大规模网络环境中不能使用静态路由，静态路由只能手工生成？请举例说明。

2. 路由器在路由过程中要根据特定条件对路径进行合理地选择，在确定最佳路径的过程中，路由表是核心参考要素，会在众多路径中衡量路径满意程度、评估路径开销、预计所需时间等，从而选择出最优的一条。那么，是否存在一种绝对的最佳路径呢？

5.22 动态路由协议

动态路由协议是路由器用来动态交换路由信息动态生成路由表的协议。通过在路由器上运行路由协议并进行相应的路由协议配置即可保证路由器自动生成并动态维护有关的路由信息，如图 5-46 所示。使用路由协议动态构建的路由表不仅能较好地适应网络状态的变化，如网络拓扑和网络流量的变化，同时也减少了人工生成与维护路由表的工作量。大型网络或网络状态变化频繁的网络通常会采用动态路由协议。但动态路由协议的开销较大，其开销一方面来自运行路由协议的路由器为了交换路由更新信息所消耗的网络带宽资源；另一方面来自处理路由更新信息、计算最佳路径所占用的路由器本地资源，包括路由器的 CPU 与存储资源。

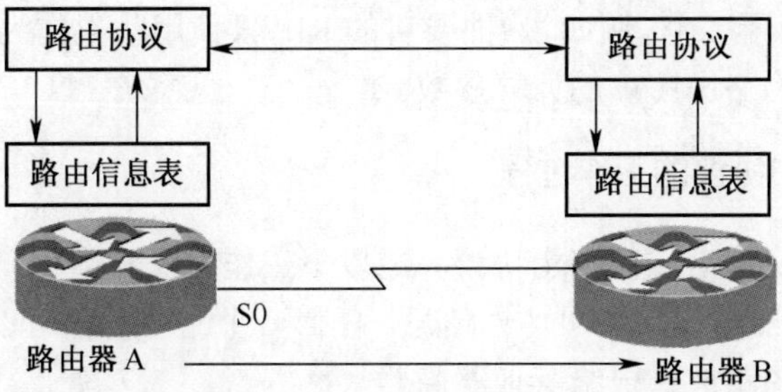

图 5-46　路由信息交换过程

5.22.1　动态路由协议的度量值

交换路由信息的最终目的在于通过路由表找到一条数据交换的“最佳”路径。例如，在图 5-47 中计算机 A 访问计算机 B，我们可选择两条路径：一条是走上面的 56Kb/s 连接的通道；另一条则是走向下的 E1 速度（2.048Mb/s）连接的通道。那么这两条路径哪一个比较有效呢？如果从远近上说，两个路径是一样的；如果从速度的角度说，则应该选择后者。

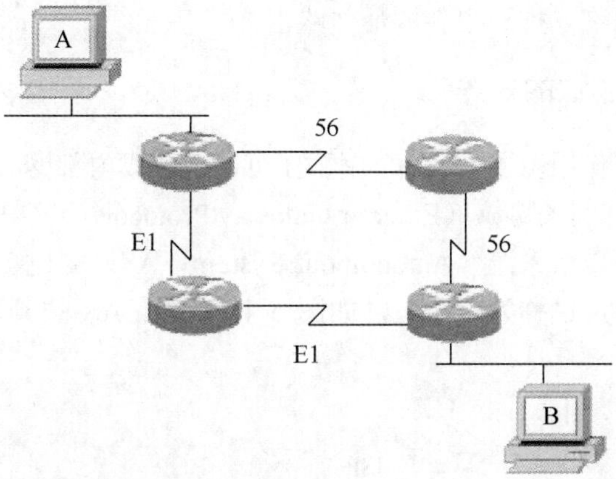

图 5-47　动态路由中最佳路由选择

每一种路由算法都有其衡量“最佳路径”的一套标准。大多数动态路由算法使用一个度量值（Metric）来衡量路径的优劣，一般来说，此参数值越小，路径越好。该参数可以通过路径的某些特性进行综合评价，也可以以个别参数特性进行单一评价。几个比较常用的特征如下：

（1）跳数（Hop Count）：IP 数据报到达目的地必须经过的路由器个数。

（2）带宽（Bandwidth）：链路的数据传输能力。

（3）延迟（Delay）：将数据从源送到目的地所需的时间。

（4）负载（Load）：网络中（如路由器中或链路中）信息流的活动数，如 CPU 使用情况和每秒处理的分组数。

（5）可靠性（Reliability）：数据传输过程中的差错率。

（6）最大传输单元（MTU）：路由器端口所能处理的、以字节为单位的包的最大尺寸。

（7）开销（Cost）：一个变化的数值，通常可以根据建设费用、维护费用、使用费用等因素由网络管理员指定。

目前，存在多种路由协议。虽然所有路由协议的作用都是为互联网中的每一个路由器找出通往互联网的最短路径，但不同路由协议对最短路径的定义、对路由消息格式和内容的约定等都是不同的。对于特定的路由协议，计算路由的度量并不一定全部使用这些参数，有的使用一个，有的使用多个。例如，后面要讲的 RIP 只使用跳数作为路由的度量，而 OSPF 会用到接口的带宽作为路由度量的计算参数。

5.22.2 动态路由协议的工作过程

路由器启动路由协议后，由路由协议完成以下工作过程。

（1）向其他路由器传递网络可达性信息。任何一个路由器都可以将自己可达的网络以及到达这些网络的路径距离通报给其他路由器。

（2）从其他路由器接收网络可达性信息。任何一个路由器都能够接收其他路由器发送给它的网络可达性信息，网络可达性信息主要包括发送路由器能够到达的网络以及到达这些网络的路径距离。

（3）确定最佳路由。任何路由器都能够根据自己的网络可达性信息和从其他路由器接收到的网络可达性信息，针对可以到达的每一个网络推导出最佳路由。

（4）应对网络拓扑结构变化。当网络拓扑结构发生变化时，检测到网络拓扑结构变化的路由器能够及时向其他路由器通报检测到的变化。每一个路由器根据变化后的拓扑结构更新网络可达性信息，并向其他路由器传递更新后的网络可达性信息。任何路由器都能够重新根据自己更新后的网络可达性信息和其他路由器传递的更新后的网络可达性信息，针对可以到达的每一个网络，推导出新的最佳路由。

5.22.3 动态路由协议的分类

动态路由协议按照作用范围和目标的不同，可以被分成内部网关协议（Interior Gateway Protocols，IGP）和外部网关协议（Exterior Gateway Protocols，EGP）。要了解 IGP 和 EGP 的概念，应该首先了解自治系统（Autonomous System，AS）的概念。AS 是共享同一路由选择策略的路由器集合，也称为路由域，如图 5-48 所示。AS 的典型示例是公司的内部网络和 ISP 的网络。

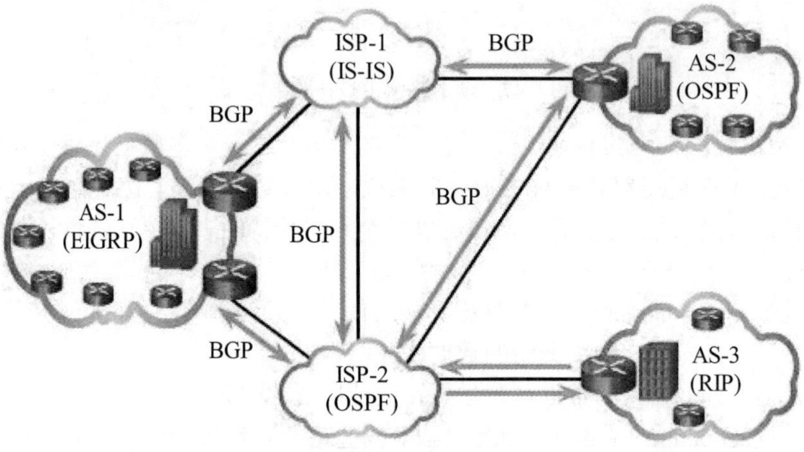

图 5-48　AS 的概念

由于互联网基于 AS 概念，因此需要两种路由协议。

（1）内部网关协议（Interior Gateway Protocols，IGP），在 AS 中实现路由，也称为 AS 内路由。公司、组织甚至服务提供商，都在各自的内部网络上使用 IGP。IGP 包括 RIP（Routing Information Protocol）、EIGRP（Enhanced Interior Gateway Routing Protocol）、OSPF（Open Shortest Path First）和 IS-IS（Intermediate System to Intermediate System）等。

（2）外部网关协议（Exterior Gateway Protocols，EGP），在 AS 间实现路由，也称为 AS 间路由。服务提供商和大型企业可以使用 EGP 实现互联。边界网关协议（Border Gateway

Protocol，BGP）是目前唯一可行的 EGP，也是互联网使用的官方路由协议。

另外根据动态路由协议所执行的算法，动态路由协议一般分为以下两类：距离矢量路由协议（如 RIP 等）和链路状态路由协议（如 OSPF 等）。

5.22.4　距离矢量路由协议（RIP）

RIP 最初是为 Xerox 网络系统 Xeroxparc 通用协议而设计的，采用距离矢量算法（Distance Vector Algorithm），即路由器根据距离选择路由，所以也称为距离矢量路由协议。RIP 使用距离矢量算法，也称为 Bellman-Ford 算法。其基本思想是路由器周期性（Periodicity）地向其相邻路由器广播（Broadcasting）自己知道的路由信息，用于通知相邻路由器自己可到达的网络以及到达该网络的距离，相邻路由器可以根据收到的路由信息修改和刷新自己的路由表。运行距离矢量路由协议的路由器向它的邻居通告路由信息时包含两项内容，一个是距离（是指分组经历的路由器跳数）；一个是方向（是指从下一跳路由器的哪一个接口转发），距离矢量图解如图 5-49 所示。在图中，R1 知道到达网络 172.16.3.0/24 的距离是 1 跳，方向是从接口 S0/0/0 到 R2。使用距离矢量路由协议的路由器并不了解到达目的网络的整条路径，距离矢量协议将路由器作为通往最终目的地路径上的路标，这就好比在高速公路上行车，驾驶员仅根据前方的路牌指示了解下一站是哪里。

图 5-49　距离矢量图解

5.22.5　链路状态路由协议（OSPF）

1. 链路状态路由算法（Link State Routing Algorithm）

链路状态路由算法的基本思想是每个路由器周期性地向其他路由器广播自己与相邻路由器的连接关系，如链路类型、IP 地址和子网掩码、带宽、延迟、可靠度等，从而使网络中的各路由器能获取远方网络的链路状态信息，使各个路由器都可以画出一张互联网拓扑结构图。利用这张图和最短路径优先算法（Shortest Path First，SPF），路由器就可以计算出自己到达各个网络的最短路径。此算法使用每条路径从源到目标的累计开销来确定路由的总开销，如图 5-50 所示，每条路径都标有一个独立的开销值，R2 发送数据报至连接到 R3 的 LAN 的最短路径的开销是 27。每台路由器会自行确定通向拓扑中每个目的地的开销。换句话说，每台路由器都会站在自己的角度计算 SPF 算法并确定开销。

2. 链路状态路由协议的度量

在 OSPF 中，最短路径树的树干长度，即 OSPF 路由器至每一个目的地路由器的距离，称为 OSPF 的 Cost，其算法为 Cost=10^8/链路带宽。在这里，链路带宽以 b/s 来表示。也就是说，OSPF 的 Cost 与链路的带宽成反比，带宽越高，Cost 越小，表示 OSPF 到目的地的距离越近。例如，100Mb/s 或快速以太网的 Cost 为 1（10^8/(100*1000*1000)），E1 串行链路的 Cost 为 48（10^8/(2.048*1000*1000)），10Mb/s 以太网的 Cost 为 10 等。

3. OSPF 的优点

与 RIP 相比，OSPF 的优越性非常突出，并在越来越多的网络中取代 RIP 成为首选的路由协议。OSPF 的优越性主要表现在以下 4 个方面。

（1）协议的收敛时间短。当网络状态发生变化时，执行 OSPF 的路由器之间能够很快重新建立起一个全网一致的关于网络链路状态的数据库，能快速适应网络变化。

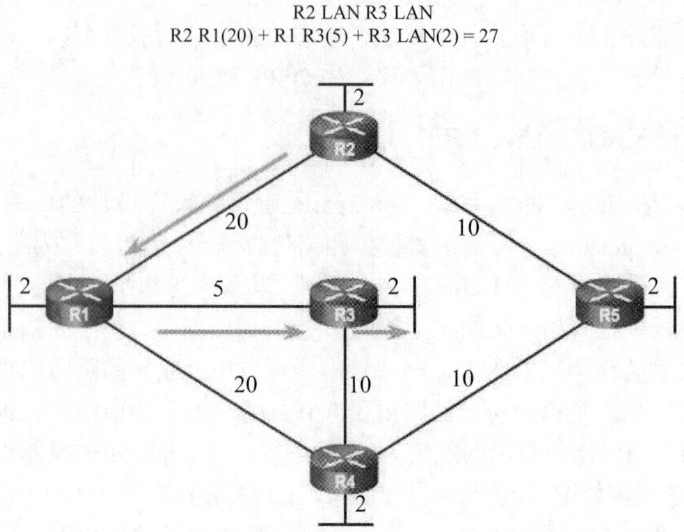

图 5-50　SPF 开销计算

（2）不存在路由环路。OSPF 路由器中的最佳路径信息通过对路由器中的拓扑数据库（Topological Database）运用最短路径优先算法得到。通过运用该算法，会在路由器上得到一个没有环路的 SPF 树的图，从该图中所提取的最佳路径信息可避免路由环路问题。

（3）支持 VLSM 和 CIDR，节省网络链路带宽。OSPF 不像 RIP 操作那样使用广播发送路由更新，而是使用组播技术发布路由更新，并且也只是发送有变化的链路状态更新。

（4）网络的可扩展性强。首先，在 OSPF 的网络环境中，对数据报所经过的路由器数目即跳数没有进行限制。其次，OSPF 为不同规模的网络分别提供了单域（Single Area）和多域（Multiple Area）两种配置模式，前者适用于小型网络。而在中到大型网络中，网络管理员可以通过良好的层次化设计将一个较大的 OSPF 网络划分成多个相对较小且较易管理的区域。单域 OSPF 与多域 OSPF 的示意如图 5-51 所示。

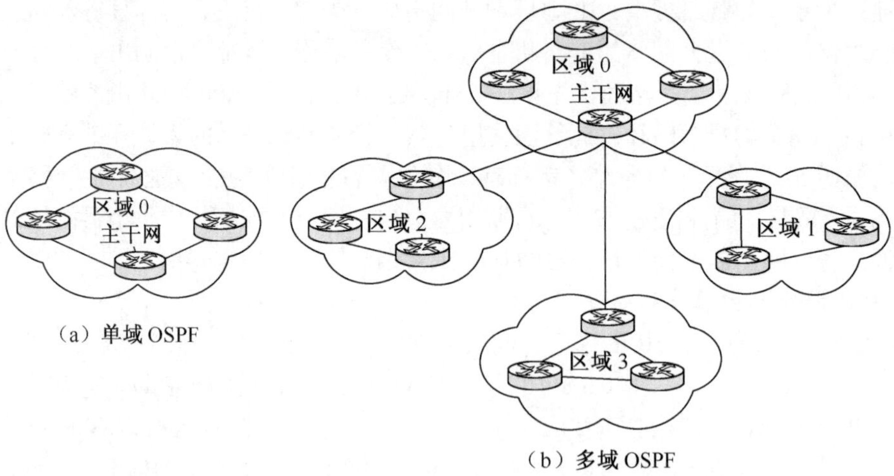

图 5-51　单域 OSPF 与多域 OSPF 的示意

5.22.6　管理距离

考虑下面的问题：在路由器上同时启用了 RIP 和 OSPF 协议，这两种路由协议都通过更新得到了有关某一网络的路由，但下一跳的地址是不一样的，路由器会如何转发数据报？读者可能想通过路由度量 Metric 进行衡量，这是不对的。只有在同种路由协议下，才能用 Metric

的标准来做比较。例如，在 RIP 中，只通过跳数来作为 Metric 的标准，跳数越少，也就是 Metric 的值越小，认为这条路径越好。而在不同的协议中，计算标准是不同的，如在 OSPF 中，就不是简单用跳数衡量的，而是用带宽数来计算 Metric 值的，所以不同协议的 Metric 值没有可比性，就如同我们要问 1kg 和 13cm 哪个大一样没有意义。

管理距离（Administrative Distance，AD）是路由器用来评价路由信息可信度（最可信也意味着最优）的一个指标。每种路由协议都有一个默认的管理距离。管理距离值越小，协议的可信度越高，也就等于这种路由协议学习到的路由最优。为了使人工配置的路由（静态路由）和动态路由协议发现的路由处在同等的可比原则下，静态路由也有默认管理距离，参见表 5-13。默认管理距离的设置原则：人工配置的路由优于路由协议动态学习到的路由；算法复杂的路由协议优于算法简单的路由协议。从表中可以看到，RIP 和 OSPF 的管理距离分别是 120 和 110。如果在路由器上同时运行这两个协议的话，路由表中只会出现 OSPF 协议的路由条目。因为 OSPF 的管理距离比 RIP 的小，因此 OSPF 协议发现的路由更可信。路由器只使用最可靠协议的最佳路由。虽然路由表中没有出现 RIP 的路由，但这并不意味着 RIP 协议没有运行，它仍然在运行，只是它发现的路由在和 OSPF 协议发现的路由比较时落选了。

表 5-13　默认管理距离

路由来源	管理距离
直连路由	0
静态路由	1
内部 EIGRP	90
IGRP	100
OSPF	110
IS-IS	115
RIP	120
外部 EIGRP	170
未知（不可信路由）	255（不被用来传输数据流）

动手实践

动态路由配置

在图 5-52 所示的网络拓扑结构中，使用 OSPF 动态路由协议，使 PC1 和 PC2 之间能相互连通。

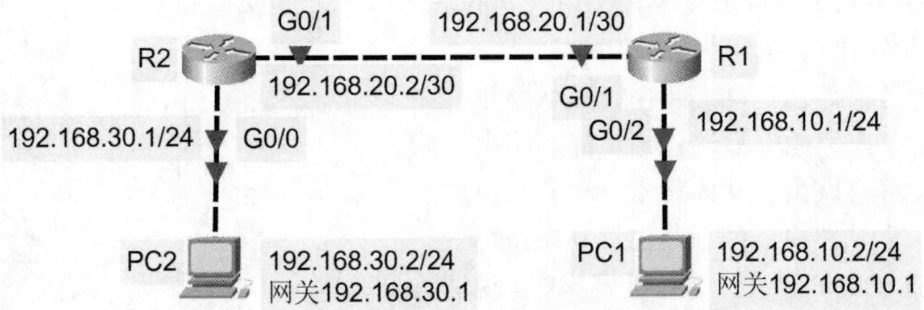

图 5-52　OSPF 动态路由配置拓扑图

1. 建立网络并配置设备的基本设置

（1）建立如拓扑图所示的网络。

（2）为每台路由器配置基本设置。

（3）配置 PC2 主机的 IP 地址。

2. 配置并验证 OSPF 路由

（1）在 R1 上，在全局配置模式下使用 router ospf 命令启用 OSPF，具体如下：

```
R1(config)# router ospf 1          //OSPF 进程 ID 具有本地意义，对网络中的其他路由器没有任何意义
```

（2）为 R1 上的网络配置 network 语句，使用区域 ID 0，具体如下：

```
R1(config-router)# network 192.168.10.0 0.0.0.255 area 0          //网络地址 192.168.10.0 后是通配符掩码，计算通配符掩码最简单的方法是用 255.255.255.255 减去网络子网掩码
```

（3）在 R2 上，重复执行（1）~（2），注意 network 语句后的网络为 192.168.20.0 和 192.168.30.0。

（4）在 PC1 上执行 ping 192.168.30.2 命令，观察输出结果能否 ping 通。

课后检测

一、填空题

1. 用度量值衡量路径优劣时，常用的基本特征有__________、__________、__________和__________。

2. RIP 协议使用__________算法，OSPF 协议使用__________算法。

3. OSPF 协议的优先级比 RIP 协议的优先级__________。

二、选择题

1. 下列选项中（　　）不属于路由选择协议的功能。

A. 获取网络拓扑结构的信息

B. 选择到达每个目的网络的最优路由

C. 构建路由表

D. 发现下一跳的物理地址

2. 动态路由选择和静态路由选择的主要区别是（　　）。

A. 动态路由选择需要维护整个网络的拓扑结构信息，而静态路由选择只需要维护部分拓扑结构信息

B. 动态路由选择可随网络的通信量或拓扑变化而进行自适应的调整，而静态路由选择则需要手工去调整相关的路由信息

C. 动态路由选择简单且开销小，静态路由选择复杂且开销大

D. 动态路由选择使用路由表，静态路由选择不使用路由表

3. 在路由器上可以配置 3 种路由，即静态路由、动态路由和默认路由。一般情况下，路由器查找路由的顺序为（　　）。

A. 静态路由、动态路由、默认路由

B. 动态路由、默认路由、静态路由

C. 静态路由、默认路由、动态路由

D. 默认路由、静态路由、动态路由

4. 关于 OSPF 和 RIP，下列（　　）说法是正确的。

A. OSPF 和 RIP 都适合在规模庞大的、动态的互联网上使用

B．OSPF 和 RIP 比较适合在小型的、静态的互联网上使用

C．OSPF 适合在小型的、静态的互联网上使用，而 RIP 适合在大型的、动态的互联网上使用

D．OSPF 适合在大型的、动态的互联网上使用，而 RIP 适合在小型的、静态的互联网上使用

5．关于链路状态协议的描述，（　　）是错误的。

A．仅相邻路由器需要交换各自的路由表

B．全网路由器的拓扑数据库是一致的

C．采用泛洪技术更新链路变化信息

D．具有快速收敛的优点

三、判断题

1．OSPF 和 RIP 都是链路状态路由协议。（　　）

2．在 RIP 协议中，计算 metric 值的参数是“带宽”。（　　）

3．复杂网络环境中，一般会使用动态路由协议来生成动态路由。（　　）

4．动态路由协议 RIP 和 OSPF 需要认识整个网络拓扑来决定最佳路径。（　　）

四、简答题

1．简述动态路由的工作过程。

2．简述 OSPF 的优点。

3．如图 5-53 所示，网络中已使用 OSPF。OSPF 将会选择哪条路径将数据报从网络 A 发送至网络 B。

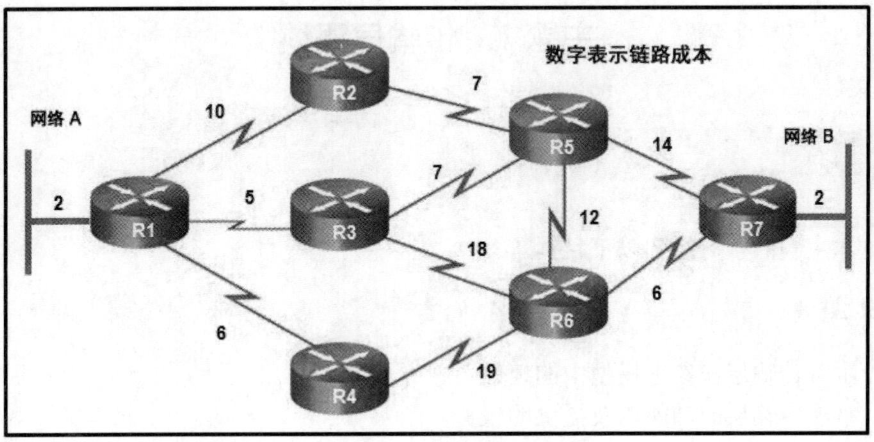

图 5-53　OSPF 协议

模块 6　续写网络美丽传说——Internet 的应用

学习情景

计算机网络的本质活动是实现分布在不同地理位置的主机之间的进程通信，以实现应用层的各种网络服务。Internet 能够飞速发展的重要原因是提供了如此丰富多彩、使用便捷的网络应用服务。将本书模块 3 到模块 5 实现的技术综合起来，可以描述成：实现了本地主机经过互联网络到远端主机之间的数据传输，这是计算机网络的功能定位，也是在计算机网络体系结构中的定位。如何把主机中运行的网络应用程序（网络进程）所产生的数据（通过互联网络）可靠地传送到远端主机对应的网络进程呢？这就是我们在学习了前面的知识后，在本模块要探讨的问题。

学习提示

本模块包含传输层概述、传输层协议、搭建网络应用平台和网络资源共享服务 4 个主题，围绕“网络进程－网络进程”可靠的数据传输这一任务，将计算机网络从数据通信层次拓展为资源应用层次，讨论传输层实现的基本工作任务、网络应用系统与应用层协议的实现方法。

主题 1　传输层概述

学习目标

通过本主题的学习达到以下目标。

知识目标：

- 了解传输层在参考模型中的地位。
- 掌握传输层的功能以及提供的服务。

技能目标：

- 能使用网络命令查看网络连接状态。

素质目标：

- 把握整体与部分的辩证关系。

课前评估

在现实生活中，人们都有过寄送快递的生活经历，快递员根据收件人地址向目的地投递包裹，包裹到达目的地以后，根据收件人的信息，将包裹交给接收人，如图 6-1 所示。

互联网上信息的传输过程采用了类似的处理方式，当信息从源主机发送到目的主机后，还需要交给不同的应用程序来处理，这是传输层需要解决的问题。在学习模块 2 时，传输层上有两个协议，分别是________和________，它们分别提供________服务和________服务，类似邮政通信系统中的平信服务和挂号信服务。

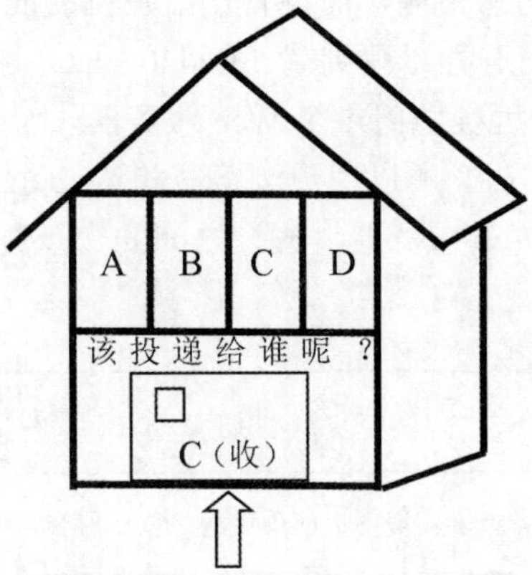

图 6-1　包裹投递

6.1　传输层协议概述

传输层是整个网络体系结构中的关键层，主要为两个主机中进程之间的通信提供服务。由于一个主机同时运行多个进程，因此传输层具有复用和分用功能。传输层在终端用户之间提供透明的数据传输，向上层提供可靠的数据传输服务。传输层在给定的链路上通过流量控制、分段/重组和差错控制来保证数据传输的可靠性。传输层的一些协议是面向链接的，这就意味着传输层能保持对分段的跟踪，并且重传那些失败的分段。

6.1.1　传输层的地位和上下层之间的关系

传输层的地位如图 6-2 所示。

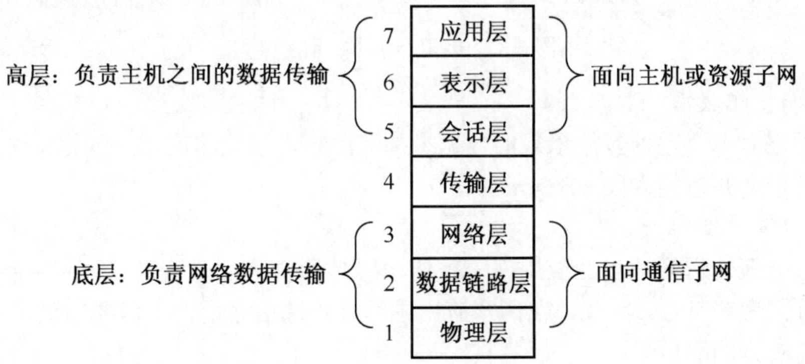

图 6-2　传输层的地位

传输层是整个网络体系结构中的关键，传输层向高层应用屏蔽了底层通信子网细节（如网络拓扑结构、所采用的协议和实现技术等）。传输层使应用进程“看见的”好像是两个传输实体之间有一条端到端的逻辑通信信道。因此，从通信和信息处理的角度看，传输层属于面向通信部分的高层，同时也是用户功能的最低层，起到了承上启下的作用，是 OSI 参考模型的关键。

6.1.2 传输层的功能

传输层的功能

传输层和网络层从功能实现上看，它们之间的区别是很大的。对于网络层，通信的两端是两个主机，用 IP 地址标识两个主机的网络连接，并且可以把数据报传输到目的主机，但该数据报还是停留在主机的网络层，而没有交给主机的应用进程。对于传输层，通信的真正端点应该是主机中的应用进程，端到端（End to End）通信就是应用进程之间的通信。如图 6-3 所示，用户的浏览器远程访问一个 Web 服务器，因为浏览器和 Web 服务器都是在物理终端设备上运行的应用软件，所以用户浏览器和 Web 服务器的通信过程实际上就是两个应用进程（浏览器进程和 Web 服务器进程）之间的交互过程。传输层的主要功能如下。

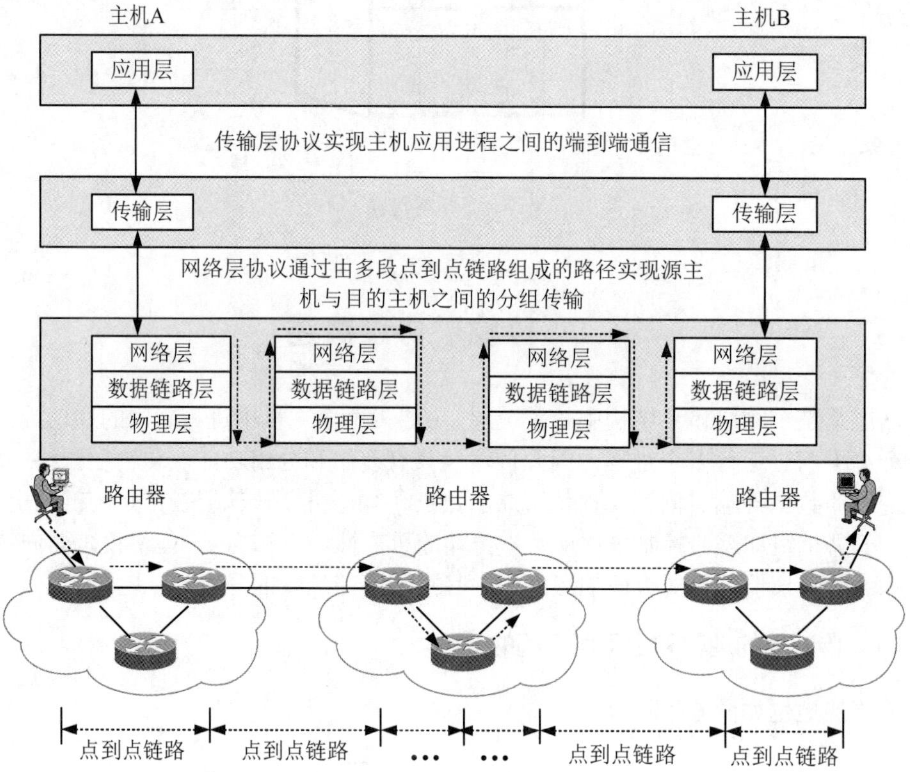

图 6-3 传输层端到端通信

1. 分割与重组数据

大多数网络对单个数据包能承载的数据量都有限制，因此将应用层的报文（Message）分割成若干子报文并封装为段（Segment）。

2. 按端口号寻址

为了将数据流传送到适当的应用程序，传输层必须使用标识符来标识应用层的不同进程，此标识符称为端口号。因此，在两个应用进程开始通信之前，不但要知道对方的 IP 地址，还要知道对方的端口号。

3. 跟踪各个会话

在传输层中，源应用程序和目的应用程序之间传输的特定数据集合称为会话。每个应用程序都与一台或多台远程主机上的一个或多个应用程序通信。传输层负责维护并跟踪这些会话，完成端到端通信链路的建立、维护和管理。

4. 差错控制和流量控制

传输层要向应用层提供通信服务的可靠性，避免报文的出错、丢失、延迟、重复、乱序等现象。后面讨论的 UDP 提供的是一种不可靠的服务，TCP 提供的是一种可靠的服务，它们同为传输层上的两种协议，但这里为什么说传输层向应用层提供的是可靠的通信服务呢？请读者思考。

6.1.3　传输层提供的服务

传输层主要提供两种服务，一种是面向连接的服务，由TCP协议实现，它是一种可靠的服务；另一种是无连接的服务，由UDP协议实现，它是一种不可靠的服务。

1. 面向连接的服务

（1）在服务进行之前必须建立一条逻辑链路后再进行数据传输，传输完毕后，再释放连接。在数据传输过程中，好像一直占用了一条这样的逻辑链路。这条链路好比一个传输管道，发送方在一端放入数据，接收者从另一端取出数据，如图6-4所示。

（2）所有报文都在管道内传送，因此报文是按序到达目的地，即先发送的报文先到达。

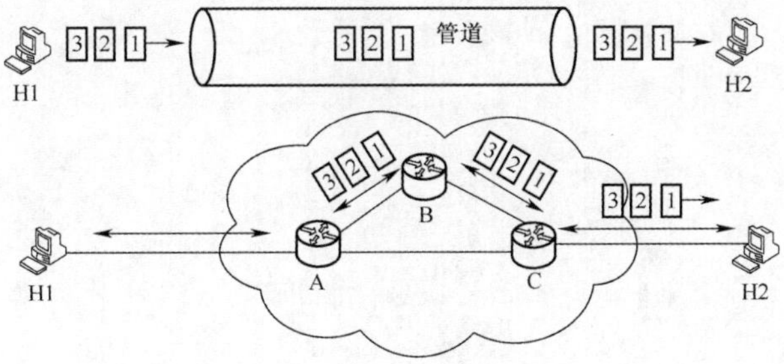

图6-4　传输层提供面向连接服务

（3）通过可靠传输机制（跟踪已传输的数据段、确认已接收的数据、重新传输未确认的数据）保证报文传输的可靠性，报文不易丢失。

（4）由于需要管理和维护连接，因此协议复杂，通信效率不高。

面向连接的服务方式适合于对数据的传输可靠性非常高的场合，如文件传输、网页浏览、电子邮件等。

2. 无连接的服务

无连接的服务就是通信双方不需要事先建立一条通信线路，而是把每个带有目的地址的报文分组送到网络上，由网络（如路由器）根据目的地址为分组选择一条恰当的路径传送到目的地，如图6-5所示。

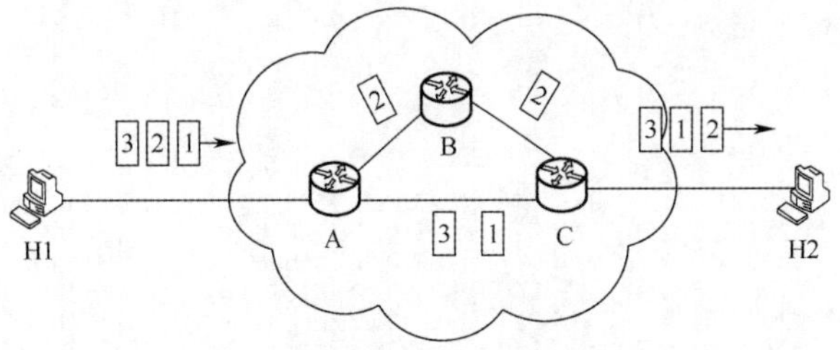

图6-5　传输层提供无连接服务

无连接服务的特点如下：

（1）数据传输之前不需要建立连接。

（2）每个分组都携带完整的目的节点地址，各分组在网络中是独立传送的。

（3）分组的传递是失序的，即后发送的分组有可能先到达目的地。

（4）可靠性差，容易出现报文丢失的现象，但是协议相对简单，通信效率较高。

无连接的UDP是网络层“尽最大努力投递”服务在传输层的进一步扩展，无法保证报文能够正确到达目的地。

动手实践

Netstat 的使用

Netstat 是一个监控 TCP/IP 网络非常有用的命令，一般用于检测本机各端口的网路连接情况，如显示 IP、TCP、UDP 和 ICMP 相关的统计数据，可以让用户知道目前有哪些网路连接正在运行。

使用 Win+R 快捷键打开资源管理器，输入“cmd”，单击“确定”按钮，在弹出界面的命令行中输入“netstat /?”来查看 netstat 命令及参数的用法，如图 6-6 所示。

```
命令提示符
C:\Users\think>netstat /?

显示协议统计信息和当前 TCP/IP 网络连接。

NETSTAT [-a] [-b] [-e] [-f] [-n] [-o] [-p proto] [-r] [-s] [-x] [-t] [interval
]

  -a            显示所有连接和侦听端口。
  -b            显示在创建每个连接或侦听端口时涉及的
                可执行程序。在某些情况下，已知可执行程序承载
                多个独立的组件，这些情况下，
                显示创建连接或侦听端口时
                涉及的组件序列。在此情况下，可执行程序的
                名称位于底部 [] 中，它调用的组件位于顶部，
                直至达到 TCP/IP。注意，此选项
                可能很耗时，并且在你没有足够
                权限时可能失败。
  -e            显示以太网统计信息。此选项可以与 -s 选项
                结合使用。
  -f            显示外部地址的完全限定
                域名(FQDN)。
  -n            以数字形式显示地址和端口号。
  -o            显示拥有的与每个连接关联的进程 ID。
  -p proto      显示 proto 指定的协议的连接；proto
                可以是下列任何一个：TCP、UDP、TCPv6 或 UDPv6。如果与 -s
                选项一起用来显示每个协议的统计信息，proto 可以是下列任何一个：
                IP、IPv6、ICMP、ICMPv6、TCP、TCPv6、UDP 或 UDPv6。
  -q            显示所有连接、侦听端口和绑定的
                非侦听 TCP 端口。绑定的非侦听端口
                 不一定与活动连接相关联。
```

图 6-6　netstat 的参数

netstat 使用示例

（1）netstat -a，显示所有连接和监听端口，如图 6-7 所示。

```
选择命令提示符

C:\Users\think>netstat -n

活动连接

  协议  本地地址              外部地址              状态
  TCP    127.0.0.1:54530        127.0.0.1:56506        ESTABLISHED
  TCP    127.0.0.1:56506        127.0.0.1:54530        ESTABLISHED
  TCP    127.0.0.1:56507        127.0.0.1:56508        ESTABLISHED
  TCP    127.0.0.1:56508        127.0.0.1:56507        ESTABLISHED
  TCP    192.168.0.113:49517    40.90.189.152:443      ESTABLISHED
  TCP    192.168.0.113:51514    42.236.38.153:80       ESTABLISHED
  TCP    192.168.0.113:51515    42.236.45.113:80       ESTABLISHED
  TCP    192.168.0.113:51598    101.69.182.163:443     ESTABLISHED
  TCP    192.168.0.113:51801    58.251.81.189:443      CLOSE_WAIT
  TCP    192.168.0.113:51905    223.167.166.58:443     ESTABLISHED
  TCP    192.168.0.113:51952    58.251.106.223:443     CLOSE_WAIT
  TCP    192.168.0.113:51963    163.177.92.121:80      CLOSE_WAIT
  TCP    192.168.0.113:57213    117.18.232.200:443     CLOSE_WAIT
  TCP    192.168.0.113:57265    58.144.136.93:443      CLOSE_WAIT
  TCP    192.168.0.113:57450    183.64.80.166:443      CLOSE_WAIT
  TCP    192.168.0.113:57521    157.255.245.253:443    ESTABLISHED
  TCP    192.168.0.113:57565    123.57.205.101:443     CLOSE_WAIT
  TCP    192.168.0.113:57580    182.92.214.52:443      ESTABLISHED
  TCP    192.168.0.113:57583    52.109.12.22:443       SYN_SENT

C:\Users\think>
```

图 6-7　netstat 连接和监听端口

（2）netstat -n，以数字形式显示地址和端口号，如图 6-8 所示。

```
命令提示符

C:\Users\think>netstat -n

活动连接

  协议  本地地址              外部地址              状态
  TCP    127.0.0.1:54530        127.0.0.1:56506        ESTABLISHED
  TCP    127.0.0.1:56506        127.0.0.1:54530        ESTABLISHED
  TCP    127.0.0.1:56507        127.0.0.1:56508        ESTABLISHED
  TCP    127.0.0.1:56508        127.0.0.1:56507        ESTABLISHED
  TCP    192.168.0.113:49517    40.90.189.152:443      ESTABLISHED
  TCP    192.168.0.113:51514    42.236.38.153:80       ESTABLISHED
  TCP    192.168.0.113:51515    42.236.45.113:80       ESTABLISHED
  TCP    192.168.0.113:51598    101.69.182.163:443     ESTABLISHED
  TCP    192.168.0.113:51801    58.251.81.189:443      CLOSE_WAIT
  TCP    192.168.0.113:51905    223.167.166.58:443     ESTABLISHED
  TCP    192.168.0.113:51952    58.251.106.223:443     CLOSE_WAIT
  TCP    192.168.0.113:51963    163.177.92.121:80      CLOSE_WAIT
  TCP    192.168.0.113:57213    117.18.232.200:443     CLOSE_WAIT
  TCP    192.168.0.113:57265    58.144.136.93:443      CLOSE_WAIT
  TCP    192.168.0.113:57675    183.64.80.166:443      CLOSE_WAIT
  TCP    192.168.0.113:57743    58.251.117.170:443     ESTABLISHED
  TCP    192.168.0.113:57794    182.92.214.52:443      TIME_WAIT
  TCP    192.168.0.113:57835    123.57.205.101:443     CLOSE_WAIT
  TCP    192.168.0.113:57851    104.122.39.222:80      ESTABLISHED
```

图 6-8　netstat 显示地址和端口号

（3）netstat -e，显示以太网统计信息，如图 6-9 所示。

```
命令提示符
C:\Users\think>netstat -e
接口统计

                           接收的            发送的

字节                    202196870         50512762
单播数据包              301034            251366
非单播数据包            3894              16066
丢弃                         0                 0
错误                         0              1072
未知协议                0

C:\Users\think>
```

图 6-9　netstat 显示以太网统计信息

（4）netstat -o，显示拥有的与每个连接关联的进程 ID，如图 6-10 所示。

```
命令提示符 - netstat -o
C:\Users\think>netstat -o

活动连接

  协议  本地地址              外部地址                   状态           PID
  TCP    127.0.0.1:54530        DESKTOP-TJ1FAG4:56506      ESTABLISHED     26348
  TCP    127.0.0.1:56506        DESKTOP-TJ1FAG4:54530      ESTABLISHED     4360
  TCP    127.0.0.1:56507        DESKTOP-TJ1FAG4:56508      ESTABLISHED     26348
  TCP    127.0.0.1:56508        DESKTOP-TJ1FAG4:56507      ESTABLISHED     26348
  TCP    192.168.0.113:49517    40.90.189.152:https        ESTABLISHED     4572
  TCP    192.168.0.113:51514    hn:http                    ESTABLISHED     26352
  TCP    192.168.0.113:51515    hn:http                    ESTABLISHED     28780
  TCP    192.168.0.113:51598    101.69.182.163:https       ESTABLISHED     12920
  TCP    192.168.0.113:51801    reverse:https              CLOSE_WAIT      37332
  TCP    192.168.0.113:51905    223.167.166.58:https       ESTABLISHED     28780
```

图 6-10　netstat 显示进程 ID

课后检测

一、填空题

1. TCP/IP 模型分为 4 层，最高两层是__________和__________。

2. 传输层使高层用户看到的就是好像在两个运输层实体之间有一条__________、__________、__________通信通路。

3. 在 TCP/IP 网络中，物理地址与__________层有关，逻辑地址与__________层有关，端口地址与__________层有关。

4. TCP 可以提供__________服务，UDP 可以提供__________服务。

二、选择题

1. 在 OSI 模型中，提供端到端传输功能的层次是（　　）。

A. 物理层　B. 数据链路层　C. 传输层　D. 应用层

2. 在 TCP/IP 栈中，UDP 工作在（　　）。

A. 应用层　B. 传输层　C. 网络层　D. 网络接口层

3.（　　）被认为是面向非连接的传输层协议。

A. IP　B. UDP　C. TCP　D. RIP

三、判断题

1. 运输层位于数据链路层上方。（　　）

2. 传输层是属于网络功能部分，而不是用户功能部分。（　　）

四、简答题

简述传输层的主要功能。

主题 2　传输层协议

学习目标

通过本主题的学习达到以下目标。

知识目标：

- 掌握传输层端口的概念。
- 掌握 TCP 的 3 次握手过程。
- 掌握 TCP 和 UDP 的主要功能。
- 了解 TCP 和 UDP 的报文格式。

技能目标：

- 能够使用协议分析工具捕获并分析 TCP 的数据包。

素质目标：

- 学会以“工程学”的方法来分析问题和解决复杂网络问题。

课前评估

1. 不同网络中的主机之间依靠__________地址进行通信，每台计算机上可能运行多个应用进程，当计算机接收到来自相同计算机发来的信息时，接收计算机会交给谁来处理呢？如果能够识别出这些信息来自不同的应用程序，问题将会变得很简单。人们在浏览器的地址栏中输入类似 http://www.cqupt.edu.cn:8080 这样的信息，就能浏览网页信息了，输入 ftp://www.cqupt.edu.cn:8023，就可以下载共享文件了。虽然访问的是同一目标，但获得了不同服务，其中地址信息中包含的数字起到了关键作用。言外之意，特殊数字是可以用来标识不同的应用程序，计算机网络中将这些数字称之为__________。

2. 人们在生活中可能会有这样的经历：当两个素未谋面的人见面后，其中 A 想认识 B，于是 A 主动向 B 挥手（意味着接下来有握手的冲动），而 B 也向 A 挥手去握 A 的手（对刚才 A 挥手的回应，同时又发出愿意握手的信号给 A，询问 A 是否准备好进行握手），这时候 B 表示愿意握 A 的手，A 确认了 B 愿意才能走过去握手。请同学们思考，如果将以上方法应用到传输层中，它解决了数据传输过程中的什么问题？

6.2　传输层的端口

传输层端口

1. 端口的概念

传输层必须能够划分和管理具有不同传输要求的多个通信。当传输层收到网络层交上来的数据时，要根据端口号来决定应当通过哪一个端口上交给对应接收此数据的应用进程，如图 6-11 所示。端口号的取值为 0～65535。端口号只有本地意义，在 Internet 中，不同计算机中相同的端口号没有联系。

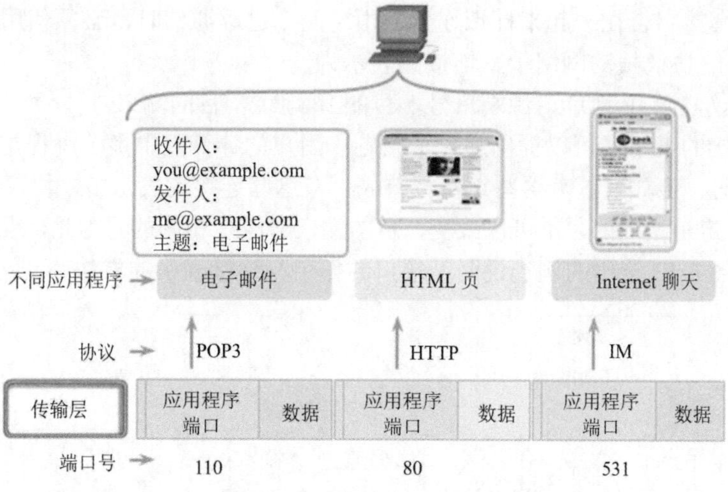

图 6-11　传输层上的端口

2. 源端口和目的端口

在传输层的 PDU——段的报头中，都含有源端口号和目的端口号字段。源端口号是与本地主机上始发应用程序相关联的通信端口号；目的端口号是此通信与远程主机上目的应用程序关联的一个号码，如图 6-12 所示。

在 TCP/IP 网络中，可用 IP 地址标识网络中的一台主机，端口号标识主机中的进程，这样“IP 地址+端口号”就可以唯一地标识一个进程了。考虑到网络中有多协议的特点，如 UDP、TCP，要唯一地标识一个进程，还应加上协议类型，即“协议类型+IP 地址+端口号”，就是所谓的套接字（Socket）。

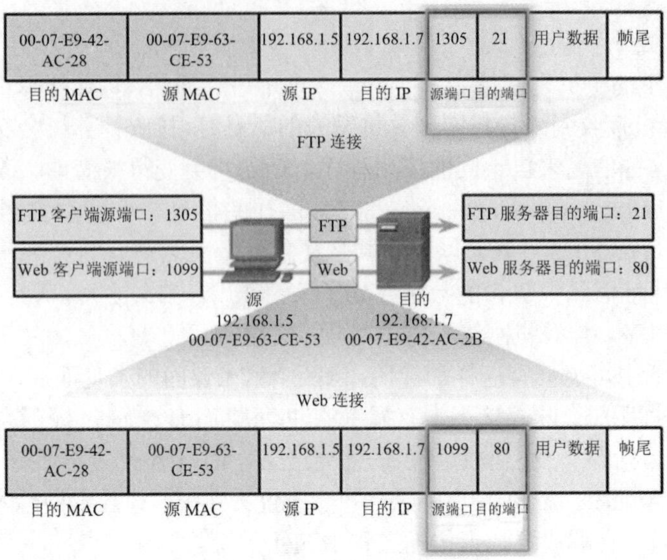

图 6-12　源端口与目的端口

有了套接字后，可以方便地使用某个特定主机上的各种网络服务，如图 6-12 中的 FTP 和 Web 服务。但是，如果有多个用户要同时使用同一个主机上的同一个服务，如收发邮件服务，那么邮件服务器如何正确区分邮件来源和目的呢？也就是说，邮件服务器如何将各个计算机送来的邮件信息区分开来，而不会产生通信混乱？这个问题实际上是如何标识连接的问题。

3. 连接技术

连接是一对进程进行通信的一种关系。进程可以用套接字唯一标识。因此，可以用连接两端进程的套接字合在一起来标识连接，由于两个进程通信时，必须使用系统的协议，故在基于 TCP/IP 协议栈的网络中，连接的表示为

连接={协议，源 IP 地址，源端口号，目的 IP 地址，目的端口号}

现在从连接的表示又可以提出另一个问题：用户的计算机中多个进程与同一服务器的同一进程连接时，应如何区分这些连接。首先，在这些连接的表示中，协议、源 IP 地址、目的 IP 地址肯定是相同的，不可以改变，目的端口号也是相同的。因此，唯一可以改变的是源端口号。图 6-13 给出的例子说明了端口的作用与连接表示的方法。

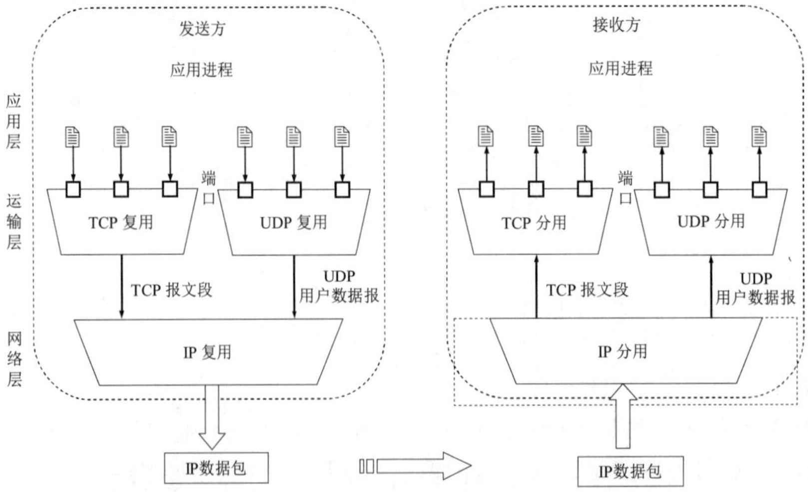

图 6-13　传输层的连接

4. 端口的分类

TCP 和 UDP 都使用端口（Port）与上层的应用进程进行通信，每个端口都拥有一个称为端口号的整数标识符来加以区分。按照 TCP 和 UDP 的规定，二者均允许长达 16 位的端口号，所以都可以提供 2^{16} 个不同端口，端口号的取值范围是 0～65535。端口分为两部分：一部分是保留端口，另一部分是自由端口。其中 0～254 以下规定作为公共应用服务的端口，如 WWW、FTP、DNS 和电子邮件服务等，255～1023 被保留用作商业性的应用开发，如一些网络设备厂商专用协议的通信端口等，都由因特网指派名字和号码公司分配，通常把这类端口称为熟知端口（Well-known Port）。端口号大于 1023 以上作为自由端口，以本地方式进行随机分配，源主机在请求 TCP 服务时通常由此范围中选择。

5. 常见的端口号

常见的端口号如表 6-1 所示。

表 6-1　常见的端口号

应用程序	FTP（控制）	FTP（数据）	SMTP	DNS	TFTP	HTTP	POP3	SNMP
熟知端口	21	20	25	53	69	80	110	161

6.3　传输控制协议（TCP）

传输层提供应用进程之间的通信。TCP/IP 协议栈包含两个传输层协议：传输控制协议（TCP）和用户数据报协议（UDP）。

6.3.1　TCP 的主要功能

TCP 协议提供的是一个可靠的、端到端的、面向连接、全双工的通信服务，每一个连接可靠地建立，友好地终止，在终止发生之前的数据都会被可靠地传输。

1. 可靠的服务

TCP 通过按序传送（序列号）、消息确认（确认号）、超时重传（计时器）等机制确保发送的数据正确地送到目的端且不会发生数据丢失或乱序。

2. 端到端的服务

每一个 TCP 连接有两个端点。这里的端点不是主机、主机的 IP 地址、主机的应用进程，也不是端口，而是套接字。由于端到端表示 TCP 连接只发生在两个进程之间，因此 TCP 不支持组播和广播。

3. 面向连接（Connection-Oriented）的服务

面向连接的服务是指希望发送数据的一方必须首先请求一个到达目的地的连接，然后利用这个连接来传输数据。

4. 全双工通信（Full Duplex Communication）的服务

TCP 连接的两端都设有发送缓冲和接收缓冲，TCP 允许通信双方的应用进程在任何时候都能发送数据。

6.3.2　TCP 报文段的结构

TCP 报文段的格式如图 6-14 所示。可以看出，一个 TCP 报文分为首部和数据两部分。TCP 报文段首部的前 20 个字节是固定的，后面的 4*N* 字节是可有可无的选项（*N* 为整数）。因此 TCP 首部的最小长度是 20 个字节。首部提供了可靠服务所需的字段。

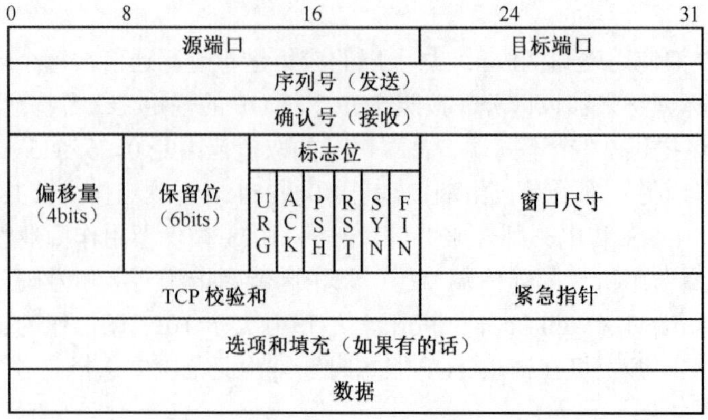

图 6-14　TCP 报文段的格式

下面对各个字段的含义进行简单地解释。

（1）源端口（Source Port）：标识发送端上发送应用程序的一个数字。

（2）目标端口（Destination Port）：标识目标端上接收应用程序的一个数字。

（3）序列号（Sequence Number）：TCP 以字节作为最小处理单位，数据传送时是按照一个个字节（字节流）来传送的，所以在一个 TCP 连接中传送的字节流需要编号。该字段指出 TCP 报文段中携带数据的第一个字节在发送字节流中的位置。

（4）确认号（Acknowledgement Number）：发送方希望从接收方接收的下一字节，意思是已收到该字节之前的所有字节。

（5）偏移量（Offset）：标识报文首部后数据开始的位置，该字段用 4bits 指出 TCP 报头的长度，以 4 个字节为单位。如果没有 TCP 选项，长度为 5 表示 TCP 报头长度为 20 字节。

（6）标志位（Flag Bit）：一个 TCP 首部包含 6 个标志位。它们的意义如下。

- SYN：用来建立连接，让连接双方同步序列号。如果 SYN=1 而 ACK=0，表示该数据包为连接请求，如果 SYN=1 而 ACK=1 表示接受连接。
- FIN：表示发送端已经没有数据要求传输了，希望释放连接。
- RST：用来复位一个连接。RST 标志置位的数据包称为复位包。如果 TCP 收到的一个报文段明显不是属于该主机上的任何一个连接，则向远端主机发送一个复位包。
- URG：紧急数据标志。如果为 1，表示本报文段中有紧急数据，应尽快传递。
- ACK：为确认标志位。如果为 1，表示包中的确认号是有效的。
- PSH：如果置位，接收端应尽快把数据传送给应用进程，而不是等到整个缓存都填满后再向上交付。

（7）窗口尺寸（Window Size）：允许对方发送的数据量。

（8）校验和（Checksum）：验证首部和数据。

（9）紧急指针（Urgent Pointer）：只有当 URG 位设置时才有效。用来指向该段紧急数据的末尾。将该指针加到序列号可以产生该段紧急数据的最后字节数。

（10）选项：各种选项的保留位，最常用的一个是最大段尺寸，通常在连接建立期间由连接的两端指定。

6.3.3　TCP 连接的建立

TCP 使用三次握手（Three-way Handshake）协议来建立连接。连接可以由任何一方发起，也可以由双方同时发起。一旦一台主机上的 TCP 软件主动发起连接请求，运行在另一台主机上的 TCP 软件就被动地（Passively）等待握手。图 6-15 给出了三次握手建立 TCP 连接过程。

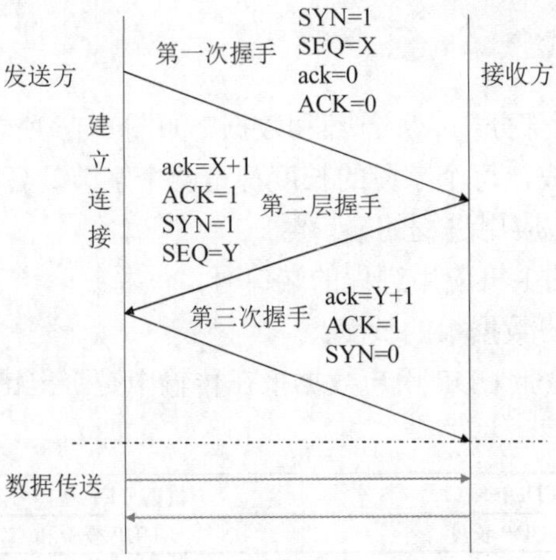

图 6-15　TCP 的 3 次握手

1. 第 1 次握手（同步请求阶段）

发送方向接收方发出连接请求的数据报，并在所发送的报文段中将标志位字段中的同步标志位 SYN 置为“1”、确认标志位 ACK 置为“0”。同时分配一个序列号 SEQ=X，表明待发送数据第一个数据字节的起始位置，序列号的确认号 ack＝0，因为此时未收到数据。

2. 第 2 次握手（回应同步请求阶段）

接收方收到该报文段，若同意建立连接，则发送一个接受连接的应答报文，其中标志位字段的 SYN 和 ACK 位均被置“1”，指示对第一个 SYN 报文段的确认，以继续握手操作；否则，要发送一个将 RST 位置为“1”的应答数据报，表示拒绝建立连接。确认号 ack＝X+1，表示已收到 X 之前的数据，期望从 X+1 开始接收数据，并产生一个随机的序列号 SEQ=Y，告诉本方发送的数据从序列号 Y 开始。

3. 第 3 次握手（同步确认阶段）

发送方收到接收方发来的同意建立连接报文段后，还有再次进行选择的机会，若其确认要建立这个连接，则向接收方发送确认报文报，用来通知接收方双方已完成建立连接；若其不想建立这个连接，则可以发送一个将 RST 位置为“1”的应答分段来告之接收方拒绝建立连接。此时 ACK=1，SYN=0 表示同意建立连接。确认号 ack=Y+1，表示已收到序列号 Y 之前的数据，期望从 Y+1 开始接收数据。

建立 TCP 连接后，随后进入数据传输阶段。

6.4　用户数据报协议（UDP）

6.4.1　UDP 概述

UDP 协议是无连接的，即通信双方并不需要建立连接，这种通信显然是不可靠的，但是 UDP 简单，数据传输速度快、开销小。虽然 UDP 协议只能提供不可靠的数据传递，但与 TCP 相比，UDP 仍具有一些独特的优势，具体如下：

（1）无须建立连接和释放连接，因此主机无需维护连接状态表，从而减少了连接管理开销，无须建立连接也减少了发送数据之前的时延。

（2）UDP 数据报只有 8 个字节的首部开销，比 TCP 的 20 个字节的首部要短得多。

（3）由于 UDP 没有拥塞控制，因此 UDP 的传输速度很快，即使网络出现拥塞也不会降低发送速率。这对实时应用如 IP 电话、视频点播等是非常重要的。

（4）UDP 支持单播、组播和广播的交互通信，而 TCP 只支持单播。

6.4.2 UDP 报文格式

UDP 的报文格式由两部分构成：首部和数据，如图 6-16 所示。首部字段很简单，只有 8 个字节，由 4 个字段构成，每个字段的长度都是两个字节，各字段意义如下：

（1）源端口：本主机应用进程的端口号。

（2）目的端口：目的主机应用进程的端口号。

（3）长度：UDP 用户数据报的长度。

（4）校验和：用于检验 UDP 用户数据报在传输中是否出错。

0	16　　　　　　　　　　31
源 UDP 端口号	目的 UDP 端口号
UDP 长度	UDP 校验和
数据	
……	

图 6-16　UDP 报文格式

6.4.3 基于 TCP、UDP 的一些典型应用

TCP 能提供面向连接的可靠服务，而 UDP 具有无须建立、简单高效且开销小的特点，均得到了广泛地应用，表 6-2 总结了基于 TCP、UDP 的一些典型应用。

表 6-2　基于 TCP、UDP 的一些典型应用

应用	应用层协议	传输层协议
域名服务	DNS	UDP、TCP
路由信息协议	RIP	UDP
动态主机配置	DHCP	UDP
简单网管	SNMP	UDP
电子邮件发送	SMTP	TCP
远程登录	Telnet	TCP
Web 浏览	HTTP	TCP
文件传输	FTP	TCP

动手实践

分析 TCP 的三次握手过程

TCP 通过 3 个报文段完成连接的建立，这个过程称为三次握手。本节的任务是通过模拟一个简单的 Web 访问来观察 TCP，采用如图 6-17 所示的网络拓扑图。其中，Web Server 的域名为 www.cupt.com，提供 Web 服务和 DNS 域名解析，已提前做好了预配。

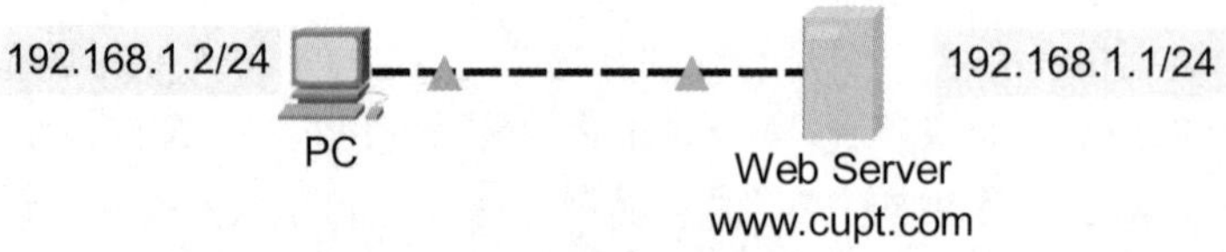

图 6-17　网络拓扑图

1. 搭建网络环境

按照如图 6-17 所示的网络拓扑图，建立 PC 和 Web Server 连接，并按规划的 IP 地址配置主机 IP 地址，如图 6-18 所示。注意，PC 上配置的 DNS Server 地址指向 Web Server 服务器，该服务器同时为 DNS 服务器。

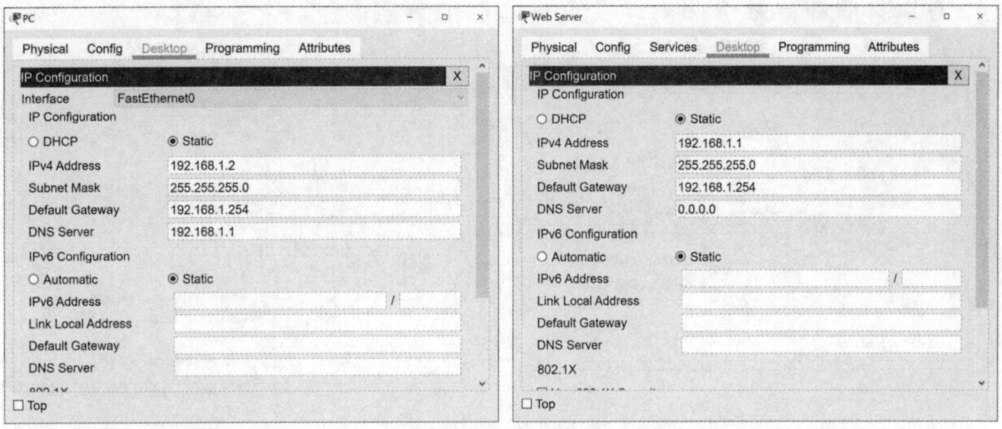

图 6-18　IP 地址配置

2. 网络服务配置

需要开启 HTTP 和 DNS 服务，并完成 IP 地址和域名的解析配置，如图 6-19 所示。

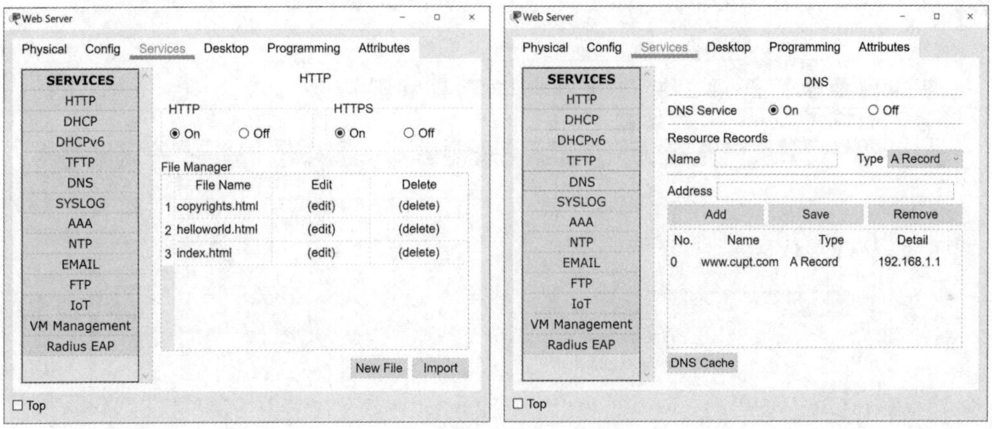

图 6-19　Web 及 DNS 服务配置界面

3. 验证域名解析服务

在 PC 的 Desktop 选项卡中打开“Web Browser”选项，在打开的浏览器中输入“www.cupt.com”，然后单击 Go 按钮，弹出如图 6-20 所示的界面，说明 Web 和 DNS 服务工作正常。

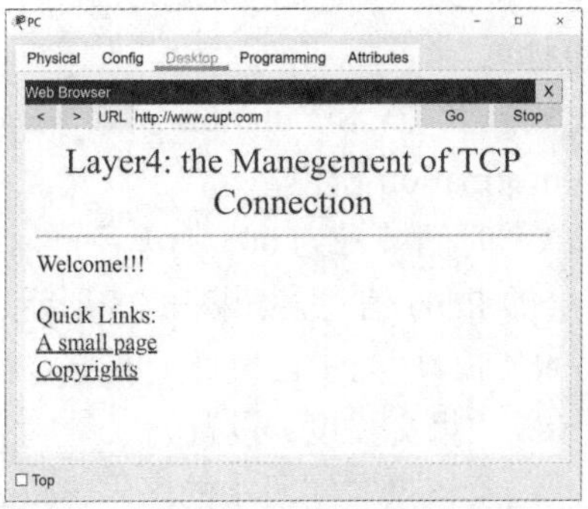

图 6-20　Web 和 DNS 服务

4. 捕获 TCP 报文

最小化模拟浏览器窗口，在 Simulation 模式下，单击“Edit Filters”按钮，仅选择 TCP，如图 6-21 所示。

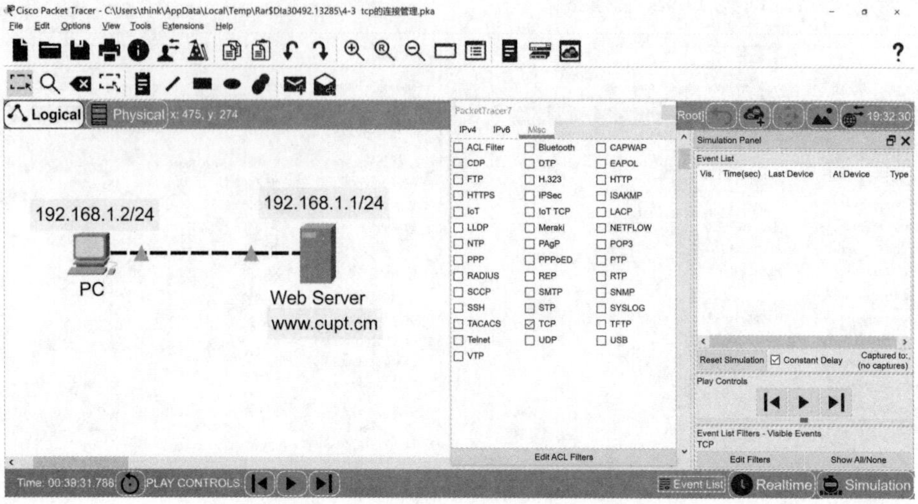

图 6-21　设置捕获 TCP 报文界面

再次打开 Web 服务，在 Simulation Pannel 中单击▶|按钮，单步执行 TCP 三次握手仿真过程。PC 与 Server 之间的数据包交换动画，如图 6-22 所示。

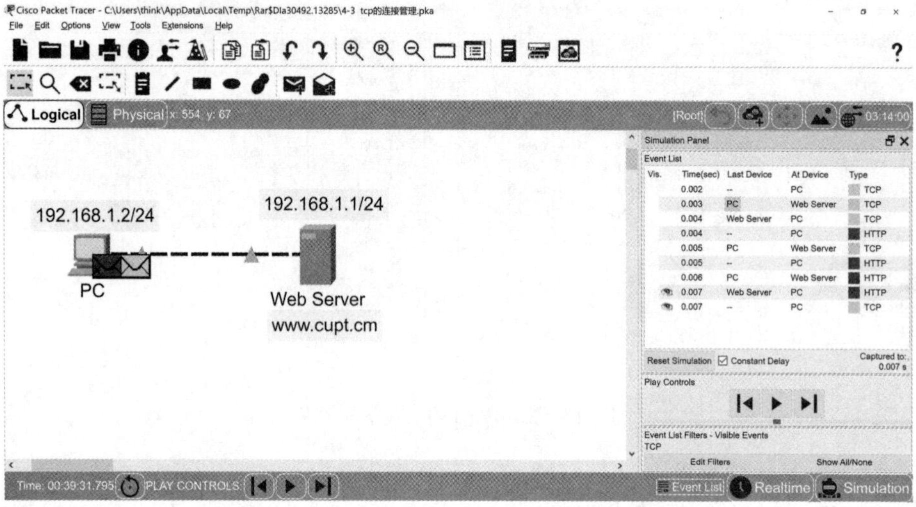

图 6-22　捕获 TCP 数据传输

在 Envent List（事件列表）中找出 TCP 建立连接的三次握手事件。可以发现，图 6-22 中时间编号是 003、004 和 005 为建立 TCP 连接的三次握手阶段。

5. 分析 TCP 的三次握手机制

观察 TCP 的三次握手的数据段，在 Simulation 模式下的 Envent List 区域中单击 Type 列的单色框，将会打开 PDU Information 窗口。

（1）第一次握手分析。单击时间编号为 003 的单色框，在弹出的界面中，单击“Next Layer”按钮，重点观察第 4 层的 PDU 信息，如图 6-23 所示。

PC 将连接状态设置为 SYN_SENT（同步已发送），TCP 将窗口大小设置为__________B，并将首部中的选项字段 MSS（最大报文长度）设置为__________B。PC 向 Server 发送一个 TCP 同步（SYN）的报文段，记录该报文字段中的序号 Sequence Number__________，确认号 ACK number__________。

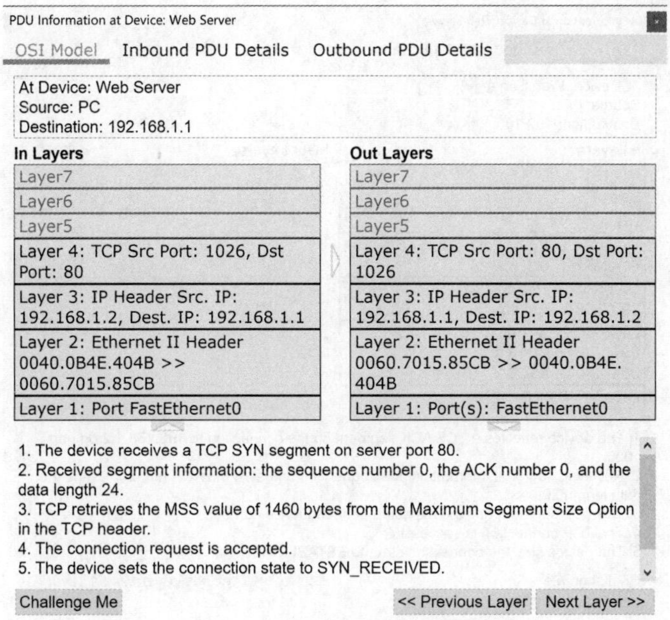

图 6-23　TCP 第一次握手

（2）第二次握手分析。单击时间编号为 004 的单色框，在弹出的界面中，单击下一步“Next Layer”按钮，重点观察第 4 层的 PDU 信息，如图 6-24 所示。

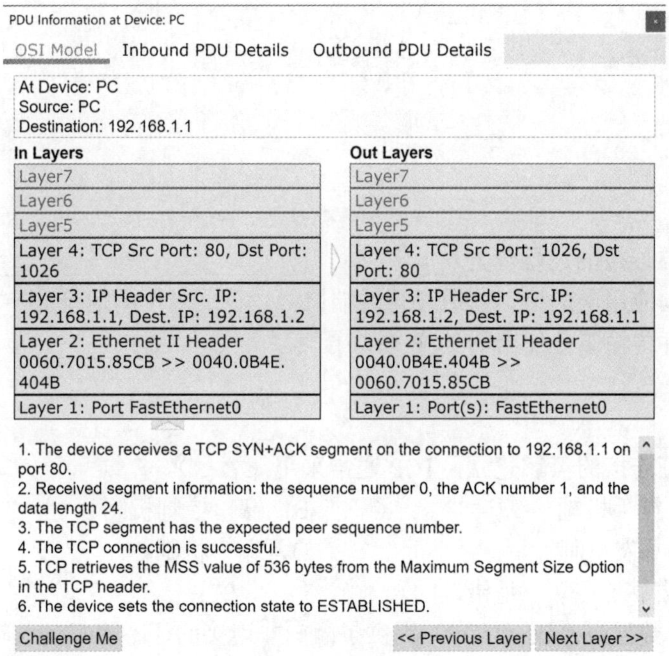

图 6-24　TCP 第二次握手

Server 从端口__________收到 PC 发来的 TCP 同步字段，取出首部的选项字段的 MSS 的值，同意接收 PC 的连接请求，并将连接状态设置为 SYN_RECEIVED（同步已接收）。Server 向 PC 发送一个 TCP 的同步确认（SYN+ACK）报文段，记录该报文字段中的序号 Sequence Number__________，确认号 ACK number__________以及报文段长度__________B。

（3）第三次握手分析。单击时间编号为 005 的单色框，在弹出的界面中，单击“Next Layer”按钮，重点观察第 4 层的 PDU 信息，如图 6-25 所示。

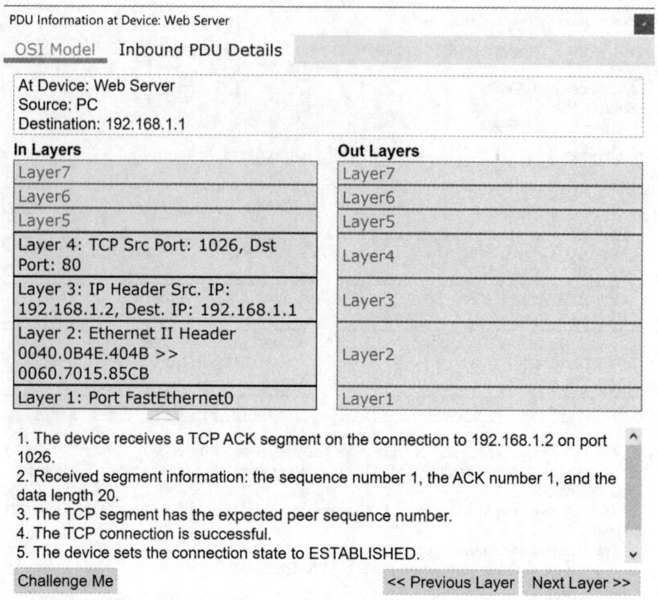

图 6-25　TCP 第三次握手

PC 向 Server 发送一个同步确认（ACK）报文段，记录该报文字段中的序号 Sequence Number__________，确认号 ACK number__________以及报文段长度__________B。Sever 收到 PC 发来的 TCP 确认，该报文段中的序号也正是原先期望收到的，连接成功。

课后检测

一、填空题

1．TCP 建立连接的过程分为__________、__________、__________3 个阶段。

2．传输层与应用层的接口上所设置的端口__________位的地址。

3．FTP 文件传输服务使用的 TCP 端口号为____________________。

二、选择题

1．为了保证连接的可靠建立，TCP 通常采用（　　）。

A．三次握手机制　　B．窗口控制机制

C．自动重发机制　　D．端口机制

2．下列说法中（　　）是错误的。

A．用户数据报协议（UDP）提供了面向非连接的、不可靠的传输服务

B．由于 UDP 是面向非连接的，因此它可以将数据直接封装在 IP 数据报中进行发送

C．在应用程序利用 UDP 传输数据之前，不需要建立一条到达主机的 UDP 连接

D．当一个连接建立时，连接的每一端分配一块缓冲区来存储接收到的数据，并将缓冲区的尺寸发送给另一端

3．关于 TCP 和 UDP 端口，下列说法中（　　）是正确的。

A．TCP 和 UDP 分别拥有自己的端口号，它们互不干扰，可以共存于同一台主机

B．TCP 和 UDP 分别拥有自己的端口号，但它们不能共存于同一台主机

C．TCP 和 UDP 的端口没有本质区别，它们可以共存于同一台主机

D．TCP 和 UDP 的端口没有本质区别，它们互不干扰，不能共存于同一台主机

三、判断题

1. TCP 允许通信双方的应用进程在任何时候都能发送数据。 ( )
2. TCP 允许发送方可以随时中断数据的传输。 ( )
3. 传输层上端口号的最大值为 65536。 ( )

四、简答题

1. 简述 TCP 协议的三次握手过程。
2. 比较 TCP 协议和 UDP 的应用场合。

主题 3 搭建网络应用平台

学习目标

通过本主题的学习达到以下目标。

知识目标：

- 掌握 DHCP 的作用及工作过程。
- 了解 Internet 信息服务的基本概念。
- 掌握 DNS 的作用、层次结构及查询方式。

技能目标：

- 能够配置 Web、DHCP 和 DNS 服务器。

素质目标：

- 遵守网络道德及法律法规，营造清朗网络空间。
- 提高网络安全意识，树立正确的网络安全观。
- 增强科技强国意识。

课前评估

1. 随着 Internet 的发展，商业化的服务越来越多。虽然不同的网络服务有不同的通信方式，但是总体上有一个共同的方式，即__________。为了完成一次具体的网络服务，总有一方是先发起通信的，而另一方是被动发起通信的。请尽可能列举类似这种模式的常见网络服务。

2. 计算机网络终端之间的通信依赖于 IP 地址，随着网络规模的扩大，终端的数量大于可供分配的 IP 地址数量；随着移动终端的广泛应用且位置不断变化，相应的 IP 地址也必须更新；IP 地址在更新过程中面临工作量大、容易出错等问题，你是否有应对这些问题的解决方案？请举例说明。

3. 在数据通信网络中，使用 IP 地址标记连接以便通过网络发送和接收数据；在 Internet 上，IP 地址不计其数且很难记忆；如果 IP 地址要修改，需要告诉客户，不能做到对用户透明，你如何解决这些问题呢？

4. 企业希望建立一个对外宣传的窗口，在Internet中实现企业产品的对外宣传和远程终端业务数据处理，实现办公自动化和无纸化办公，提高办公效率和节约成本。请你思考该如何处理？

6.5 动态主机配置协议（DHCP）

6.5.1 使用DHCP的主要目的

在较大的网络中，一般都使用DHCP服务器对IP地址实行自动管理和配置。在日常的网络管理工作中，使用DHCP服务的主要原因有以下3个方面。

1. 安全可靠的配置

DHCP避免了由于要在每个计算机上键入值而引起的配置错误。DHCP还有助于防止由于在网络上配置新的计算机时重用以前指派的IP地址而引起的地址冲突。

2. 减少配置管理

一些用户由于经常移动办公，给网络管理员造成很多管理和配置方面的负担，使用DHCP服务器可以大大降低用于配置和重新配置网上计算机的时间。

3. 动态分配IP地址可以解决IP地址不够用的问题

因为IP地址是动态分配的，所以，只要DHCP有空闲的IP地址可供分配，DHCP客户机就可获得IP地址。当客户机不需要使用此地址时，DHCP服务器收回此地址，并提供给其他的DHCP工作站使用。

DHCP的工作原理

6.5.2 DHCP的工作原理

DHCP的工作过程如图6-26所示，主要包括以下4个阶段。

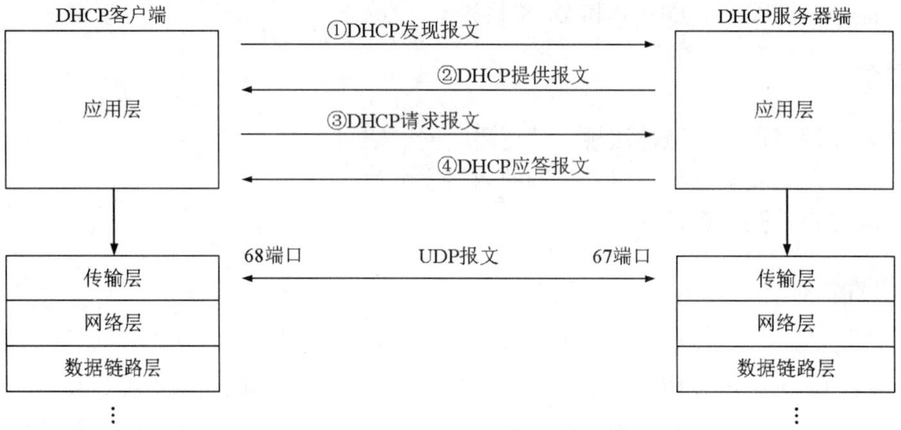

图6-26 DHCP的工作过程

1. 发现阶段（DHCP Discover报文）

DHCP客户机向DHCP服务器发出请求，要求租借一个IP地址。此时的DHCP客户机上的TCP/IP还没有初始化，还没有一个IP地址，因此，只能使用广播的手段向网上所有DHCP服务器发出租借请求。DHCP发现报文阶段的作用是查找网络上的DHCP服务器。

2. 提供阶段（DHCP Offer报文）

DHCP工作的第2个过程是DHCP提供，指当网络中的任何一个DHCP服务器（同一个网络中可能存在多个DHCP服务器）在收到DHCP客户机的DHCP发现报文后，该DHCP服务器若能够提供IP地址，则利用广播方式提供给DHCP客户机。DHCP提供报文阶段的作用是告诉 DHCP 客户机：“我是 DHCP 服务器，我能给你提供协议配置参数”。

3. 选择阶段（DHCP Request 报文）

DHCP 工作的第 3 个过程是 DHCP 请求，一旦 DHCP 客户机收到第 1 个由 DHCP 服务器提供的应答信息后，就进入此过程。当 DHCP 客户机收到第 1 个 DHCP 服务器响应信息后就以广播的方式发送一个 DHCP 请求信息给网络中所有的 DHCP 服务器。在 DHCP 请求信息中包含所选择的 DHCP 服务器的 IP 地址。DHCP 请求报文阶段的作用是请求对应的 DHCP 服务器给它配置协议参数。

4. 确认阶段（DHCP ACK 报文）

DHCP 工作的最后一个过程便是 DHCP 应答。一旦被选择的 DHCP 服务器接收到 DHCP 客户机的 DHCP 请求信息后，就将已保留的这个 IP 地址标识为已租用，然后也以广播方式发送一个 DHCP 应答信息给 DHCP 客户机。该 DHCP 客户机在接收 DHCP 应答信息后，就完成了获得 IP 地址的过程，便开始利用这个已租借到的 IP 地址与网络中的其他计算机进行通信。

6.6　WWW 服务

WWW（World Wide Web）服务是目前互联网上最方便和最受欢迎的信息服务类型，它可以提供包括文本、图形、声音和视频在内的多媒体信息的浏览。事实上它的影响力已远远超出了专业技术的范畴，并且已经进入了广告、新闻、销售、电子商务与信息服务等诸多领域，它的出现是 Internet 发展中一个里程碑。WWW 是基于 C/S 工作模式的信息发布技术和超文本技术的综合。WWW 服务器通过超文本标记语言（Hyper Text Markup Language，HTML）把信息组织成为图文并茂的超文本，WWW 浏览器则为用户提供基于超文本传输协议（Hyper Text Transfer Protocol，HTTP）的用户界面。用户使用 WWW 浏览器通过 Internet 访问远端 WWW 服务器上的 HTML 超文本。

6.6.1　WWW 服务器

WWW 服务器可以分布在互联网的各个位置，每个 WWW 服务器都保存着可以被 WWW 客户共享的信息。WWW 服务器上的信息通常以页面的方式进行组织。页面一般都是超文本文档，也就是说，除了普通文本外，它还包含指向其他页面的指针（通常称这个指针为超链接）。利用 Web 页面上的超链接，可以将 WWW 服务器上的一个页面与互联网上其他服务器的任意页面及图形图像、音频、视频等多媒体进行关联，使用户在检索一个页面时，可以方便地查看其他相关页面和信息。

WWW 服务器不但需要保存大量的 Web 页面，而且需要接收和处理浏览器的请求。通常，WWW 服务器在 TCP 的 80 端口侦听来自 WWW 浏览器的连接请求。当 WWW 服务器接收到浏览器对某一页面的请求信息时，服务器搜索该页面，并将该页面返回给浏览器。

6.6.2　WWW 浏览器

WWW 的客户程序称为 WWW 浏览器（Browser），它是用来浏览服务器中 Web 页面的软件。

在 WWW 服务系统中，WWW 浏览器负责接收用户的请求（如用户的键盘输入或鼠标输入），并利用 HTTP 将用户的请求传送给 WWW 服务器。在服务器请求的页面送回到浏览器后，浏览器再将页面进行解释，显示在用户的屏幕上。

通常，利用 WWW 浏览器，用户不仅可以浏览 WWW 服务器上的 Web 页面，而且可以访问互联网中其他服务器（如 FTP 服务器、Gopher 服务器等）的资源。

6.6.3 页面地址

互联网中存在着众多的 WWW 服务器，而每台 WWW 服务器中又包含有很多页面，那么用户如何指明要请求和获得的页面呢？这就要求助于统一资源定位符（Uniform Resource Locator，URL）了。利用 URL，用户可以指定要访问什么协议类型的服务器、互联网上的哪台服务器以及服务器中的哪个文件。URL 一般由 4 部分组成：协议类型、主机名、路径及文件名和端口号。例如，重庆电子工程职业学院网络实验室 WWW 服务器中一个页面的 URL 为

其中 http:指明要访问 HTTP 类型的服务器；netlab.cqcet.edu.cn 指明要访问的服务器的主机名，主机名可以是该主机的 IP 地址，也可以是该主机的域名，而/student/network.html 指明要访问页面的路径及文件名，HTTP 默认的 TCP 端口号为 80，可省略不写。

实际上，URL 是一种较为通用的网络资源定位方法。除了指定 http 访问 WWW 服务器之外，URL 还可以通过指定其他协议来访问其他类型的服务器。例如，可以通过指定 ftp 访问 FTP 文件服务器、通过指定 gopher 访问 Gopher 服务器等。表 6-3 给出了 URL 可以指定的主要协议类型。

表 6-3 URL 可以指定的主要协议类型

协议类型	描述
http	通过 http 访问 WWW 服务器
ftp	通过 ftp 访问 FTP 服务器
gopher	通过 gopher 协议访问 Gopher 服务器
telnet	通过 telnet 协议进行远程登录
file	在所连的计算机上获取文件

6.6.4 超文本标记语言

HTML 是 ISO 标准 8879——标准通用标识语言（Standard Generalized Markup Language，SGML）在万维网上的应用。标识语言就是格式化的语言，它使用一些约定的标记对 WWW 上各种信息（包括文字、声音、图形、图像、视频等）、格式以及超链接进行描述。当用户浏览 WWW 信息时，浏览器会自动解释这些标记的含义，并将其显示为用户在屏幕上所看到的网页。

6.7 域名系统（DNS）

IP 地址是 Internet 上的一个连接标识，数字型的 IP 地址对计算机网络来讲自然是最有效的，但是对使用网络的用户来讲有不便记忆的缺点。与 IP 地址相比，人们更喜欢使用具有一定含义的字符串来标识 Internet 上的计算机。因此，在 Internet 中，用户可以使用各种方式命名自己的计算机。但是这样做就可能在 Internet 上出现重名，如提供 WWW 服务的主机都命名为 WWW，提供 E-mail 服务的主机都命名为 EMAIL 等，不能唯一地标识 Internet 上计算机的位置。为了避免重复，Internet 网络协会采取了在主机名后加上后缀名的方法，

这个后缀名称就称为域名，用来标识主机的区域位置，域名是通过申请合法得到的。

DNS 就是帮助人们在 Internet 上用名字来唯一标识自己的计算机，并保证主机名和 IP 地址是一一对应的关系。DNS 的本质是提出一种分层次、基于域的命名方案，并且通过一个分布式的数据库系统，以及使用查询机制来实现域名服务功能。

6.7.1　域名的层次命名机构

在 Internet 上，采用层次树状结构的命名方法，称之为域树结构。图 6-27 为关于域名空间分级结构的示意图，整个形状如一棵倒立的树。每一层构成一个子域名，子域名之间用圆点“.”隔开，自上而下分别为根域、顶级域、二级域、子域及最后一级的主机名。根节点不代表任何具体的域，被称为根域。

在 Internet 中，首先由中央管理机构（又称顶级域）将第一级域名划分成若干部分，包括一些国家代码；又因为 Internet 的形成有其历史的特殊性，主要是在美国发展壮大的，Internet 的主干网都在美国，因此在第一级域名中还包括各种机构的域名，与其他国家的国家代码同级，都作为顶级域名。常见的顶级域名如表 6-4 所示。

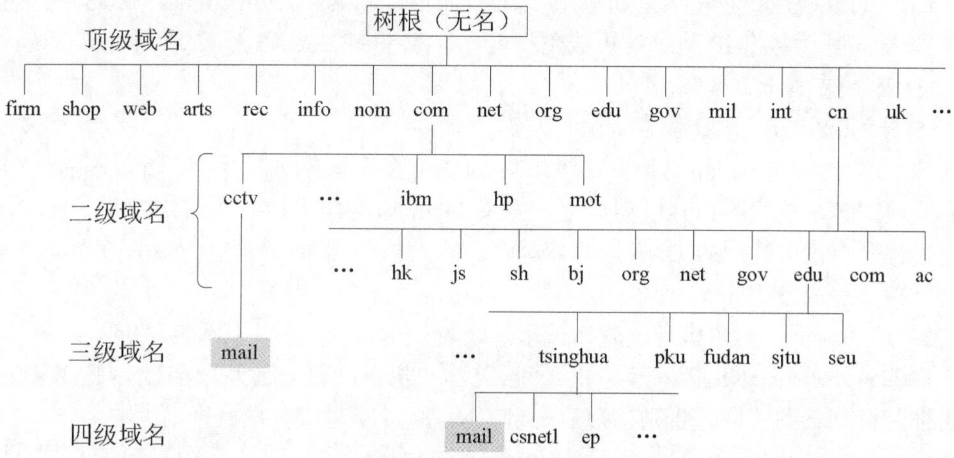

图 6-27　域名的层次结构

表 6-4　顶级域名代码

com	商业组织	edu	教育机构
gov	政府机构	mil	军事机构
net	网络服务机构	int	国际组织
org	非盈利机构	cn	中国顶级域名

6.7.2　域名的表示方法

Internet 的域名结构是由 TCP/IP 协议栈的 DNS 定义的。域名结构也和 IP 地址一样，采用典型的层次结构，其通用的格式如图 6-28 所示。

第四级域名	.	第三级域名	.	第二级域名	.	第一级域名

图 6-28　域名的格式

例如，在 www.cqcet.edu.cn 这个名字中，www 为主机名，由服务器管理员命名；cqcet.edu.cn 为域名，由服务器管理员合法申请后使用。其中，cqcet 表示重庆电子工程职业学院，edu 表示国家教育机构部门，cn 表示中国。www.cqcet.edu.cn 就表示中国教育机构重庆电子工程职业学院的 www 主机。

域名服务器和域名解析过程

6.7.3 域名服务器和域名解析过程

1. 域名和 IP 地址的映射方法

实现域名和 IP 地址的相互转换有两种方法。

（1）通过改写 Windows 目录：C:\WINDOWS\system32\drivers\etc 的 hosts 文件。例如：要实现域名 www.cqcet.edu.cn 和 IP 地址 222.11.0.89 之间的相互转换，只需在 hosts 文件中增加：222.11.0.89　www.cqcet.edu.cn 即可。但该种方法只能在本地有效，其他计算机无法使用；当主机很多时，不仅工作量大，而且查询速度慢。

（2）在网络通信中，采用 DNS 服务器的方式，实现每个主机的域名和 IP 地址的一一对应关系。DNS 服务器的主要功能是回答有关域名、地址、域名到 IP 地址或 IP 地址到域名的映射询问以及维护关于询问类型、分类或域名的所有资源记录列表。

2. 域名的解析方式

域名解析分为正向解析和反向解析。

（1）正向解析是将主机名解析成 IP 地址，如将 www.sina.com.cn 解析成 58.63.236.40。

（2）反向解析是将 IP 地址解析成主机名，如将 58.63.236.40 解析成 www.sina.com.cn。

3. DNS 的查询方式

DNS 分为递归查询与迭代查询两种发送。

（1）递归查询：客户机送出查询请求后，DNS 服务器必须告诉客户机正确的数据（IP 地址）或通知客户机找不到其所需数据。如果 DNS 服务器内没有所需要的数据，DNS 服务器会代替客户机向其他的 DNS 服务器查询。客户机只需接触一次 DNS 服务器系统，就可得到所需节点的 IP 地址。

（2）迭代查询：客户机送出查询请求后，若该 DNS 服务器中不包含所需数据，它会告诉客户机另外一台 DNS 服务器的 IP 地址，使客户机自动转向另外一台 DNS 服务器查询，依次类推，直到查到数据，否则由最后一台 DNS 服务器通知客户机查询失败。

6.7.4 域名、端口号、IP 地址、MAC 地址之间的关系

域名是应用层使用的主机名字；端口号是传输层的进程通信中用于标识进程的号码；IP 地址是网络层 IP 协议使用的逻辑地址；MAC 地址是以太网帧传输过程中使用的地址。如果一台计算机通过浏览器访问另一台计算机的 Web 服务，需要使用域名、端口号、IP 地址、MAC 地址来唯一地标识主机、寻址、路由、传输，实现网络环境中的分布式进程通信，完成 Internet 的访问过程。图 6-29 给出了域名、端口号、IP 地址、MAC 地址关系示意图。

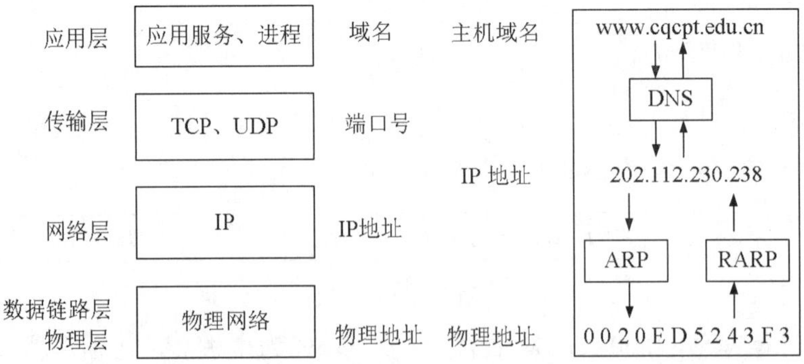

网络中的地址及其层次对应关系　　主机域名、IP地址和物理地址之间转换的关系

图 6-29　域名、端口号、IP 地址、MAC 地址关系示意图

动手实践

构建网络应用基础平台

在如图 6-30 所示的网络图中，交换机上连接了一台服务器，用于提供 Web、DHCP 和 DNS 服务，使得 PC1 和 PC2 能够动态拿到 IP 地址，使用域名 www.cupt.com 访问 Web 服务。

1. 拓扑图构建和配置服务器 IP 地址

（1）使用 Packet Tracer 7.3，构建网络拓扑图，如图 6-30 所示。

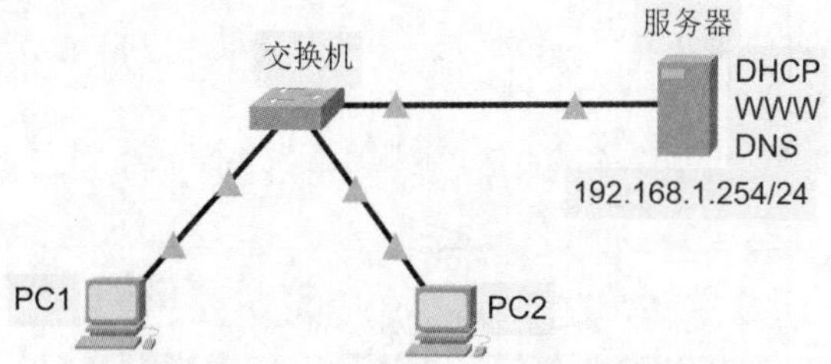

图 6-30　网络应用基础平台构建拓扑图

（2）单击服务器>Desktop（桌面）选项卡>IP Configuration（IP 配置），将 IPv4 Address（IPv4 地址）设置为 192.168.1.254，掩码设置为 255.255.255.0，如图 6-31 所示。

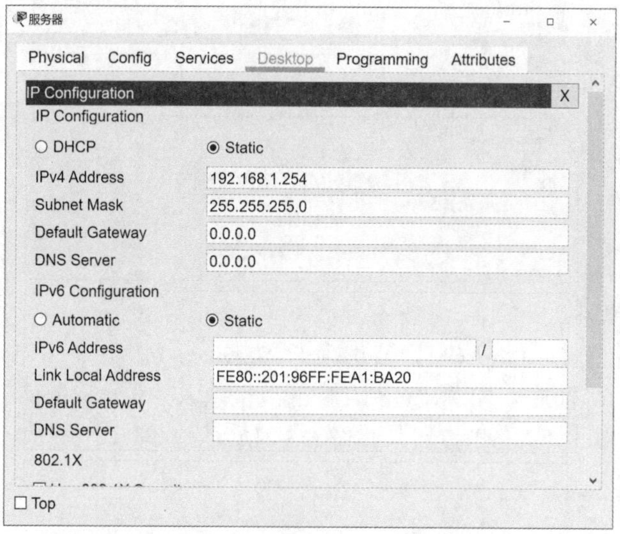

图 6-31　服务器 IP 地址配置界面

（3）服务器和 PC 都在同一个网络，交换机用于扩展端口的作用，无需任何配置。

2. 配置 DHCP 服务

（1）单击服务器>Desktop（桌面）选项卡>Services（服务），单击左侧 DHCP 链接。

（2）在弹出的界面中，勾选“On”，Pool Name 栏填入“DHCP”。Default Gateway 栏填写“192.168.1.254”。DNS Server 填写地址为“192.168.1.254”，Start IP Address 为“192.168.1.1”，Subnet Mask 栏填写“255.255.255.0”，Maximum Number of Users 栏填写“100”，单击“Add”按钮，如图 6-32 所示。

（3）将 PC 中获取 IP 地址的方式改为 DHCP，从服务器中动态获取到 IP 地址，如图 6-33 所示。

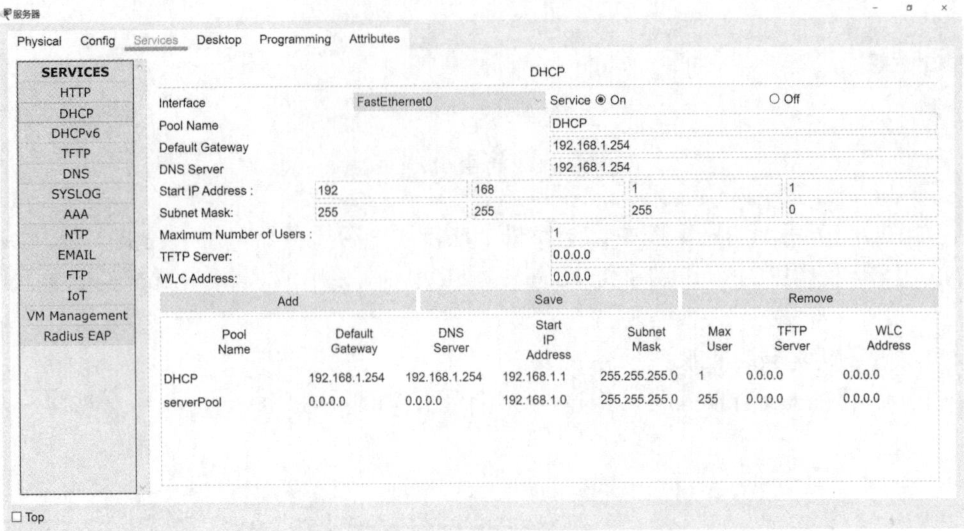

图 6-32　DHCP 服务配置界面

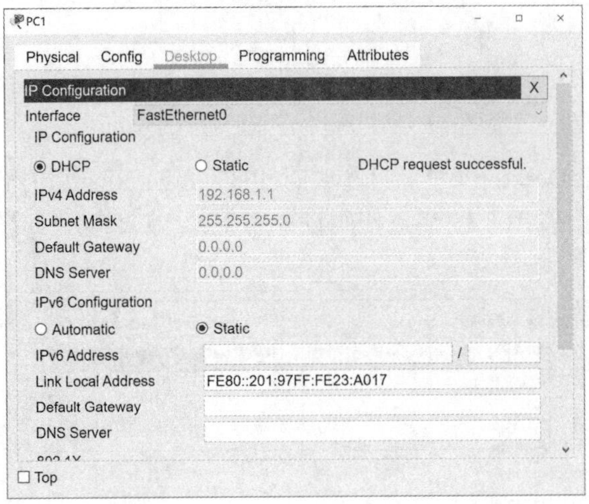

图 6-33　配置 DHCP

3. 配置 DNS 服务

（1）单击服务器>Desktop（桌面）选项卡>Services（服务），单击左侧 DNS 链接。

（2）在弹出的界面中，勾选“On”，Name 栏填入“www.cupt”。Address 栏填写为“192.168.1.254”，单击“Add”按钮，如图 6-34 所示。

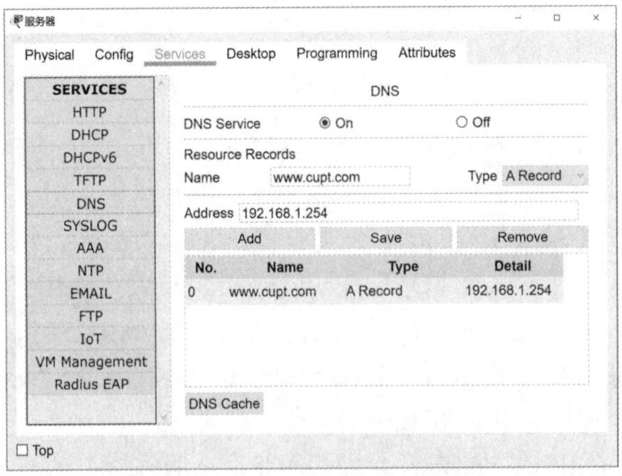

图 6-34　DNS 服务配置界面

4. 配置 WWW 服务

默认情况下，服务器的 HTTP 服务已打开，无须其他配置，如图 6-35 所示。

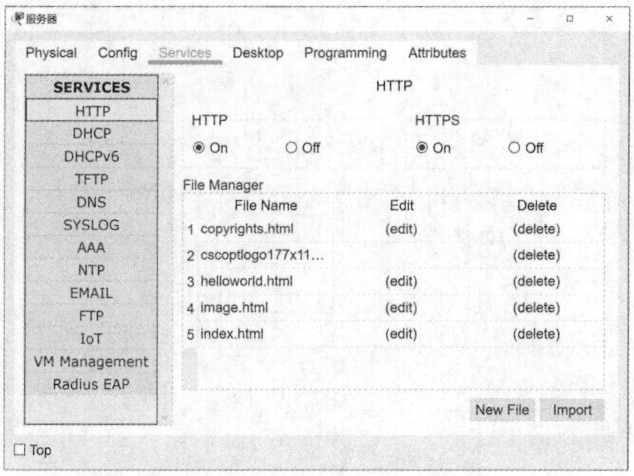

图 6-35　HTTP 服务配置界面

5. 验证配置结果

（1）测试 HTTP 服务，如图 6-36 所示。

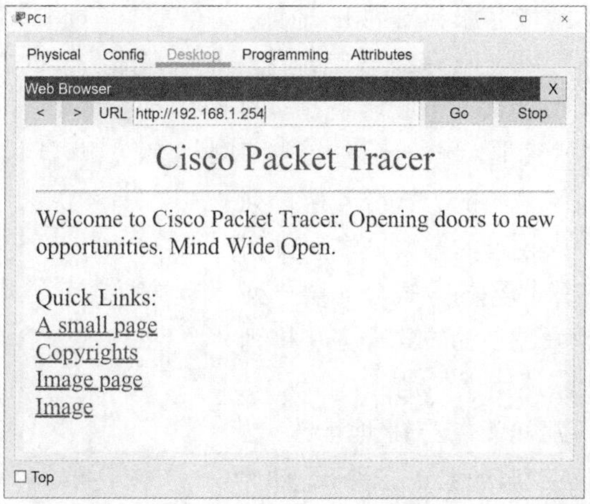

图 6-36　测试 HTTP 服务

（2）测试 DNS 服务，如图 6-37 所示。

图 6-37　测试 DNS 服务

课后检测

一、填空题

1. DNS 实际上是一个服务器软件，运行在指定的计算机上，完成__________的映射。

2. 在 Internet 中，计算机之间直接利用__________进行寻址，因而需要将用户提供的主机名转换成 IP 地址，这个过程称为__________。

3. DHCP 通常提供可用 IP 地址是__________租用。

4. WWW 服务器上的信息通常以__________方式进行组织。

5. WWW 服务以 HTML 和__________两种技术为基础，为用户提供界面一致的信息浏览系统，实现各种信息的链接。

二、选择题

1. 为了实现域名解析，客户机（　　）。
   A. 必须知道根域名服务器的 IP 地址
   B. 必须知道本地域名服务器的 IP 地址
   C. 必须知道本地域名服务器的 IP 地址和根域名服务器的 IP 地址
   D. 知道互联网中任意一个域名服务器的 IP 地址即可

2. 在 Internet 域名体系中，域的还可以划分子域，各级域名用圆点分开，按照（　　）。
   A. 从左到右越来越小的方式分 4 层排列
   B. 从左到右越来越小的方式分多层排列
   C. 从右到左越来越小的方式分 4 层排列
   D. 从右到左越来越小的方式分多层排列

3. 关于 DNS 下列叙述错误的是（　　）。
   A. 子节点能识别父节点的 IP 地址
   B. DNS 采用客户/服务器工作模式
   C. 域名的命名原则是采用层次结构的命名树
   D. 域名不能反映计算机的物理地址

4. 错误的 Internet 域名格式是（　　）。
   A. www.sohu.net　　B. 163.edu
   C. www-nankai-edu-cn　　D. www.sise.com

5. 下面选项中表示超文本传输协议的是（　　）。
   A. RIP　　B. HTML　　C. HTTP　　D. ARP

6. 在 Internet 上浏览时，浏览器和 WWW 服务器之间传输网页使用的协议是（　　）。
   A. SMTP　　B. HTTP　　C. FTP　　D. Telnet

7. 下列（　　）URL 的表达方式是错误的。
   A. http://www.sise.com.cn　　B. ftp://172.16.3.250
   C. rtsp://172.16.102.101/hero/01.rm　　D. http:/www.sina.com.cn

8. 关于 DHCP 的工作过程，下面（　　）说法是错误的。
   A. 新入网的计算机一般可以从 DHCP 服务器取得 IP 地址，获得租约
   B. 若新入网的计算机找不到 DHCP 服务器，则该计算机无法取得 IP 地址
   C. 在租期内计算机重新启动，而且没有改变与网络的连接，允许该计算机维持原租约
   D. 当租约执行到 50%时，允许该计算机申请续约

三、判断题

1. DHCP 工作过程的 4 个阶段发送的都是广播报文。（　）
2. Web 服务器使用的默认端口号为 80。（　）
3. 网络服务器的 IP 地址可以使用 DHCP 进行动态管理。（　）
4. WWW、DHCP 和 DNS 采用相同的网络服务模式。（　）

四、简答题

1. 简述 DHCP 的工作原理。
2. 简述 MAC 地址、IP 地址、端口号和域名之间的区别与联系。

主题 4　网络资源共享服务

学习目标

通过本主题的学习达到以下目标。

知识目标：

- 了解 E-mail 服务的组件及工作原理。
- 掌握文件传输协议的原理与应用。
- 了解 Telnet 服务的作用与工作原理。

技能目标：

- 搭建 FTP 服务器。

素质目标：

- 树立共享发展理念，实现网络资源效用最大化。
- 培养网络安全意识。

课前评估

1. FTP 对大家而言并不陌生，FTP 采用__________工作模式，它既是应用层上基于__________协议的一种应用，同时也是应用层上的一种__________。要使用 FTP 传输数据，需要建立__________次 TCP 握手。

2. @符号恐怕是 Internet 上最美的字符之一。它简洁、生动、直观，正好是 at（在……）的缩写，不论是书写、朗读还是计算机解析，它都显得完美无瑕。请尽可能列举信息通信中关于@的应用。

6.8　E-mail 服务

电子邮件（Electronic mail，E-mail）是 Internet 上最受欢迎、最为广泛的应用。E-mail 服务是一种通过计算机网络与其他用户进行联系的快速、简便、高效、廉价的通信手段。

6.8.1 电子邮件系统

电子邮件系统采用 C/S 工作模式。电子邮件服务器（简称为邮件服务器）是邮件服务系统的核心，一方面负责接收用户送来的邮件，并根据邮件所要发送的目的地址，将其传送到对方的邮件服务器中；另一方面则负责接收从其他邮件服务器发来的邮件，并根据不同的收件人将邮件分发到各自的电子邮箱（简称为邮箱）中。

邮箱是在邮件服务器中为每个合法用户开辟的一个存储用户邮件的空间，类似人工邮递系统中的信箱。电子邮箱是私人的，拥有账号和密码属性，只有合法用户才能阅读邮箱中的邮件。

在电子邮件系统中，用户发送和接收邮件需要借助于装载在客户机中的电子邮件应用程序来完成。电子邮件应用程序一方面负责将用户要发送的邮件送到邮件服务器，另一方面负责检查用户邮箱，读取邮件。

6.8.2 电子邮件的传送过程

电子邮件的传送过程

在互联网中，邮件服务器之间使用简单邮件传输协议（Simple Mail Transfer Protocol，SMTP）相互传递电子邮件。而电子邮件应用程序使用 SMTP 向邮件服务器发送邮件，邮件服务器之间也会使用 SMTP 相互通信，以便邮件从一个域转发到另一个域。也就是说，发送电子邮件时，电子邮件客户端并不会直接与另外一个电子邮件客户端通信，而是双方客户端均依靠邮件服务器来传输邮件。客户端使用第 3 代邮局协议（Post Office Protocol，POP3）或因特网报文存取协议（Internet Message Access Protocol，IMAP）从邮件服务器的邮箱中读取邮件，如图 6-38 所示。

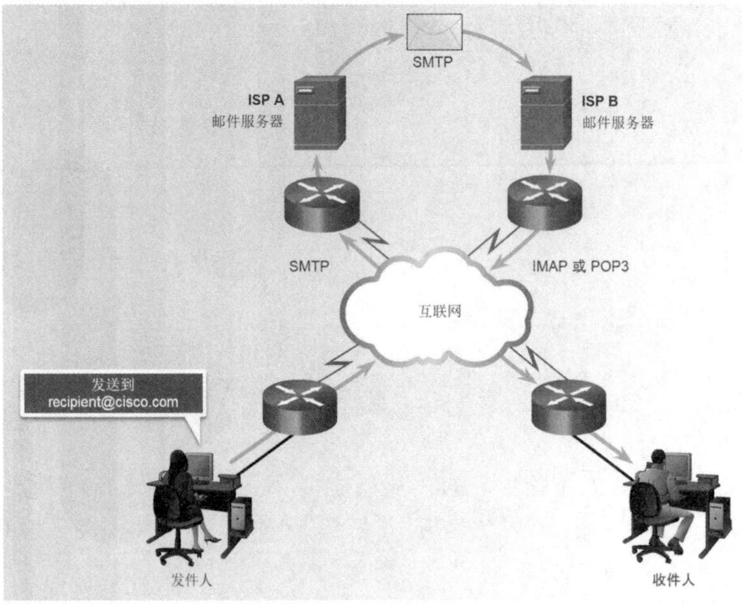

图 6-38 电子邮件系统

从邮件在 TCP/IP 互联网中的传递和处理过程可以看出，利用 TCP 连接，用户发送的电子邮件可以直接由源邮件服务器传递到目的邮件服务器，因此，互联网的电子邮件系统具有很高的可靠性和传递效率。

6.8.3 电子邮件地址

传统的邮政系统要求发信人在信封上写清楚收件人的姓名和地址，这样，邮递员才能

投递信件。互联网上的电子邮件系统也要求用户有一个电子邮件地址。互联网上电子邮件地址的一般形式为

<用户名>@主机域名

其中，用户名指用户在某个邮件服务器上注册的用户标识，通常由用户自行选定，但在同一个邮件服务器上必须是唯一的；@为分隔符，一般将其读为英文的 at；主机域名是指邮箱所在的邮件服务器的域名。例如 wang@sina.com 表示在新浪邮件服务器上的用户名为 wang 的用户邮箱。

6.9　文件传输服务

文件传输（File Transfer Protocol，FTP）服务将文件从一台计算机传输到另一台计算机上，并且保证其传输的可靠性，人们也把 FTP 看作是用户执行文件传输协议所使用的应用程序。Internet 由于采用了 TCP/IP 协议作为它的基本协议，所以两台与 Internet 连接的计算机无论地理位置上相距多远，只要都支持 FTP 协议，它们之间就可以随时随地相互传送文件。更为重要的是，Internet 上许多公司、大学的主机上都存储有数量众多的公开发行的各种程序与文件，这是 Internet 上巨大和宝贵的信息资源。利用 FTP 服务，用户就可以方便地访问这些信息资源。

6.9.1　FTP 协议

FTP 是用在基于 TCP/IP 协议栈的网络上的两台计算机间进行文件传输的协议，它位于 TCP/IP 协议栈的应用层，也是最早用于 Internet 上的协议之一。FTP 允许在两个异构体系之间进行 ASCII 码或 EBCDIC 码（扩充的二进制码十进制转换）字符集的传输，这里的异构体系是指采用不同操作系统的两台计算机。

6.9.2　FTP 的工作过程

与大多数的 Internet 服务一样，FTP 也使用客户端/服务器模式，即由一台计算机作为 FTP 服务器提供文件传输服务，而由另一台计算机作为 FTP 客户机提出文件服务请求并得到授权的服务。FTP 服务器与客户机之间使用 TCP 作为实现数据通信与交换的协议。然而，与其他 C/S 模型不同的是，FTP 客户机与服务器之间建立的是双重连接，一个是控制连接（Control Connection），另一个是数据传送连接（Data Transfer Connection）。控制连接主要用于传输 FTP 控制命令，告诉服务器将传送哪个文件。数据传送连接主要用于数据传送，完成文件内容的传输，图 6-39 给出了 FTP 的工作模式。

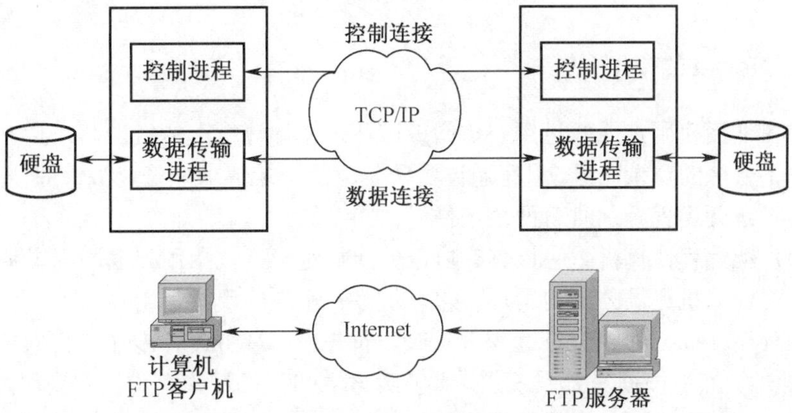

图 6-39　FTP 的工作模式

6.10 远程登录（Telnet）服务

在分布式计算环境中，我们常常需要调用远程计算机的资源同本地计算机协同工作，这样就可以用多台计算机来共同完成一个较大的任务。这种协同操作的工作方式就要求用户能够登录到远程计算机中去启动某个进程，并使进程之间能够相互通信。为了达到这个目的，人们开发了远程终端协议，即 Telnet 协议。Telnet 协议是 TCP/IP 协议的一部分，它精确地定义了客户机远程登录服务器的交互过程。

6.10.1 Telnet 的工作原理

Telnet 采用 C/S 的工作方式。当人们用 Telnet 登录远程计算机系统时，相当于启动了两个网络进程。一个是在本地终端上运行的 Telnet 客户机进程，它负责发出 Telnet 连接的建立与拆除请求，并完成作为一个仿真终端的输入输出功能，如从键盘上接收所输入的字符，将输入的字符串变成标准格式并送给远程服务器，同时接收从远程服务器发来的信息并将信息显示在屏幕上等。另一个是在远程主机上运行的 Telnet 服务器进程，该进程以后台进程的方式守候在远程计算机上，一旦接到客户端的连接请求，就马上活跃起来完成连接建立的有关工作；建立连接之后，该进程等候客户端的输入命令，并把执行客户端命令的结果送回给客户端。

在远程登录过程中，用户的实际终端采用用户终端的格式与本地 Telnet 客户机程序通信，远程主机采用远程系统的格式与远程 Telnet 服务器程序通信。通过 TCP 连接，Telnet 客户机程序与 Telnet 服务器程序之间采用了网络虚拟终端（Network Virtual Terminal，NVT）标准来进行通信。网络虚拟终端将不同的用户本地终端格式统一起来，使得各个不同的用户终端格式只与标准的网络虚拟终端格式打交道，而与各种不同的本地终端格式无关。Telnet 客户机程序与 Telnet 服务器程序一起完成用户终端格式、远程主机系统格式与标准网络虚拟终端格式的转换，如图 6-40 所示。

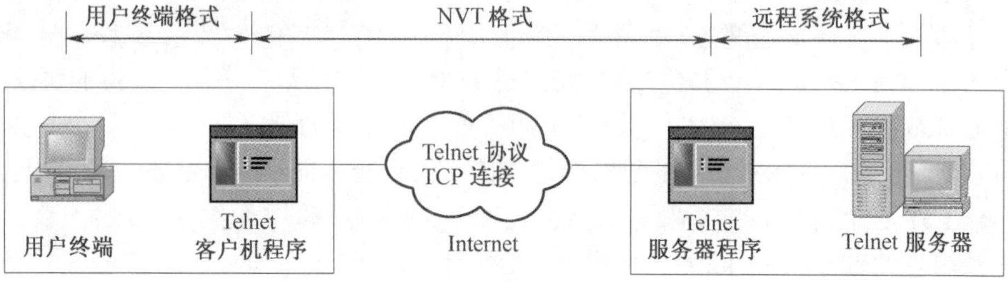

图 6-40 Telnet 的工作模式

6.10.2 Telnet 的使用

为了防止非授权用户或恶意用户访问或破坏远程计算机上的资源，在建立 Telnet 连接时会要求提供合法的登录账号，只有通过身份验证的登录请求才可能被远程计算机所接受。因此用户进行远程登录时有两个条件。

- 用户在远程计算机上应该具有自己的用户账户，包括用户名与用户密码。
- 远程计算机提供公开的用户账户，供没有账户的用户使用。

用户在使用 Telnet 命令进行远程登录时，首先应在 Telnet 命令中给出对方计算机的主机名或 IP 地址，然后根据对方系统的询问正确输入自己的用户名与用户密码，有时还要根据对方的要求回答自己所使用的仿真终端的类型。

Internet 有很多信息服务机构提供开放式的远程登录服务，登录到这样的计算机时，不需要事先设置用户账户，使用公开的用户名就可以进入系统。这样，用户就可以使用 Telnet 命令，使自己的计算机暂时成为远程计算机的一个仿真终端。一旦用户成功地实现了远程登录，用户就可以像远程主机的本地终端一样进行工作，并可使用远程主机对外开放的全部资源，如硬件、程序、操作系统、应用软件及信息、资源。

用户可以使用 Telnet 远程检索大型数据库、公众图书馆的信息资源库或其他信息。Telnet 也经常用于公共服务或商业目的。

动手实践

文件服务的配置与应用

本节采用与本模块主题 3 完全相同的网络拓扑结构，如图 6-41 所示。在服务器上配置 FTP 服务，在 PC 端实现文件的上传与下载。

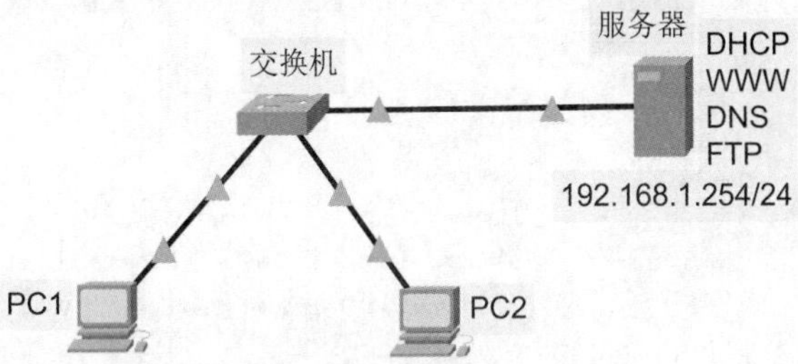

图 6-41　FTP 服务配置拓扑图

本实验 PC 设备中已有一个默认的文件“sampleFile.txt”，如图 6-42 所示。

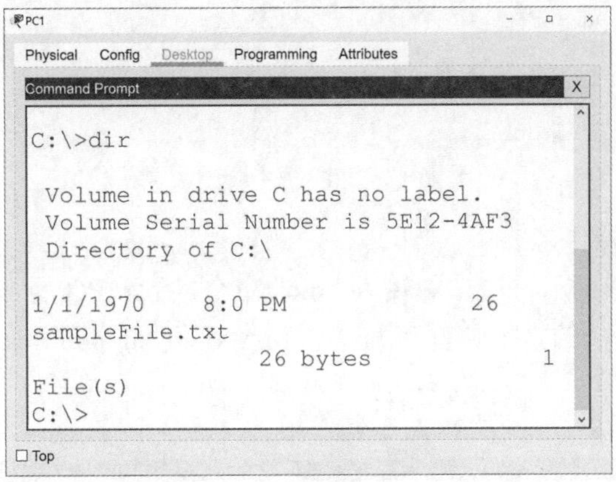

图 6-42　PC 上的默认文件

也可以根据需要自行创建文本文件，在 PC 的 Desktop 上单击“TEXT Editor”图标，在弹出的界面中输入“这是一个测试文件！”，然后单击 File 菜单，在下拉菜单中选择“Save”选项，如图 6-43 所示。输入文件名称“Test”，单击 OK 按钮即可。

1. 配置 FTP 服务

（1）单击服务器>Desktop（桌面）选项卡>Services（服务），单击左侧 DHCP 链接。

（2）在弹出的界面中，FTP 服务默认“On”，在 Username 栏中填写“cqcet”，password 栏中填写“cqcet”，勾选 Write、Read、Delet、Rename 和 List。单击“Add”按钮，如图 6-44 所示。

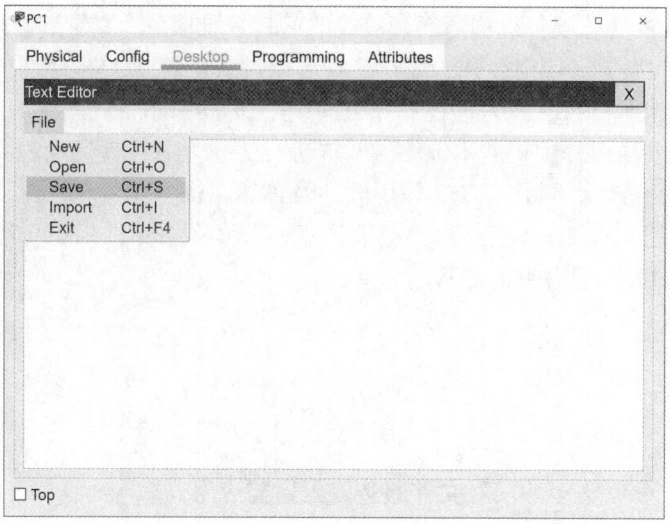

图 6-43　PC 上创建文件

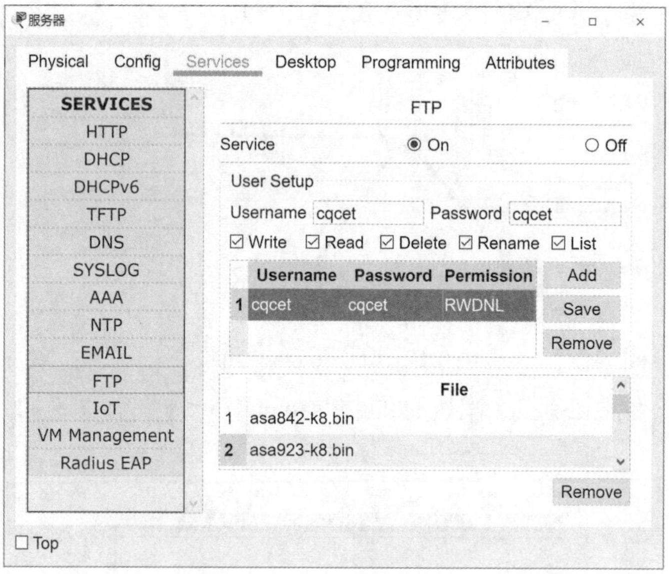

图 6-44　FTP 服务配置界面

2. FTP 服务配置结果验证

（1）在 PC 的命令提示符窗口中输入“dir”命令，显示 PC 的本地文件列表，如图 6-45 所示。此时可以看到 PC 的本地文件有两个：Test.txt 和 sampleFile.txt。

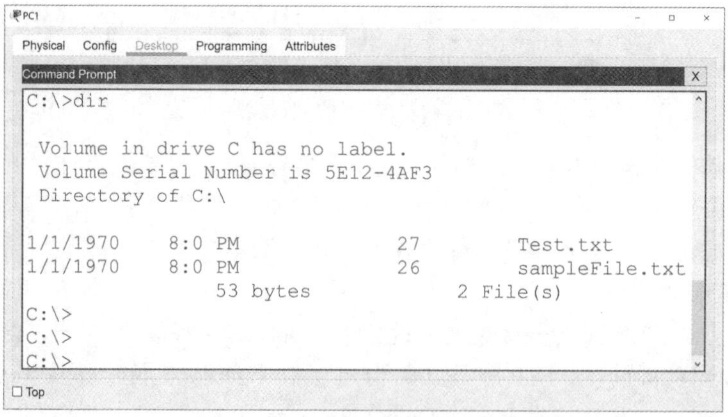

图 6-45　查看 PC 的本地文件

（2）在 PC 上测试搭建的 FTP 服务，输入创建的 FTP 账号，登录成功，如图 6-46 所示。

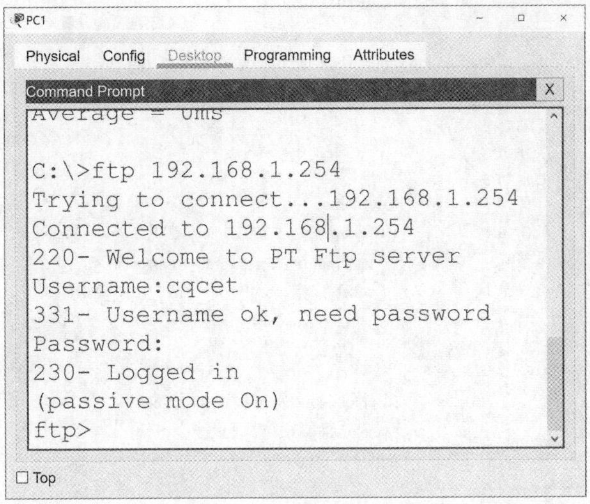

图 6-46　登录 FTP 服务器

（3）查看 FTP 服务端的文件列表。使用“dir”命令查看 FTP 服务器端的文件列表，此时没有 Test.txt 和 sampleFile.txt，结果如图 6-47 所示。

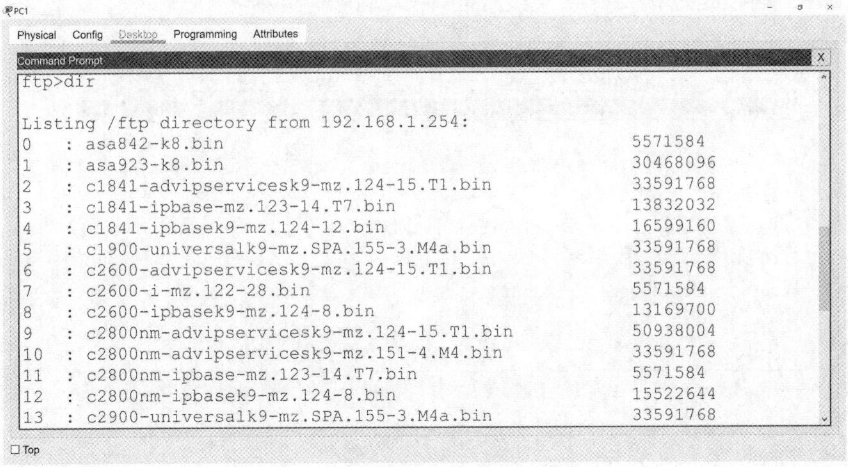

图 6-47　显示 FTP 服务器文件内容

（4）上传文件到 FTP 服务器。使用“put”命令将 PC 端的 sampleFile.txt 文件上传到 FTP 服务器端，如图 6-48 所示。

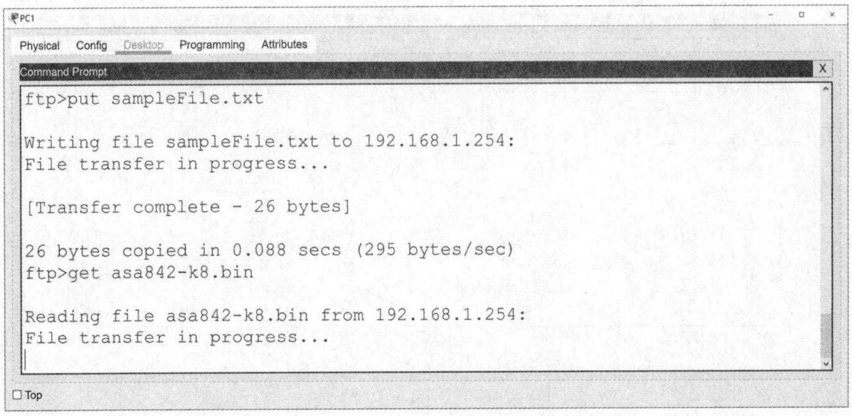

图 6-48　上传文件到 FTP 服务器

在 FTP 服务器端，查看到已上传的 sampleFile.txt 文件，如图 6-49 所示。

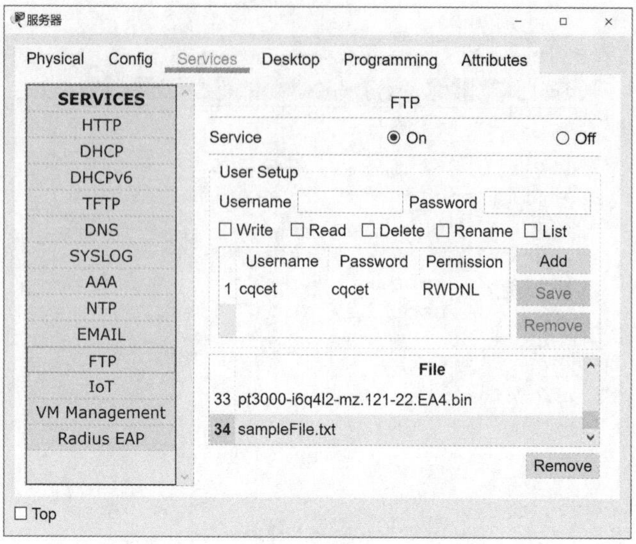

图 6-49　文件上传到 FTP 服务器

（5）从 FTP 服务器上下载文件。在 FTP 服务器端使用“get”命令，将文件 asa842-k8.bin 文件下载到 PC 端，此过程要持续一段时间，如图 6-50 所示。

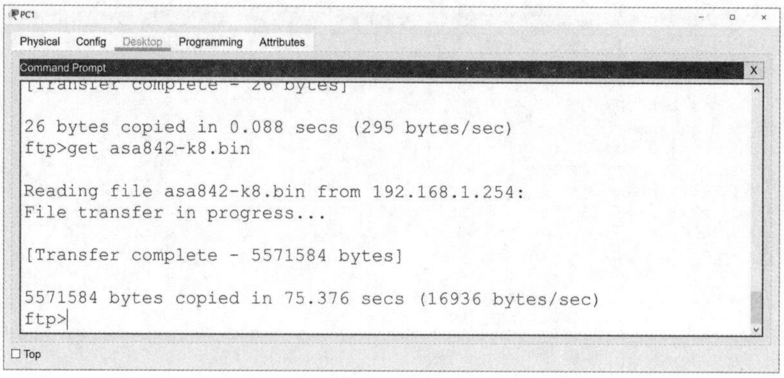

图 6-50　从 FTP 服务器上下载文件

在 PC 端使用“dir”命令查看文件列表，此时可以看到已下载的 asa842-k8.bin 文件，结果如图 6-51 所示。

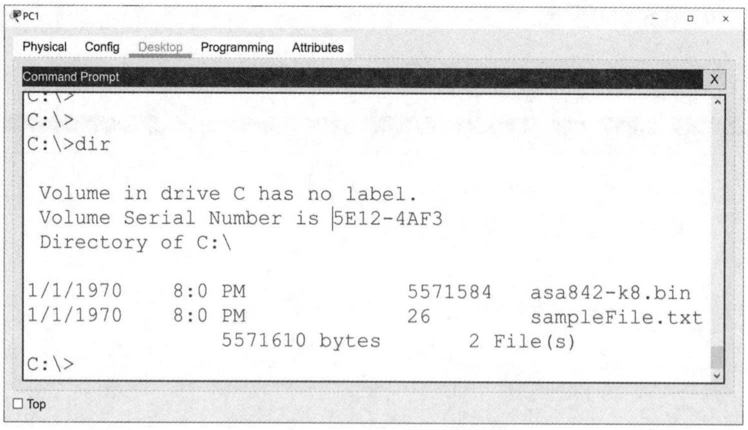

图 6-51　文件下载到 PC

请读者在 FTP 服务器端使用“rename”和“delet”命令自行验证 FTP 的服务权限。

课后检测

一、填空题

1．SMTP 服务器通常在__________的__________端口守候，而 POP3 服务器通常在__________的__________端口守候。

2．在互联网中，电子邮件客户端程序向邮件服务器发送邮件使用__________协议，电子邮件客户端程序查看邮件服务器中自己的邮箱使用__________或__________协议，邮件服务器之间相互传递邮件使用__________协议。

二、选择题

1．电子邮件系统的核心是（　　）。

A．电子邮箱　　B．邮件服务器　　C．邮件地址　　D．邮件客户机软件

2．电子邮件地址 zhang@163.com 中没有包含的信息是（　　）。

A．发送邮件服务器　　B．接收邮件服务器

C．邮件客户机　　D．邮箱所有者

3．下列 E-mail 地址格式不合法的是（　　）。

A．zhang@sise.com.cn　　B．ming@163.com

C．jun%sh.online.sh　　D．zh_mjun@eyou.com

4．关于 FTP 的工作过程，下面（　　）说法是错误的。

A．在传输数据前，FTP 服务器用 TCP 21 端口与客户端建立连接

B．建立连接后，FTP 服务启用 TCP 20 端口传输数据

C．数据传输结束后，FTP 服务器同时释放 21 和 20 端口

D．FTP 客户端的端口是动态分配的

三、判断题

1．Telnet 和 FTP 协议在进行连接时不需要用到用户名和密码。　（　　）

2．Telnet、FTP、SMTP 等协议依赖于 TCP 协议。　（　　）

四、简答题

简述 FTP 的工作原理。